高等教育"十三五"规划教材

C语言程序设计教程

主　编　蒋清明　向德生
副主编　周新莲
主　审　徐建波

中国矿业大学出版社

内 容 提 要

本书较全面地讲述了 C 语言程序设计的基础知识,主要内容包括基本数据类型和运算符、控制结构、函数、数组、指针、结构与共用、文件以及程序设计实例。每一章都附有精选的、多种类型的练习题,有助于读者复习、巩固所学知识,培养读者的实际编程能力。本书结构严谨,重点突出,由浅入深,举例经典。

本书可以作为高等院校、高职院校计算机专业及理工科非计算机专业学生学习"计算机程序设计"课程的教材,也可作为广大计算机爱好者学习 C 语言程序设计的参考书。

图书在版编目(C I P)数据

C 语言程序设计教程/蒋清明,向德生主编. 一徐州:中国
矿业大学出版社,2017.7

ISBN 978-7-5646-3544-2

Ⅰ.①C⋯ Ⅱ.①蒋⋯ ②向⋯ Ⅲ.①C 语言一程序设计一高等
学校一教材 Ⅳ.①TP312

中国版本图书馆 CIP 数据核字(2017)第 128589 号

书 名	C 语言程序设计教程	
主 编	蒋清明 向德生	
责任编辑	仓小金	
出版发行	中国矿业大学出版社有限责任公司	
	(江苏省徐州市解放南路 邮编 221008)	
营销热线	(0516)83885307 83884995	
出版服务	(0516)83885767 83884920	
网 址	http://www.cumtp.com E-mail:cumtpvip@cumtp.com	
印 刷	徐州中矿大印发科技有限公司	
开 本	787×1092 1/16 印张 18 字数 449 千字	
版次印次	2017 年 7 月第 1 版 2017 年 7 月第 1 次印刷	
定 价	35.00 元	

(图书出现印装质量问题,本社负责调换)

前　　言

随着经济全球化、社会信息化时代的到来,当代大学生不但要会利用计算机获取专业领域知识,还要会使用计算机进行编程,解决专业领域中的具体问题。C 语言是当前流行的操作系统 Windows、Linux、UNIX 上的一门系统开发语言,同时又是进行各专业问题计算的有效语言,因此,C 语言已成为各高校计算机专业和非计算机专业学生必学的一门语言。在非计算机专业等级考试中,C 语言已替代了 Pascal 和 Fortran 语言,因此,学好 C 语言的重要性不言而喻。

然而,在 C 语言的教学过程中,预期教学目标与最终效果有着明显的差距,教师感觉难教,学生感觉难学、难理解,学会了也不会编程。针对这种情况,我们在编写本书的过程中,主要采取如下措施,以求收到更好的效果。

措施 1:体系合理。本书首先讲述 C 语言的输入/输出函数、运算符和数据类型,让学生尽快入门,学会简单的编程;然后讲述结构化、模块化编程;最后讲述数组、指针、结构、共用等构造类型。

措施 2:举例经典。为了配合非计算机专业的等级考试和提高计算机专业学生编程能力,本书的例题基本上采用经典算法讲解。在编写教材前,我们已将等级考试一些常考的算法进行分类,然后分解到各章之中。

措施 3:问题突破。为了帮助学生提高解决问题的能力,我们还编写了一本《C 语言程序设计实践教程》,该书分为实验指导、问题解答和等级考试模拟试题三个部分。在学习过程中参考该书,有助于提高解决问题的能力。

我们在内容体系上做了精心的考虑,希望这些措施在教学过程中得到体现与落实,我们更希望学生在学习语言的过程中做到以下两点。

1. 学好语法知识。任何一门计算机语言都有其相应的语法知识,它们是编写计算机程序的基础。

2. 多编程、多思考、多模仿。只有通过大量的编程实践才能切实提高自己的编程能力。很多国内外知名高校都有程序在线评测系统,如北京大学 POJ(http://poj.org),读者可以通过这些系统做题快速提高自己的编程能力。

本书编写分工如下。蒋清明编写第一章、第二章、第三章、第四章,向德生编写五章、第六章、第七章、第九章,周新莲编写了第八章,全书由蒋清明统稿。徐建波教授在百忙之中抽出时间对本书进行了审阅,本书得到湖南省教育厅精品课程"C 语言程序设计"(湘教通[2008]202 号)支持,在此一并表示感谢。

由于作者水平所限,加上时间仓促,错误之处在所难免,恳请广大读者批评指正。

编 者
2017 年 7 月

目　　录

第一章　绪　论

本章将简要介绍 C 语言的发展过程与特点,并通过简单而典型的 C 程序实例,介绍 C 程序的结构和书写格式,从而建立 C 语言程序设计的基本概念。最后对 C 程序开发工具 Visual C++ 6.0 的使用进行简要介绍,以便为今后的上机实践打下一定的基础。

第一节　C 语言的发展过程

一、计算机语言的发展过程

计算机语言是人与计算机进行交互的工具,是用户进行计算机软件开发、编写计算机程序的工具。计算机语言的发展过程大致可以分为以下 3 个阶段。

1. 机器语言

计算机指令采用二进制(0、1)表示,也就是说,计算机能识别的指令代码只能是二进制形式。采用这种二进制形式表示的语言称为机器语言,或称为低级语言。如计算机中两个数进行加法的指令为:0000010 11111001。由于机器语言采用的是二进制序列表示指令,十分难记;另外,采用机器语言编写的计算机程序具有不可移植性,即对某一种体系结构的计算机编写的计算机程序,在另一种体系结构的计算机上不能运行。

2. 汇编语言

由于机器语言难学、难记,为解决这一问题,计算机科学家们将机器语言的每一条指令采用助记符表示,即机器语言的符号化,称为汇编语言。如上所述的加法指令用符号表示为:ADD AH,BL 。采用汇编语言编写的计算机程序必须翻译为机器语言后,计算机才能识别运行,这种翻译程序称为汇编程序,对应的过程称为汇编过程。用汇编语言编写的计算机程序仍与体系结构有关,具有不可移植性。但采用机器语言和汇编语言编写的计算机程序具有运算效率高的特点。

3. 高级语言

高级语言是一种更接近于自然的数学形式语言,如两个数的加法可写为 z＝x+y。采用高级语言编写的计算机程序与机器类型无关,具有可移植性、易学易记等特点。利用高级语言编写的程序称为源程序,但计算机不能直接识别高级语言编写的程序,必须经过翻译过程将其译为机器语言后,计算机才能识别运算。其翻译过程分为两种:一种是边翻译,边执行,翻译一句,执行一句,这种过程称为解释过程,对应的语言称为解释语言,每次执行程序时,都必须经过相同的翻译过程,如早期的 BASIC 语言和 FoxBase 等,采用解释语言编写的计算机程序不能离开其解释环境;另一种是将整个源程序全部翻译成机器语言指令后,计算机才能执行,这样的翻译过程称为编译过程,对应的翻译程序称为编译程序。源程序经编译后生成的机器语言程序称为目标程序,计算机不能直接执行目标程序,还必须经过链接过程,才能变为可执行文件,对应链接过程的程序称为链接程序,这样生成的可执行文件具有永逸性,即经过一次编译、链接,生成可执行文件以后不需要再进行编译链接过程,可以脱离语言环境,在同类型的计算机上仍可执行,如 ForTran 语言、Pascal 语言、Lisp 语言、Ada 语言和 C 语言等。

二、C 语言的发展过程

20 世纪 70 年代初,编写计算机系统软件时使用了一种符号法的自展组合语言 BCPL,BCPL 进一步发展为一种系统软件描述语言 B 语言。20 世纪 80 年代初,美国贝尔实验室软件开发人员丹尼斯·利奇(Dennis M. Ritchie)将 B 语言发展成为 C 语言。C 语言继承了 B 语言的特点,成为编写系统软件的重要工具语言。最初 C 语言有各种不同的标准,1983 年美国标准协会制定了 C 语言标准草案,称为 83 ANSI C,1989 年正式修订后成为大家公认的标准,称为 89 ANSI C。该标准中规定了 C 语言的关键字为 28 个,1999 年在原 89 ANSI C 基础上增加了新的面向对象特性,并增加了 4 个关键字,该标准即为现在的 99 ANSI C。

不同的编译器开发商在遵照 C 语言标准的基础上,对标准 C 新增了一些特性,如增加了图形图像处理能力,或在标准 C 的基础上增加了特定的库函数,编译器的实现方式不同,这样市面上出现了 Borland 公司的 Turbo C,Microsoft 公司的 Microsoft C 等不同的编译器,都可实现对 C 语言程序的编辑、编译、链接和运行。Microsoft C 增加面向对象特性后,发展为 Microsoft C++ 和可视化编程的 Microsoft Visual C++ 。

第二节　C 语言的特点

C 语言作为一种系统开发语言,与其他高级语言或中级语言相比,具有如下特点。

① C 语言有丰富的运算符。C 语言除提供了其他高级语言提供的算术运算、关系运算、逻辑运算、下标运算和赋值运算等运算符外,还提供了位运算、地址运算、成员运算等运算符,这些运算符有助于程序员编写出高效的系统软件。

② C 语言有丰富的数据类型。C 语言包括整数型、字符型、实数型、空类型等基本数据类型和数组、指针、结构、共用、枚举、位结构等构造数据类型,还允许用户自定义新的数据类型。

③ C 语言是结构化程序设计语言。C 语言提供了结构化程序设计的 3 种基本结构,即顺序结构、选择结构和循环结构。采用 3 种基本结构反复嵌套可实现任何复杂的运算。

④ C 语言是模块化语言。C 程序由函数组成,这些函数可以是系统提供的库函数,也可以是用户自定义的函数,程序员可以利用函数构造计算机程序。

⑤ 任何一个 C 程序有且仅有一个称之为主函数的 main 函数。程序执行从主函数开始,其他函数通过主函数直接或间接调用才能执行,主函数执行结束时,标志程序执行结束。

⑥ C 语言有丰富的预处理功能。预处理有利于提高程序的可读性、可移植性、正确性和书写程序的高效性。

⑦ C 语言是面向过程的语言,其函数采用面向过程的思想进行设计。

⑧ C 程序具有可移植性。不同的程序员可以在不同的平台上设计实现某一大型软件中的子功能,然后在另一平台上进行组装,构成大型软件。

第三节 C 程序的结构和书写格式

一、C 程序的结构

在介绍 C 程序的基本结构与特征前,我们先看如下两个 C 程序的例子。

例 1-1 向控制台输出信息"Hello,World."。

```
/* lt1_1.c */
#include  <stdio.h>            /* 预处理命令:包含有标准输入输出库函数的头文件 stdio.h */
int main(void)                                                      /* 主函数 */
{
    printf("Hello,World.\n");                                    /* 输出字符串 */
    return 0;                          /* 主函数的返回值,返回 0 表示程序正常退出 */
}
```

例 1-2 输入两个数 a、b,并输出其最大值。

解题思路 输入两个数 a、b,调用自定义函数 max(a,b),求出其最大值并赋给 c,然后输出最大值 c。

```
#include  <stdio.h>
int max(int a,int b)                          /* 自定义函数 max(),求两个数的大者 */
{
    return a>b? a:b;
}
int main(void)                                                     /* 主函数 */
{
    int a,b,c;
    scanf("%d%d",&a,&b);
    c=max(a,b);                                      /* 调用自定义函数 max() */
    printf("max=%d\n",c);
    return 0;
}
```

通过以上两例可以看出,C 函数的基本结构为:

```
[返回值类型] 函数名([形参说明表])
{
    变量定义部分;
    语句执行部分;
}
```

其中,C 函数中要用到的变量必须先定义,然后才能使用,因此变量定义在执行语句前。

而 C 程序结构如下:

```
[预处理语句]
```

[外部变量定义]

[用户自定义函数]

主函数定义

其中，[ ]中的内容为可省略部分。

二、C 程序的书写格式

在编辑 C 语言源程序时，我们应注意以下几点。

① C 程序采用块注释方法，块注释书写方法为：

/* 注释部分*/

也可采用行注释方法：

//从此处开始至行末尾，为行注释内容

注释部分只为了提高程序的可读性，不参与程序的编译和运行。但在书写格式上要注意："/"与"*"之间或"*"与"/"之间不能有空格。

② C 语言一般采用小写字母作为标识符。而 BASIC 语言中，一般采用大写字母作为标识符。

③ C 语言是区分大小的。如"MAX"、"max"和"Max"表示的是 3 个不同的标识符。

④ C 程序书写格式灵活，一个语句可连续写在多行上，一行也可以写多个语句。如例 1-2 中的 max 函数可以写成如下形式。

```
int max(int a,int b){ return a>b? a:b;}
```

⑤ 为了使书写的程序结构清晰、层次分明，建议采用"右缩进对齐"的格式编辑 C 语言源程序，即同一结构层次的语句应左对齐，而结构下的语句相对于结构本身而言向右缩进。

C 程序书写格式灵活，这对程序员书写程序没有什么约束，如标识符可以采用小写字母，也可以采用大写字母表示，程序可以采用缩进对齐的格式书写，也可以不采用缩进对齐的格式书写，但我们建议初学者养成良好的程序书写规范，以便于交流和调试。

第四节 Visual C++ 6.0 上机操作

一、C 程序可执行文件的生成过程

C 语言程序可执行文件的生成过程如下。

① 利用编辑器生成文本文件，该文本文件又称为 C/C++ 源程序，其扩展名为".c"或".cpp"。编辑器一般用 C 语言开发工具（如 VC、Code::Blocks 等）提供的编辑器，也可以用其他文本编辑器（如 Windows 系统中的记事本 notepad.exe、写字板 wordpad.exe 等）。

② 采用编译器将源程序编译为二进制的机器目标文件，生成的目标文件扩展名为".obj"。

③ 采用 C 链接程序将目标文件与库文件链接，生成可执行文件，可执行文件扩展名为".exe"。

上述三步过程可用图 1-1 来描述。

图 1-1 C程序可执行文件的生成过程

二、Visual C++ 6.0 上机操作过程

Visual C++ 6.0 开发环境是一个基于 Windows 操作系统、并包含 C 语言子集的可视化集成开发环境(Integrated Development Environment,IDE),它集编辑、编译、链接、运行和调试等操作于一体,这些操作都可以通过单击菜单选项或工具栏按钮来完成,使用方便、快捷。在 Visual C++ 6.0 开发环境下,C 程序按工程(project)进行组织,每个工程可包括一个或多个 C/CPP 源文件,但只能有一个 main 函数。下面以例 1-1 为示例(例 1-1 源文件命名为LT1_1.c)介绍在 Visual C++ 6.0 IDE 中建立工程并进行 C 程序调试的主要操作步骤。

注意,由于 Visual C++ 6.0 的汉化版本很多,菜单项的汉化名称不尽相同(如主菜单项"Build",有的版本翻译成"组建",有的版本则翻译成"编译",而其下拉菜单项中第二个子菜单项名也叫"Build",有的版本翻译成"生成",有的翻译成"构件"),所以下面直接用 Visual C++ 6.0 的英文版本来介绍常用的菜单项名称,并用圆括号附上参考的中文菜单项译名。

1. 启动 Visual C++ 6.0 IDE

如图 1-2 所示,可以从桌面上或"开始"按钮中的"程序"项中启动 Visual C++ 6.0 IDE,也可以从"开始"按钮中的"运行"项输入命令"msdev"启动 Visual C++ 6.0 IDE。集成开发环境分为标题区、菜单区、工具栏区、工作区、程序编辑区、调试信息区等。

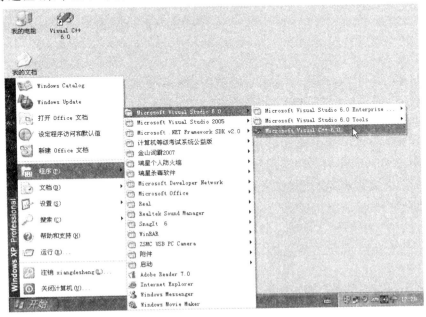

图 1-2 从"开始"按钮启动 Visual C++ 6.0 IDE

2. Workspace(工作区)的创建

从 Visual C++ 6.0 IDE"File"(文件)菜单上选择"new"(新建)菜单项,此时将弹出"new"对话框,该对话框有分别用于创建新的"Files"(文件)、"Projects"(工程)、"Workspaces"和"Other Documents"(其他文档)等 4 个选项标签。选择"Workspaces"选项卡后如图 1-3 所示。选中"Blank Workspace"项,在"Workspace name"(工作区名)文本框中输入欲建工作区名称,这里命名为:"LT",Visual C++ 6.0 IDE 自动将用户输入的工作区名作为工作区文件夹名;然后在"Location:"(位置)文本框中输入欲保存该工作区的路径,或是通过单击其右边的" ... "按钮,在弹出的"Choose Directory"(选择目录)对话框中选择保存路径(图 1-3 中选择的位置为"D:\")。然后单击"OK"(确定)按钮即完成工作区的创建。此时,工作区文件夹为"D:\LT",文件夹下面包括工作区文件"LT.dsw"。

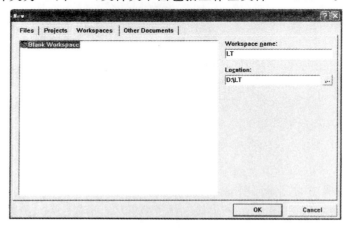

图 1-3　Visual C++ 6.0 IDE 的新建工作区对话框

3. Project 的创建

从 Visual C++ 6.0 IDE"File"菜单上选择"new"菜单项,此时将弹出"new"对话框,该对话框有分别用于创建新的"Files"、"Projects"、"Workspaces"和"Other Documents"等 4 个选项标签。选择"Projects"选项卡后如图 1-4 所示。选中"Win32 Console Application"项,在"Project name:"文本框中输入欲建工程名称,如"LT1_1";然后选中"Add to Current Workspace"(添加到当前工作区),则"Location"文本框中的值变为"D:\LT\LT1_1",即工程文件夹 LT1_1 自动放入工作区文件夹 LT 中。然后单击"OK"弹出如图 1-5 所示的界面,在图 1-5 中选择"An empty project"(一个空工程)后单击"Finish"(完成)按钮。然后在"New Project Information"(新建工程信息)对话框中单击"OK"按钮即完成工程的创建。此时,按前面说明创建的工程文件夹为"D:\LT\LT1_1",文件夹下面包括工程文件"LT1_1.dsp"。

如果在图 1-4 中,选择"Create new Workspace",则可实现在新建工程的同时也创建工作区,则如图 1-3 所示的新建工作区这一步操作就不必做了。

4. 在 Project 中添加并编辑源程序

从 Visual C++ 6.0 IDE"Project"菜单上选择"Add to project"菜单项,然后单击"new"

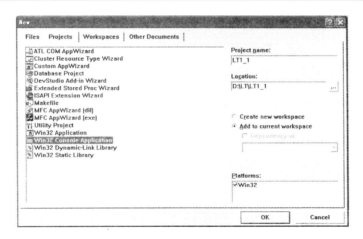

图 1-4　Visual C++ 6.0 IDE 的新建工程对话框

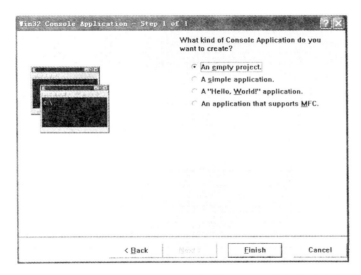

图 1-5　Visual C++ 6.0 IDE 创建控制台应用程序的类型选择

下拉菜单项,弹出界面如图 1-6 所示,选择文件类型为"C++ Source File",输入源文件名(如 LT1_1. c),选择保存源文件位置,单击"OK"(确定)按钮后将生成一个新的空文件 LT1_1. c,并弹出源文件编辑窗口如图 1-7 所示,在编辑窗口中输入程序代码并修改,完成后可保存源文件。程序员也可按这种方式向工程中增加其他源文件。

为新建的源文件起名时,建议一定要加上扩展名.c。若不加扩展名.c,则默认扩展名为.cpp,编译时会按 C++ 的语法规则检查程序,这会导致不一样的编译结果。

5. Compile(编译)

　　编译就是把文本形式的源代码翻译为机器语言形式的目标文件的过程。选择下拉菜单"Build | Compile"(编译),对应的快捷方式为"Ctrl+F7",将生成".obj"目标文件。如图 1-8

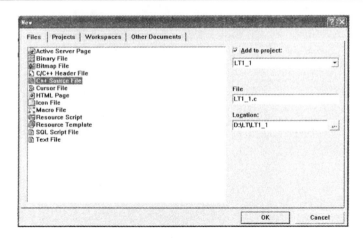

图 1-6　在工程中添加 C 文件的对话框

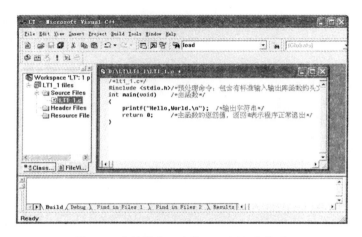

图 1-7　在编辑窗口中输入 C 源程序代码

所示,单击"Compile"后,在 IDE 的输出窗口显示"Compiling…LT1_1.c",表示正在对 LT1_1.c执行 Compile 操作,执行完后显示"LT1_1.obj - 0 error(s),0 warning(s)",表示执行完后生成了目标文件 LT1_1.obj,而且没有错误,也没有警告。

6. Build(组建)

组建相当于 Turbo C 中的 Link(链接),是把目标文件、操作系统的启动代码和用到的库文件进行组建(或链接),形成最终的可执行代码的过程。选择下拉菜单——Build | Build LT1_1.exe,对应的快捷方式为 F7,将生成".exe"可执行文件。如图 1-9 所示,在 IDE 的输出窗口显示"Linking…",表示正在对 LT1_1.obj 执行链接操作,执行完后显示 "LT1_1.exe - 0 error(s),0 warning(s)",表示执行完后生成了可执行文件"LT1_1.exe", 而且没有错误,也没有警告。

7. Execute(执行)

选择下拉菜单"Build| ! Execute LT1_1.exe",对应的快捷方式为"Ctrl+F5",将运行生成的".exe"文件。

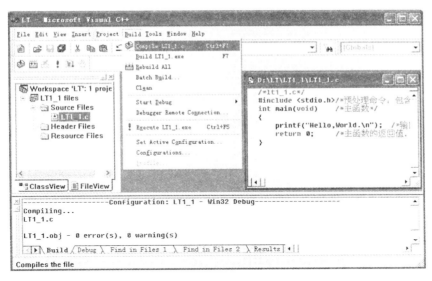

图 1-8 执行"Build | Compile"后输出窗口显示的编译结果

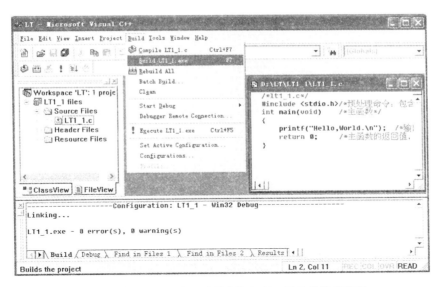

图 1-9 执行"Build | Build"后输出窗口显示的编译结果

　　实际上,链接工程的过程还包括对没有编译的源文件进行编译的过程,以及对没有编译、链接的源文件进行编译、链接的过程。即如果在输入源程序后,没有对该源程序进行编译就直接链接,或没有进行编译、链接就直接执行,则输出窗口的显示结果均如图 1-10 所示。结果表明,既进行了编译,又进行了链接。

　　如果用户修改了 C/C++ 源程序,并重新执行该程序(再一次单击工具栏中的按钮或按"Ctrl+F5"键),Visual C++ 6.0 IDE 将弹出一个提示信息框,询问用户是否重新编译并生成相关的目标文件".obj"和可执行文件".exe"。单击"是(Y)"按钮,Visual C++ 6.0 IDE 将重新完成编译(Build)的全过程。

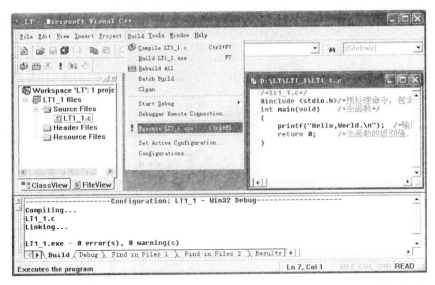

图 1-10　直接执行"Build｜！Execute LT1_1.exe"后输出窗口显示的编译结果

三、程序调试

程序调试是程序设计过程中一个很重要的环节。编译器能找出源程序的语法错误,程序员可以根据错误信息的提示和上下文修改语法错误。但程序逻辑设计错误只能靠程序员利用调试工具对程序进行分析、检查与修改才能完成,这种逻辑错误往往不易发现。下面介绍 Visual C++ 6.0 IDE 查错方法。

1. 查找源程序中的语法错误

C 语言程序的错误主要包括两大类:一类是语法错误;一类是逻辑设计错误。

语法错误是指违背了 C 语言语法规则而导致的错误。语法错误分为一般错误(error)和警告错误(warning)两种。

(1) 当用户程序出现 error 错误时,将不会产生可执行程序。

(2) 当用户程序中出现 warning 错误时,通常能够生成可执行程序,但程序运行时可能发生错误,严重的 warning 还会引起死机现象。

所以,warning 错误比 error 错误更难于修改,应该尽量消除 warning 错误。

如果程序有语法错误,则在编译时,Visual C++ 6.0 IDE 的编译器将在输出窗口中给出语法错误提示信息,错误提示信息一般还可以指出错误发生所在位置的行号。用户可以在输出窗口中双击错误提示信息或按 F4 键返回到源程序编辑窗口,并通过一个箭头符号定位到引起错误的语句,如图 1-11 所示。

需要说明的是,编译器给出的错误提示信息可能不十分准确,并且一处错误往往会引出若干条错误提示信息,因此,修改一个错误后最好马上进行程序的编译或运行。例如,在图 1-11 中,错误提示信息中括号内的数字 6 指示错误发生在第 6 行,指示错误位置的箭头也指向第 6 行,但实际错误发生在第 5 行的末尾,因为第 5 行的末尾少了一个分号。

如果程序并没有违背 C 语言的语法规则,编译器也没有提示出错,而且程序能够成功

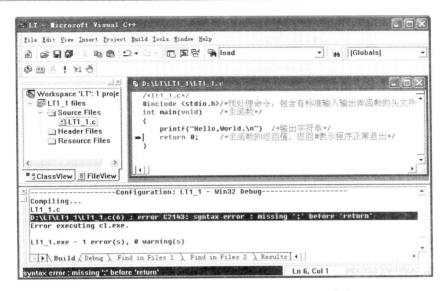

图 1-11 C/C++ 源程序在调试时出现的错误信息

运行,但程序执行结果却与原意不符,这类程序设计上的错误被称为逻辑设计错误或缺陷(Bug)。这类错误由于编译器不能给我们出错提示,所以必须利用"Debug(调试器)"对程序进行跟踪调试才能发现错误。

2. 调试器(Debug)

Visual C++ 6.0 IDE 提供了重要的调试工具——Debug,用于查找和修改程序中的逻辑设计错误。"Build"主菜单项下的"Start Debug"(开始调试)子菜单中有:"Go、Step Into、Run To Cursor"及"附加到当前进程(A)…"4 个菜单项,单击"Step Into"和"Run to Cursor"菜单项,均可以直接启动 Debug,而"Go"菜单项需要预先设置至少一个断点方可启动 Debug。启动 Debug 后,Visual C++ 6.0 IDE 的"Build"主菜单项将变成"Debug"主菜单项。在"Debug"主菜单项的下拉菜单中,用于调试程序的常用子菜单项及其功能如表 1-1 所示。

表 1-1 用于调试程序的常用子菜单项及其功能

菜 单 项	快捷键	功 能
Go	F5	程序运行到某个断点、程序的结束或需用户输入的地方
Run to Cursor	Ctrl+F10	程序执行到当前光标所指的代码处
Step Into	F11	单步运行当前箭头所指向的代码,能进入被调用的函数内部
Step Over	F10	单步运行当前箭头所指向的代码,不进入被调用的函数内部
Step Out	Shift+F11	若当前箭头所指向的代码是在某一函数内,用它使程序运行至函数返回处

一旦调试过程开始后,"Debug"主菜单项将取代"Build"主菜单项出现在主菜单中,同时出现一个可停靠的调试工具栏和一些调试窗口,如图 1-12 所示。将光标放在程序中的某个变量名上,它的当前值就会显示出来。变量窗口用于观察和修改变量的当前值,用户也可以在变量窗口的"上下文"下拉框选择要查看的函数,然后调试程序会在窗口中显示函数局部

变量值,该窗口中有 3 个标签:"Auto"标签中显示当前语句或前一条语句中变量的值和函数的返回值;"Locals"标签中显示当前函数局部变量的名称、值和类;"this"标签以树型方式显示当前类对象的所有数据成员,单击"+"号可展开"this"指针所指对象。

"Watch"窗口用于观察和修改变量或表达式的值,它拥有"Watch1"、"Watch2"、"Watch3"和"Watch4"共 4 个标签。在每个标签中,用户都必须手工设置要观察的变量或表达式。例如,图 1-12 中在"Watch1"中设置的观察变量为"a",显示的值"16"是在程序执行完第一个命令"a++"后的结果。

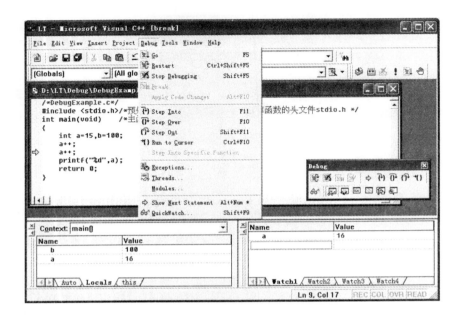

图 1-12　Visual C++ 6.0 IDE 的调试程序界面

3. 跟踪调试程序

跟踪调试的基本原理就是在程序运行过程设置断点,观察某一阶段变量状态。

通常程序是连续运行的,因此,跟踪调试要做的第一件事就是要使程序在某一点(运行到某条语句时)停下来。首先,用户要做的第一项工作就是设立断点;其次,再运行程序;当程序在断点设立处停下来时,再利用各种工具观测程序在此时的状态。

(1) 设置断点

利用 Visual C++ 6.0 IDE,可以设置从简单到复杂的各种断点。设置断点的最简单方式是将鼠标移到目标行后击右键,然后在右键菜单中单击"Insert/Remove Breakpoint"即可在该行设置断点。另外,可以选择"Edit"主菜单项下的"Breakpoints…"菜单项,系统将显示"Breakpoints"对话框,如图 1-13 所示。该 Breakpoints 对话框包含 3 个选项卡,分别对应"Location"(按位置)、"Data"(按表达式的值)和"Messages"(按窗口消息)三种设置断点的方式。

"Location"选项卡用于设置位置断点。该断点是最常用的一个无条件断点,也是默认的断点类型。程序执行时遇到这种断点,只是简单地停下来。

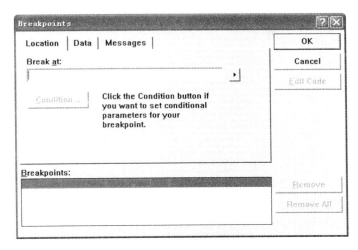

图 1-13 "Breakpoints"对话框

（2）控制程序运行

当设置完断点后,程序就可以进入调试状态,并按要求来控制程序的运行,其中有 4 条命令:"Step Over"、"Step Into"、"Step Out"和"Run to Cursor",这 4 条命令的功能与调试菜单中相应菜单项功能一致。用户可以通过用鼠标单击工具栏按钮或使用热键来控制程序的运行。

（3）观察数据变化

在调试过程中,用户可以通过"Watch"窗口和变量窗口查看当前变量的值。这些信息可以反映程序运行过程中的状态变化以及变化结果的正确与否,可以反映程序是否有错,再加上人工分析,就可以发现错误所在。

Visual C++ 6.0 IDE 是一种功能十分强大的可视化 C/C++ 集成开发环境,用户只有通过多多操作和实验方能逐步熟练、全面、灵活地掌握其功能。一旦用户掌握了 Visual C++ 6.0 IDE 的应用方法和技巧,就能快速、高质量地完成各种 C/C++ 语言程序设计工作。

习 题

一、选择题

1. 一个完整的可运行的 C 源程序中（ ）。

    A. 可以有一个或多个主函数   B. 必须有且仅有一个主函数

    C. 可以没有主函数   D. 必须有主函数和其他函数

2. 构成 C 语言源程序的基本单位是（ ）。

    A. 子程序   B. 过程   C. 文本   D. 函数

3. 某 C 程序由一个主函数 main( )和一个自定义函数 max( )组成,则该程序（ ）。

    A. 总是从 max( )函数开始执行   B. 写在前面的函数先开始执行

    C. 写在后面的函数先开始执行   D. 总是从 main( )函数开始执行

4. C 语言规定,一个 C 源程序的主函数名必须为（ ）。

    A. program   B. include   C. main   D. function

5. 下列说法正确的是(　　　)。

　　A. 在书写 C 语言源程序时,每个语句以逗号结束

　　B. 注释时,"/"和"＊"号间可以有空格

　　C. 无论注释内容的多少,在对程序编译时都被忽略

　　D. C 程序每行只能写一个语句

6. C 语言源程序文件的后缀是(　　　),经过 Compile 后,生成文件的后缀是(　　　),经过 Build 后,生成文件的后缀是(　　　)。

　　A. .obj　　　　　B. .exe　　　　　C. .c　　　　　D. .doc

7. Visual C++ 6.0 IDE 的编辑窗口的主要功能是(　　　),输出窗口的主要功能是(　　　),调试器(Debug)的主要功能是(　　　)。

　　A. 建立并修改程序　　　　　　　　B. 将 C 源程序编译成目标程序

　　C. 跟踪分析程序的执行　　　　　　D. 显示编译结果信息(如语法错误等)

8. 在 Visual C++ 6.0 开发环境下,C 程序按工程(project)进行组织,每个工程可包括(　　　)C/CPP 源文件,但只能有(　　　)main 函数。

　　A. 1个　　　　　B. 2个　　　　　C. 3个　　　　　D. 1个以上(含1个)

9. 调试程序时,如果某个语句后少了一个分号,调试时会提示错误,这种情况一般称之为(　　　)。而某个"计算 2 的平方"的程序在调试时没有提示出错,而且成功执行并计算出了结果,只是结果等于 5,这种情况一般称之为(　　　)。

　　A. 语法错误　　　B. 正常情况　　　C. 编译器出错　　　D. 逻辑设计错误

二、简答题

1. 如何使用注释语句? 使用注释有何好处?

2. C 程序对书写格式有何要求? 规定书写格式有何好处?

3. 简述 C 程序上机调试的一般步骤。

4. 简述 C 程序从 .c 源文件到 .exe 可执行文件的生成过程。

第二章　基本数据类型和运算符

89 ANSI C 定义了 5 种基本数据类型：字符型（char）、整型（int）、单精度浮点型（float）、双精度浮点型（double）和空类型（void），它们是构造其他数据类型的基础。本章主要介绍 C 语言基本数据类型及其操作，这些操作包括运算符操作和对基本类型数据的输入/输出操作。

第一节　基本数据类型和取值范围

一、基本数据类型和变量定义

1. 基本数据类型

在计算机中，所有的数据都采用二进制形式表示，5 种基本数据类型规定了数据在内存中占用的二进制位数/字节数，从而也规定了数据的取值范围。与数据类型相关的是类型修饰符，对于整数类型有两类修饰符：一类是符号修饰；另一类是长度修饰。其中符号修饰符有带符号（signed）和不带符号（unsigned）之分，默认为带符号（signed）修饰；长度修饰有短型（short）和长型（long）之分，这些数据长度与具体机器编译环境有关。例如在 Visual C++ 6.0 编程环境下，int 类型与 long 类型一样，都是占 4 字节（32 位）；而在 Turbo C 2.0 编程环境下，int 类型与 short 类型一样，都是占 2 字节（16 位）。本书以 Visual C++ 6.0 作为开发环境，其主要数据类型和取值范围如表 2-1 所列。表中类型带中括号的项表示是格式中的可选项。

表 2-1　　　　　　　　　　　基本数据类型和取值范围

类　型		字节（位）	取值范围	最小值	最大值
字符型	[signed] char	1(8)	$-2^7 \sim 2^7-1$	-128	127
	unsigned char		$0 \sim 2^8-1$	0	255
整　型	[signed] short [int]	2(16)	$-2^{15} \sim 2^{15}-1$	-32768	32767
	unsigned short [int]		$0 \sim 2^{16}-1$	0	65535
	[signed] int	4(32)	$-2^{31} \sim 2^{31}-1$	-2147483648	2147483647
	unsigned int		$0 \sim 2^{32}-1$	0	4294967295
	[signed] long [int]		$-2^{31} \sim 2^{31}-1$	-2147483648	2147483647
	unsigned long [int]		$0 \sim 2^{32}-1$	0	4294967295
单精度浮点型	float	4(32)	约$-3.4e+38$ $\sim +3.4e+38$	0xff7fffff $-2^{127} \cdot (2-2^{-23}) \approx$ -3.4×10^{38}	0x7f7fffff $2^{127} \cdot (2-2^{-23}) \approx$ 3.4×10^{38}
双精度浮点型	double	8(64)	约$-1.8e+308$ $\sim 1.8e+308$	0xffefffffffffffff $-2^{1023} \cdot (2-2^{-52}) \approx$ -1.8×10^{308}	0x7fefffffffffffff $2^{1023} \cdot (2-2^{-52}) \approx$ 1.8×10^{308}

关于字符型和整型数据的取值范围,我们以 16 位整型数为例进行说明,其他类型数据取值范围可依此类推。不带符号 unsigned short 类型最大值为 1111111111111111,即 65535($2^{16}-1$),最小值为 0000000000000000,即 0;带符号 signed short 类型数据采用二进制补码形式表示,其最大值为 0111111111111111,即 32767($2^{15}-1$),其最小值为 1000000000000000,即 -32768(-2^{15})。

关于单精度和双精度浮点型数据的取值范围,可根据 IEEE—754 标准规定的浮点数的存储格式进行分析。在 VC6 安装目录下的文件 float.h 中有对浮点数单精度与双精度的最大正值及最小正值的宏定义。

C 语言数据分为两类:一类为常量;另一类称为变量。常量是指在程序运行过程中数值不发生变化的量,如 5,"a","Hello,world";变量是指程序运行过程中,可以发生变化的量,如 a 等。

2. 变量的定义

变量的定义格式为:

［存储类型］数据类型 变量名;

例如:

```
int a, a5, _a;
float _a5, A5;
```

其中,变量类型可以是表 2-1 中的任何数据类型,变量命名必须遵守以下 C 标识符命名规则:

① 第 1 个字符必须是字母或下划线。

② 其余字符可以是字母、下划线和数字。

③ 字母区分大小写。

④ 用户自定义标识符不能与 C 语言的保留字或预定义标识符同名,并应尽量做到"见名知意",以增加程序的可读性。

变量没有赋初值时,变量中存放的是一随机值。变量定义时可同时赋初值,称之为变量的初始化,如:

```
int a=1,a5=10;
```

定义变量包括两个方面的含义:一是给变量分配了存储空间和规定了变量的取值范围,从而可以对变量进行存储操作,如上述举例中,为整型变量 a、a5、_a 各分配了 4 个字节空间,为浮点型变量_a5、A5 各分配了 4 个字节空间,变量有了存储空间,也就有变量地址,如 &a、&a5、&_a 分别表示变量 a、a5、_a 的首地址(符号 & 是求变量地址的运算符);二是规定了其允许的操作,如实数可进行加、减、乘、除运算,但不能进行求余运算。

二、整型常量

C 语言中整型常量按进制划分有十进制、八进制(前缀为数字 0)、十六进制(前缀为数字 0X 或 0x)3 种。数据 377 按这 3 种进制的格式可分别表示为:377、0571、0x179(或 0X179)。

整型常量加后缀为小写字母 l 或大写字母 L,表示该常量为 long int 类型。如 377L、0571L、0x179L 分别表示十进制、八进制、十六进制长整型数。整型常量若没加后缀,则默

认为 int 类型。例如,语句:

```
printf("%d,%d",sizeof(-377),sizeof(-377L));
```

在 Turbo C 中的运行结果为:2,4,而在 VC 中的结果为:4,4。

三、实型常量

实型常量有两种表示方法:一类是标准计数方法,如 PI 值表示为 3.1415926;另一类可以采用科学计数法,科学计数法的一般形式为:

尾数 E 阶码

或

尾数 e 阶码

如 PI 值可以表示为如下形式:

3.14159E0　　3.14159e0　　0.314159E1　　31.4159e-1。

四、字符常量

字符常量用一对单引号包围,如'5'、'a'、'A'、' '等,每个字符占一个字节。在计算机中,字符按 ASCII 值存放,见附录 1,上述对应的 4 个字符的 ASCII 值为 53、97、65、32 等,因此字符也可以参加整型运算。由于单引号已经用作任意字符常量的界限符,所以单引号如果要用作普通字符常量时却不好表示,在 C 中这种不好表示的字符可在字符前面加反斜杠"\"区分,称之为转义字符,如\'表示单引号。常用转义字符如表 2-2 所示。

表 2-2　　　　　　　　　　　　常用转义字符表

转义字符	意　义	ASCII 值	转义字符	意　义	ASCII 值
\b	退格	8	\'	单引号	39
\f	换页	12	\\	反斜杠	92
\n	换到新行	10	\v	垂直制表	11
\r	回车	13	\a	响铃	7
\t	水平制表	9	\?	问号	63
\"	双引号	34	%%	百分号	37

所有的 ASCII 码字符都可以用反斜杠"\"加对应的 ASCII 码值(用八进制或十六进制数字表示)来转义表示。如字符常量'A',可以用'\101'或'\x41'表示。

注意'3'与 3 的区别:前者为字符常量,占一个字节,后者为整型常量,占 4 个字节;前者数值为 51,后者为 3;两个数据都可以参加四则运算。

例 2-1　转义字符与字符运算举例,分析下列程序运行结果。

```
#include <stdio.h>
int main()
{
    char c='a';
    c=c+1;
    printf("\n%c\n",c);
```

```
    printf("The token of RMB is:\n\t\t\tY\b=");
    return 0;
}
```

在屏幕上的输出结果为：

```
    b
    The token of RMB is:
                    =
```

在打印机上的输出结果为：

```
    b
    The token of RMB is:
                    ￥
```

在屏幕与在打印机上输出结果的区别在于字符＝与￥,其原因是:屏幕上回退先删除字符 Y 后再输出字符＝,而在打印机上回退不能删除字符 Y,后续输出字符＝重叠在前面 Y 上,形成重叠符号￥。

五、字符串常量

字符串常量是用一对双引号包围的字符数组,如"Hello,world! ",它们在内存中是按照每个字符的 ASCII 码连续存放的,并在结尾处添加了一结束标志'\0',对应的 ASCII 值为 0,这样 n 个字符组成的字符串需占用 n+1 个字节。因此,12 个字符组成字符串"Hello,world! "在内存中占用 13 个字节,其存储形式如图 2-1 所示。

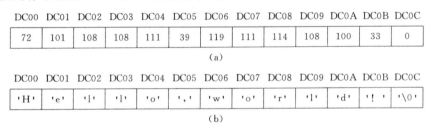

图 2-1　字符串"Hello,world!"的存储表示

(a) 字符在内存中按其 ASCII 值存储;(b) 图(a)对应位置代表的字符

值得注意的是：

① 字符串中包含有双引号字符时,字符双引号必须用转义字符表示;

② 一个字符串需占用两行时,需采用两对双引号界定表示,具体可参见例 2-2。

例 2-2　字符串常量分两行表示的实例。

```
#include <stdio.h>
int main()
{
    printf("This string"
          "is too long!");
    return 0;
}
```

程序运行结果如下：

This string is too long!

注意'A'与"A"的区别：前者为字符常量，占一个字节；后者为字符串常量，占两个字节，其中第一个字节存放字符'A'，第二个字节存放字符串结束标志'\0'。

第二节　运　算　符

一、优先级与结合规则

数学中表达式是这样定义的：用运算符（操作符）将运算数（操作数）连接起来的式子。其运算顺序是这样规定的：先乘除后加减，从左至右依次进行。这句话包含了两层意思：先乘除后加减表明了乘除运算符的优先级别比加减运算符优先级别高；在同一级别运算时，按从左至右依次进行，表示另一种规则，即结合规则，对于算术运算的结合规则是按从左至右进行的，即左结合性。C 语言中除了算术运算符之外，还有其他一些运算符，这些运算符的优先级别和结合规则如表 2-3 所示，从表 2-3 中我们可以看出加减运算符的级别为 4 级，比运算级别为 3 级的乘除运算符级别要低。

表 2-3 <center>运算符的优先级和结合规则</center>

优 先 级	运 算 符	结 合 规 则
1	（ ） [ ] -> .	从左至右
2	! ~ ++ -- - * & sizeof (type)	从右至左
3	* / %	从左至右
4	+ -	从左至右
5	<< >>	从左至右
6	< <= >= >	从左至右
7	== !=	从左至右
8	&	从左至右
9	^	从左至右
10	|	从左至右
11	&&	从左至右
12	||	从左至右
13	?:	从右至左
14	= += -= *= /= %= &= ^= |= >>= <<=	从右至左
15	,	从左至右

算术运算符"+"、"-"、"＊"、"/"等只允许带左右两个运算数的运算符称为二元运算符（或二目运算符、双元运算符），负号运算符"-"只允许有一个运算数的称为单元运算符（或单目运算符、一元运算符）。C 语言中只有一个三元运算符，即条件运算符，它允许带 3 个运算数。2 个符号表示一个运算时，2 个符号必须连续书写，之间不能有空格，如"++"中 2 个"+"

间不能有空格,否则会出现语法错误。

当由多个不同运算符和运算数组成较为复杂的表达式时,其运算符计算顺序按如下规则执行。

① 不同级别的运算符按运算符的优先级别确定计算顺序,优先级别高(优先级别数小)的运算符先计算,优先级别低(优先级别数大)的运算符后计算;

② 相同级别的运算符按结合规则确定计算顺序。

如表达式 3+4 * (12-6)/(1+2) 的计算顺序为:① 左边括号运算(12-6),值为 6;② 右边括号运算(1+2),值为 3;③ 左边乘法运算 4 * 6,值为 24;④ 右边除法运算 24/3,值为 8;⑤ 加法运算 3+8,值为 11。

二、赋值运算与连续赋值

简单赋值运算的一般形式为

变量＝表达式

其功能是将一个表达式的值赋给变量。如下表达式

    a=b+c

该式读作将表达式 b+c 的值赋给 a。其本意是改写变量 a 的值,而不是判断 b+c 与 a 是否相等,初学者往往将 C 语言中的赋值运算符看做数学上的关系运算符——等于运算符,这是错误的,请读者认真理解。又如数学上将表达式

    a=a+5

看做错误的表达式,在 C 语言中这是正确的合法表达式,它是改写存储单元 a 中的内容,因为在 C 中,运算符"="不是关系运算符"等于",而是赋值运算符。

在 C 语言中,赋值运算符的级别较低,为 14 级,并满足右结合规则。因此表达式

    x=y=z=1

是连续赋值表达式,其功能相当于如下表达式的功能。

    x=(y=(z=1))

它是先执行表达式 z=1,即将 1 赋给 z,表达式值也为 1,然后将表达式值 1 赋给 y,即执行 y=1,表达式值也仍为 1,再将表达式值 1 赋给 x,即执行 x=1。

三、算术运算

C 语言中算术运算符有加"+"、减"-"、乘" * "、除"/"、求余(模)"%"、"++"、"--"。其中"+"、"-"运算符级别为 4 级," * "、"/"、"%"运算符级别为 3 级,它们都满足左结合性,都是二元运算符,"+"、"-"、" * "、"/"都能对整数或实数进行运算。求余运算符"%"只能对整型数据进行,如 5%2 的值为 1,5%3 值为 2。

如果计算 a%b 时,a、b 中至少有一个为负数,此时运算结果如何呢? C 语言中规定,余数与 a 的符号相同,而绝对值不变。因此表达式 7%3、7%-3、-7%3、-7%-3 的值分别为 1、1、-1、-1。

"++"、"--"为一元运算符,级别为 2 级,满足右结合性,只能对整型变量进行运算。表达式++a 或 a++表示 a 的值自增 1,而--a 或 a--表示 a 的值自减 1。例如,若有定义:

    int a=5;

则执行

```
        a++
```
或
```
        ++a
```
后,a 的值为 6;执行
```
        a--
```
或
```
        --a
```
后 a 的值为 4。

"++"、"--"运算符可写在变量的前面或变量的后面,写在变量的前面称为前缀(或前置)运算符,写在变量的后面称为后缀(或后置)运算符,在使用前缀运算与后缀运算时要注意以下两点。

① ++a 与 a++单独构成表达式时,两者使用时没有区别。

② ++a 与 a++不是单独构成表达式时,前缀运算表示先加后用,后缀运算表示先用后加。

先用后加指的是先读取 a 的数据使用,当表达式中比逗号运算符高的运算符都执行完后,a 再进行自加运算。先加后用指的是先对 a 进行自加运算,然后再读取 a 进行其他运算。

上面我们仅以"++"运算为例进行说明,对于"--"运算也有相似的规则:前缀表示先减后用,后缀表示先用后减。

例 2-3 分析下列程序的运行结果。

```c
#include  <stdio.h>
int main()
{
    int a,b;
    a=3;b=a++;printf("a=%d b=%d\n",a,b);
    a=3;b=++a;printf("a=%d b=%d\n",a,b);
    a=3;b=++a * ++a; printf("a=%d b=%d\n",a,b);
    a=3;b=++a * a++; printf("a=%d b=%d\n",a,b);
    a=3;b=a++ * ++a; printf("a=%d b=%d\n",a,b);
    a=3;b=a++ * a++; printf("a=%d b=%d\n",a,b);
    a=3;printf("++a=%d a++=%d\n",++a,a++);
    return 0;
}
```

程序运行结果为:
```
    a=4 b=3
    a=4 b=4
    a=5 b=25
    a=5 b=16
    a=5 b=16
    a=5 b=9
    ++a=4 a++=3
```

仅选取上例运算结果中的几行进行以下分析,其他情况读者可以自己分析。

① 运行结果中的第一行分析:此为后缀运算,先读取 a 的值 3 赋给 b(b 值为 3)后,a 再

执行自加运算,a 值为 4。

② 运行结果中的第 5 行分析:第一个++为后置运算,需等赋值运算执行完后才执行,留待以后执行自加运算,第二个++为前置运算,先进行自加后 a 值为 4,然后在 a 的同一存储单元中两次读取 a 进行乘法运算,此时两次读取的数据都为 4,乘法结果 16 赋给 b,赋值运算执行完后,执行留待的后置自加运算,a 值为 5。

③ 运行结果中的最后一行分析:这里首先应明白 C 语言中参数传递是自后向前的传递方式(这与其他高级语言如 Pascal 是不同的),再来分析其运算结果,首先传递的是 a 的后置自加运算,先用后加,先用的 a 值为 3,即输出结果为 3(而加 1 要在用完后,即 printf 输出完成后才进行),然后传递的是 a 的前置自加运算,先加后用,a 先自加使 a 的值为 4,后用的 a 值为 4,即输出结果为 4。对于其他运算结果,也不难进行分析得出。

注意,最后一行语句在 Turbo C 2.0 中的运行结果为++a＝5 a++＝3,这说明不同的编译器处理有差别,建议初学者尽量避免例 2-3 中的这些稍显复杂的用法,因为这些语句完全可以用简单而功能明确的语句组替代。

四、关系运算

关系运算又称为比较大小运算,它有 6 个运算符:">"、">="、"<"、"<="、"=="、"!=",它们的结合规则都是自左向右的。其中">"、">="、"<"、"<="4 个运算符级别为 6 级,它们比"=="、"!="等两个运算符级别为 7 级的级别高。关系运算的结果为逻辑真或逻辑假,关系成立时为逻辑真(值为 1),关系不成立时为逻辑假(值为 0)。如下表达式:

    5>3 5>=3 5<3 5<=3 5==3 5!=3

的逻辑值分别为

       1   1   0   0   0   1

关系运算的等于运算符"=="与数学上的等于运算符"="具有相同的含义,与 C 语言中的赋值运算符"="是完全不同的,这一点初学者往往容易搞错。

五、逻辑运算、连续比较和逻辑优化

C 语言中逻辑运算符有 3 个,分别是逻辑与"&&"(11 级、左结合)、逻辑或"||"(12 级、左结合)、逻辑非"!"(2 级、右结合)。逻辑与表达式 a&&b 表示 a 与 b 中只要有一个条件不满足(值为 0),其运算结果为 0。逻辑或表达式 a||b 表示 a 与 b 中只要有一个条件满足(值为 1),其运算结果为 1。逻辑非表达式!a 表示当 a 为 1 时,结果为 0;当 a 为 0 时,结果为 1。逻辑运算真值表如表 2-4 所示。

表 2-4 逻辑运算真值表

a	b	a&&b	a‖b	! a
1	1	1	1	0
1	0	0	1	0
0	1	0	1	1
0	0	0	0	1

在 C 语言逻辑运算中,任何非 0 值都当做逻辑值 1 处理,因此表达式 0.1||0 的结果值为 1。

数学上的连续比较 5>3>2 在数学上是恒成立的。但在 C 语言中,上式却不成立,因为首先计算第一个大于号,其值为 1,而后计算第二个大于号时,即计算 1>2,显然不成立,其值为 0。实际上,连续比较大小时,表示几个条件同时满足,因此若将上式改写为条件表达式 5>3&&3>2 后,则与数学上的连续比较含意相符,表达式也是成立的。

关于逻辑优化的问题:从逻辑与运算 a&&b 的真值表中,我们可以看出,只要 a 值为 0,不管 b 值如何,其运算结果都为 0,因此,在进行逻辑与运算时,若计算 a 值为 0,我们不需计算 b 值,这种情况,我们称之为逻辑与优化。同样,对于逻辑或运算 a||b,若 a 值为 1,不需计算 b 值,此时表达式值恒为 1,这种情况称之为逻辑或优化。

例 2-4　逻辑运算。

```c
#include  <stdio.h>
int main()
{
    int x,y,z;
    x=y=z=0;++x||++y||++z;
    printf("x=%d y=%d z=%d\n",x,y,z);
    x=y=z=0;++x&&++y||++z;
    printf("x=%d y=%d z=%d\n",x,y,z);
    x=y=z=0;++x&&++y&&++z;
    printf("x=%d y=%d z=%d\n",x,y,z);
    x=y=z=0;++x||++y&&++z;
    printf("x=%d y=%d z=%d\n",x,y,z);
    return 0;
}
```

程序运行结果为:

```
x=1 y=0 z=0
x=1 y=1 z=0
x=1 y=1 z=1
x=1 y=0 z=0
```

六、位运算

1. 位运算操作符

位运算符有“&”、“|”、“^”、“~”、“>>”、“<<”等 6 个,其含义如表 2-5 所示。

表 2-5　　　　　　　　　　　　　　位运算符号表

运算符	符号名	例子	意义	优先级	结合规则
&	位与	a&b	a 与 b 按位求与	8	左
^	位异或	a^b	a 与 b 按位求异或	9	左
		位或	a|b	a 与 b 按位求或	10	左
~	位反	~a	对 a 按位求反	2	右

运算符	符号名	例子	意义	优先级	结合规则
>>	右移位	a>> b	a 向右移 b 位	5	左
<<	左移位	a<< b	a 向左移 b 位	5	左

2. 异或运算

异或运算真值表如表 2-6 所示,即对应位相同时结果为 0,不同时结果为 1。

表 2-6　　　　　　　　　　　异或运算真值表

a	b	a^b
1	1	0
1	0	1
0	1	1
0	0	0

3. 移位运算

左移位运算 a<<b 表示将 a 左移 b 位,右边空出的低位部分用 0 填补,左边移出的部分将丢弃。右移位运算 a>>b,右边移出的部分将丢弃,左边空出的高位部分填补方法则根据 a 是否为带符号数又分为两种:a 为带符号数时,左边空出的高位部分用符号位填补;a 为不带符号数时,左边空出的高位部分用 0 填补。

例 2-5 位运算。

```
#include  <stdio.h>
int main()
{
    char a= -25,b=93,c;
    unsigned char d= -25;
    c=a&b;printf("%d\n",c);
    c=a|b;printf("%d\n",c);
    c=a^b;printf("%d\n",c);
    c=~a;printf("%d\n",c);
    b=3;
    c=a>>b;printf("%d\n",c);
    c=d>>b;printf("%d\n",c);
    a=25;
    c=a>>b;printf("%d\n",c);
    c=a<<b;printf("%d\n",c);
    return 0;
}
```

程序运行结果为:

69

```
-1
-70
24
-4
28
3
-56
```

七、条件运算

条件运算符是 C 语言中唯一的三元运算符,用符号"?:"表示,它带有 3 个操作数,优先级为 13 级,结合规则为右结合,其书写一般形式为:

```
a?b:c
```

其计算方法是先计算 a,若 a 非 0,则选择 b 作为表达式值,否则若 a 为 0,则选择 c 作为表达式值,因此,条件运算又称为选择运算。

例 2-6　条件运算——输入两个整数,选择其中较大的数输出。

```
#include  <stdio.h>
int main()
{
    int a,b,c;
    scanf("%d%d",&a,&b);
    c=a>b? a:b;
    printf("%d",c);
    return 0;
}
```

程序运行结果为:

```
3  5↙          (箭头表示从键盘输入)
5
```

八、复合赋值运算

同赋值运算一样,复合赋值运算符也是二元运算符,运算级别为 14 级,结合规则为右结合。复合赋值运算符共有 10 个,其含义如表 2-7 所示。复合赋值运算与其他运算相结合时,应特别注意其运算优先级与结合规则。如表达式:

表 2-7　　　　　　　　　　　　　复合赋值运算符

运算符	举例	意义	运算符	举例	意义
+=	a+=b	a=a+b	&=	a&=b	a=a&b
-=	a-=b	a=a-b	^=	a^=b	a=a^b
*=	a*=b	a=a*b	|=	a|=b	a=a|b
/=	a/=b	a=a/b	>>=	a>>=b	a=a>>b
%=	a%=b	a=a%b	<<=	a<<=b	a=a<<b

```
    a/=b+c * d
```
相当于表达式
```
    a=a/(b+c * d)
```
因为复合赋值运算符"/="优先级别比"+"、"*"的优先级别低。

九、逗号运算

逗号运算符是 C 语言中级别最低的运算符,15 级,结合规则为左结合。其一般形式如下:
```
    e1,e2,e3,…,en
```
其功能为先计算表达式 e1,然后计算表达式 e2,再计算表达式 e3,……最后计算表达式 en,其中表达式 en 的值为整个表达式的值。

例 2-7 逗号表达式。
```c
#include <stdio.h>
int main()
{
    int a=5,b=3,c,d;
    d=(c=a++,c++,b * =a * c,b/=a * c);
    printf("%d\n",d);
    printf("a=%d b=%d c=%d\n",a,b,c);
    return 0;
}
```
在例 2-7 中的逗号表达式 c=a++,c++,b * =a * c,b/=a * c 中,先计算第一个表达式 c=a++ 得出 c 值为 5,a 值为 6;计算第二个表达式 c++ 后 c 值为 6,计算第三个表达式 b * =a * c后,b 值为 108,计算第四个表达式 b/=a * c 后 b 值为 3。整个括号内表达式值为 3 赋给变量 d,因此,最后输出结果为:
```
    3
    a=6 b=3 c=6
```

十、其他运算 sizeof

"sizeof"表示计算变量或表达式占用的存储空间大小,即字节数,其运算级别为 2 级,结合规则为右结合。

sizeof 计算类型占用字节数的形式为:
```
    sizeof(类型)
```
sizeof 计算变量占用字节数的形式有两种:
```
    sizeof(变量)
```
或
```
    sizeof 变量
```
如有
```
    int a,b;
```
则

```
sizeof(int)    sizeof a    sizeof(a)
```

都是合法的表达式,其值都为 4。

十一、类型转换与类型转换规则

C 语言允许不同类型的数据进行混合运算,不同类型数据进行运算时需进行类型转换,C 语言类型转换分为 4 类,即算术运算类型转换、赋值转换、强制类型转换和输入/输出类型转换。

1. 算术运算类型转换

算术运算中,当两个运算数类型相同时,运算结果类型与原类型相同,当两个运算数类型不同时,先将两个数转换为相同类型,转换方法为将级别低的数据类型转换为级别高的数据类型,运算结果自然与级别高的数据类型相同。类型级别高低按下述规则进行:

低 ─────────────────────────→ 高

char ──→ short ──→ long ──→ float ──→ double

unsigned ──→ signed

即字符型向整型转换,整型向实数型转换,短型向长型转换,不带符号型向带符号型转换。因此表达式

```
5/2+3 * 4.5+2
```

的运算结果为 17.5,而不是 18。因为 5/2 时,除法运算符"/"两边运算数的类型都为整数,其运算结果类型也应为整数类型,其值当然为 2,而不是 2.5;乘法 3 * 4.5 两边运算数的类型不同,结果类型为级别高的类型,即实型,值为 13.5,整个表达式值为 17.5。如将上述表达式改写为

```
5/2.0+3 * 4.5+2
```

此时,其运算结果为 18.0,而不是 17.5,请读者自行分析。

2. 赋值转换

执行赋值运算"变量 a=表达式 b"时,若 a、b 类型相同,则直接将 b 赋给 a 即可,若 a、b 类型不同,则需先将 b 的类型转换为 a 的类型后再赋值,这种类型转换,称之为赋值类型转换。赋值类型转换分为以下几种情况。

① 不带符号整型数向带符号整型数转换。C 语言中,整型数据采用补码形式存放,因此当一个不带符号的整型数向带符号的整型数转换时,最高位为 1 时,当做符号位即负号来处理。如

```
unsigned short a=65535;
short b;
b=a;
```

此时 b 的值为多少呢?

由于不带符号的数 a 在内存中占用两字节,并以补码形式存放,因此 a 的存储形式为:

11111111	11111111

将 a 赋给 b 后,b 的存储形式与 a 相同,但最高位是符号位,表示 b 为负数,即 b 值为

—1(补码)。

② 带符号整型数向不带符号整型数转换。带符号的整型数向不带符号整型数转换时，此时将最高位(符号位)也作为数值进行处理，因此若有：

```
unsigned short a;
short b=-1;
a=b;
```

因为此时 b 占两字节，二进制补码形式为 16 个 1，赋给 a 后，a 的 16 个位也都为 1，因此 a 的值为 65535。

③ 短整型向长整型转换。对于短整型向长整型转换时，扩展位部分补符号位。对于浮点型向双精度型转换时，不丢失精度。

例 2-8 符号位的扩展。

```
#include  <stdio.h>
int main()
{
    short a=-1; long b; unsigned long c;
    b=a; c=a;
    printf("a=%d b=%ld c=%lu\n",a,b,c);
    return 0;
}
```

程序运行结果为：

```
a=-1   b=-1   c=4294967295
```

④ 长整型向短整型转换。长整型数据占 4 个字节，数据取值范围大，短整型数据只占 2 个字节，数据取值范围小，因此，当长整型数据赋给短整型数据，转换时，只保留长整型数据的低 16 位部分，从而可能会引起数据的丢失，如图 2-2 所示。

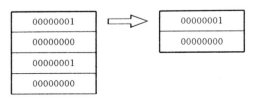

图 2-2　长整型赋给短整型示意图
（只保留数据的低字节部分）

例 2-9 长整型数据向短整型数据转换。

```
#include  <stdio.h>
int main()
{
    long a=65537; short b;
    b=a;
    printf("a=%ld b=%d\n",a,b);
    return 0;
}
```

程序输出结果为：

a=65537 b=1

⑤ 单精度浮点型向双精度浮点型转换。这是等值转换。

⑥ 双精度浮点型向单精度浮点型转换。由于双精度浮点型数据精度为 16 位，单精度浮点型数据有效数字一般为 6～7 位，所以将一个双精度浮点型数据赋给单精度浮点型变量时，仅前 6～7 位是有效数字。

例 2-10　双精度浮点型数据转换为单精度浮点型数据。

```
#include  <stdio.h>
int main()
{
    double a=1.234567890123456789e18;
    float b=a;
    printf("a=%.20le\n",a);
    printf("b=%.20le\n",b);
    return 0;
}
```

程序输出结果为：

a=1.23456789012345680000e+018

b=1.23456793955060940000e+018

如果双精度浮点型数据范围超过单精度浮点型数据取值范围，将引起数据的丢失，产生错误的输出结果。

3. 强制类型转换

强制类型转换的一般格式为：(目标类型)表达式；其功能是将表达式类型转换为目标类型，其转换方法同赋值转换。

如：

```
    float a=3.8;
    int i;
    i=(int)a;
```

则 i 的值为 3。

4. 输入/输出类型转换

输入/输出类型转换将在本章第三节"输入/输出函数"中介绍。

第三节　输入/输出函数

一个完整的计算机程序一般具备输入/输出功能，C 语言没有提供输入/输出语句，其输入/输出功能通过调用标准输入/输出函数来实现。

一、格式化输出函数 printf

用户看不到程序运算的过程和运算变量的值，而运算变量的值对用户又有特别重要的意义。C 语言为用户提供了格式化输出函数，其功能是按用户指定格式输出运算结果值。

格式化输出函数的调用格式为：

> printf("格式字符串",表达式 1,表达式 2,…,表达式 n);

其中格式字符串由两类项目组成：第一类是显示到屏幕上的字符，第二类是对应每个输出表达式的格式说明符(format specifier)。格式说明符数量必须与输出表达式数量严格一致，格式说明符与输出表达式按从左到右的方式对应。

格式说明符以"%"开始，以类型代码结束，其一般格式为

> %[flags] [width] [precision][F|N|h|l] type

1. 类型代码(type)

类型代码(type)意义如表 2-8 所示。

表 2-8　　　　　　　　　　　类型代码(type)表

type	意义	type	意义
c	字符	o	无符号八进制整数
d	带符号十进制整数	s	字符串
i	带符号十进制整数	u	无符号十进制整数
f	十进制浮点数	x	无符号十六进制整数(小写 x)
e	科学表示(用 e 表示指数部分)	X	无符号十六进制整数(大写 X)
E	科学表示(用 E 表示指数部分)	p	指针
g	e 或 f 中选择短格式	n	已输出的字符数
G	E 或 f 中选择短格式	%	输出 % 号

例 2-11　先初始化不同类型数据，然后输出数据。

```
#include  <stdio.h>
int main()
{
    int a,b;unsigned int c;char d='A';
    float f; double e;
    a=3; b=-3; c=-5;
    f=3.14259; e=12.3e10;
    printf("Character:ASCII code d=%c ASCII value d=%d\n",d,d);
    printf("Decimal:a=%d b=%d c=%d\n",a,b,c);
    printf("Unsigned: a=%u b=%u c=%u\n",a,b,c);
    printf("Octor: a=%o b=%o c=%o\n",a,b,c);
    printf("Hexdecimal: a=%x b=%x c=%x\n",a,b,c);
    printf("Hexdecimal: a=%X b=%X c=%X\n",a,b,c);
    printf("format f: f=%f e=%f \n",f,e);
    printf("format e: f=%e e=%e\n",f,e);
    printf("format g: f=%g e=%g \n",f,e);
    return 0;
}
```

程序的运行结果为：

```
Character:ASCII code d=A ASCII value d=65
Decimal:a=3 b=-3 c=-5
Unsigned: a=3 b=4294967293 c=4294967291
Octor: a=3 b=37777777775 c=37777777773
Hexdecimal: a=3 b=fffffffd c=fffffffb
Hexdecimal: a=3 b=FFFFFFFD c=FFFFFFFB
format f: f=3.142590 e=123000000000.000000
format e: f=3.142590e+000 e=1.230000e+011
format g: f=3.14259 e=1.23e+011
```

上述输出类型转换与第二节中赋值类型转换有相同的规律,整数类型间转换时必须理解整数的补码形式和符号位的扩展。

2. 宽度(width)

宽度为 n 是指表达式输出时至少(at least)占用 n 位,实际数据输出的宽度可以比指定的宽度大。宽度为 0n 时,其中的数字 0 表示左边空位用 0 填补,n 含义与前述相同。

3. 精度(precision)

对于不同类型的输出表达式,精度表示不同的含义。说明符"%e"、"%E"、"%f"作用于浮点数,精度表示小数点后最多(at most)显示的位数(不是传统的有效位数),如果未指定精度,精度默认值为 6。如%10.4f 显示的数据至少占 10 位,其中小数最多 4 位。

当精度作用于%g 或%G 时,指的是有效位的数目。

当精度作用于字符串时,精度符限制最大字符串位数。如%5.7s 显示的字符串至少占 5 位,最多占 7 位(超长部分截除)。

作用于整数时,精度决定必须显示的最小位数,不足时补前导 0。

例 2-12　数据精度。

```
#include <stdio.h>
int main()
{
    printf("%.4f\n",123.1234567);
    printf("%3.8d\n",1234);
    printf("%10.15s\n","This is a simple test");
    return 0;
}
```

程序运行结果为:

```
123.1235
00001234
This is a simpl
```

4. 标志(flags)

标志 flags 为"-"时,表示左对齐;默认为右对齐;为"+"时,表示右对齐或在带符号的正数前显示正号(+);为"0"时,表示在输出数值时指定左面不使用的空位补前导 0;为"♯"时,在八进制和十六进制数前显示前导 0,0x 或 0X。

5．处理其他类型的修饰说明符(F|N|h|l)

h、l(小写字母)可用于修饰%d、%o、%u、%x,h 修饰时表示输出短整数,l 修饰时表示输出长整数。l 可修饰%e、%f、%g,表示输出 double(C99 标准)。

二、格式化输入函数 scanf

scanf 函数使用的格式为：

```
scanf("格式字符串",地址项1,地址项2,…,地址项n);
```

格式字符串由两类项目组成：第一类是指定数据分隔字符,第二类对应每个输入项的格式说明符(format specifier)。格式说明符数量必须与输入数据地址项数量严格一致,格式说明符与输入地址项按从左到右的方式依次匹配。变量地址项为变量名前加 &,如 &x、&y、&a 等。格式说明符的一般格式如下：

```
%[*] [width] [h|l] type
```

其每个项的含义与 printf 中的格式字符串相同,不同的是输入格式串没有精度项,其中"＊"用于跳读输入的数据项。

例 2-13　计算圆柱体体积。

```
#include  <stdio.h>
int main()
{
    int r,h;
    double v;
    scanf("%d%*d%d",&r,&h);
    v=3.14159*r*r*h;
    printf("The volume is:%.5f\n",v);
    return 0;
}
```

程序运行结果为：

3 5 4↙　　　(箭头表示前面的数从键盘输入)

The volume is:113.09724

上面程序中数据输入采用空格符分隔 3、5、4,并将 3 存入变量 r 中,将数据 5 跳读,4 存入变量 h 中。C 语言中数据流除了采用空格分隔数据外,还可以采用其他方式分隔数据流。

1．（隐含方式）用空白符号分隔数据流

分隔数据流的空白符可以为空格(Space)、制表符(Tab)和回车符(Enter)等,如上面程序的数据输入可以为

3↙

5↙

4↙

　　　　若输入的下一数据项为字符时,不能采用空白符分隔,因为空白符会被当做有效的输入字符,此时可采用其他数据流分隔方式进行。

2. 指定数据输入宽度分隔数据流

"width"用于指定每个输入数据项的最大(at most)宽度。实际输入数据的宽度可以小于指定的宽度(width),此时可采用空白符方式或其他方式分隔数据流。如上面程序可改写为:

```
#include  <stdio.h>
int main()
{
    int r,h;
    double v;
    scanf("%2d%*3d%2d",&r,&h);
    printf("r=%d h=%d\n",r,h);
    v=3.14159*r*r*h;
    printf("The volume is:%.5f\n",v);
    return 0;
}
```

程序运行结果为:

```
12345678↙
r=12 h=67
The volume is:30310.06032
```

输入数据小于指定宽度时,可采用空白符分隔。如上面程序输入数据为 r=3,h=5,则程序运行结果为:

```
3  4  5↙
r=3 h=5
The volume is: 141.37155
```

3. 用指定的符号分隔数据

若将上面程序输入语句改写为:

```
scanf("r=%dh=%2d",&r,&h);
```

则数据输入格式必须为:

```
r=3 h=4↙
```

初学者在输入数据时往往遗漏 r=和 h=,这样往往产生错误的运行结果。

4. 根据数据含义分隔数据流

数据流输入时,scanf 函数能根据数据类型的匹配与否进行数据流的分隔,如输入十进制整型数时,不可能出现字母。

```
#include  <stdio.h>
int main()
{
    int r,h; char c;
    double v;
    scanf("%d%d%c",&r,&h,&c);
    printf("r=%d h=%d\n",r,h);
```

```
    printf("Input character is:%c\n",c);
    v=3.14159*r*r*h;
    printf("The volume is:%.5f\n",v);
    return 0;
}
```

程序运行结果为：

```
3 5r↙
r=3 h=5
Input character is:r
The volume is: 141.37155
```

三、字符输入/输出函数

C 语言中输入字符时，除在 scanf 函数中指定%c 格式输入字符外，还可采用专门的字符输入函数 getchar，其使用格式一般为：

　　　　字符变量=getchar();

上述语句的功能是在键盘上读取一个字符，并将读取的字符赋给字符变量。

C 语言中输出字符时，除在 printf 函数中指定%c 格式输出字符外，还可采用专门的字符输出函数 putchar，其使用格式一般为：

　　　　putchar(参数);

上述语句的功能是向控制台（如显示器）输出参数所指定的一个字符。参数可以是字符常量、字符变量、整型常量、整型变量或是表达式。

在程序中使用字符输入输出函数时，必须在程序首部加上包含语句。

```
#include  <stdio.h>
```

例 2-14 字符输入/输出函数。

```
#include  <stdio.h>
int main()
{
    char c1,c2,c3;
    c1=getchar();
    c2=getchar();
    c3=getchar();
    putchar(c1+32);
    putchar(c2+32);
    putchar(c3+32);
    return 0;
}
```

程序中输入数据和输出数据如下：

```
ABC↙
abc
```

从上述运行结果可以看出，上述程序是将大写字母变换为小写字母，上述字符算术运算加减数据量如果不是 32 而是其他数，则可实现简单的西文字符加密与解密。

习　　题

一、选择题

1. C 语言中最基本的非空数据类型包括(　　)。
  A. 整型、单精度浮点型、空类型
  B. 整型、字符型、空类型
  C. 整型、单精度浮点型、字符型
  D. 整型、单精度浮点型、双精度浮点型、字符型

2. C 语言中运算对象必须是整型的运算符是(　　)。
  A. %　　　　　　 B. /　　　　　　 C. =　　　　　　 D. <=

3. 若已定义 x 和 y 为 int 类型,则执行了语句 x＝1;y＝x+3/2;后 y 的值是(　　)。
  A. 1　　　　 B. 2　　　　 C. 2.0　　　　 D. 2.5

4. 若有以下程序段,

```
int a=1,b=2,c;
c=1.0/b*a;
```

  则执行后,c 的值是(　　)。
  A. 0　　　　 B. 0.5　　　　 C. 1　　　　 D. 2

5. 能正确表示逻辑关系:"a≥10 或 a≤0"的 C 语言表达式是(　　)。
  A. a>=10 or a<=0　　　　　　　 B. a>=0|a<=10
  C. a>=10 && a<=0　　　　　　　 D. a>=10||a<=0

6. 下列字符序列中,不可用做 C 语言标识符的是(　　)。
  A. xky327　　　 B. No.1　　　 C. _ok　　　 D. zwd

7. 在 printf( )函数中,反斜杠字符"\"表示为(　　)。
  A. \'　　　　　　 B. \0　　　　　　 C. \n　　　　　　 D. \\

8. 设先有定义:

```
int a=10;
```

  则表达式 a+=a *=a 的值为(　　)。
  A. 10　　　　 B. 100　　　　 C. 1000　　　　 D. 200

9. 设先有定义:

```
int a=10;
```

  则表达式 (++a)+(a--)的值为(　　)。
  A. 20　　　　 B. 21　　　　 C. 22　　　　 D. 19

10. 有如下程序

```
#include <stdio.h>
int main( )
{
    int y=3,x=3,z=1;
    printf("%d %d\n",(++x,y++),z+2);
    return 0;
```

```
        }
```

运行该程序的输出结果是(　　　)。

    A. 3 4　　　　　B. 4 2　　　　　　C. 4 3　　　　　　D. 3 3

11. 假定 x、y、z、m 均为 int 型变量,有如下程序段:

```
        x=2; y=3; z=1;
        m=(y<x)? y:x;
        m=(z<y)? m:y;
```

则该程序运行后,m 的值是(　　　)。

    A. 4　　　　　　B. 3　　　　　　　C. 2　　　　　　　D. 1

12. 以下选项中合法的字符常量是(　　　)。

    A. "B"　　　　　B. '\010'　　　　　C. 68　　　　　　D. D

13. 设 x=3,y=4,z=5,则表达式((x+y)>z)&&(y==z)&&x||y+z&&y+z 的值为(　　　)。

    A. 0　　　　　　B. 1　　　　　　　C. 2　　　　　　　D. 3

14. 如果 a=1,b=2,c=3,d=4,则条件表达式 a<b? a:c<d? c:d 的值为(　　　)。

    A. 1　　　　　　B. 2　　　　　　　C. 3　　　　　　　D. 4

15. 设 int m=1,n=2;则 m++==n;的结果是(　　　)。

    A. 0　　　　　　B. 1　　　　　　　C. 2　　　　　　　D. 3

二、填空题

1. 表达式 10/3 的结果是 ___[1]___ ;10%3 的结果是 ___[2]___ 。

2. 执行语句:int a=12;a+=a-=a*a;后的值是 ___[3]___ 。

3. 以下语句的输出结果是 ___[4]___ 。

```
short b= 65535;
printf("%d",b);
```

4. 以下程序的执行结果是 ___[5]___ 。

```
#include <stdio.h>
int main()
{
    int a,b,x;
    x=(a=3,b=a--);
    printf("x=%d,a=%d,b=%d\n",x,a,b);
    return 0;
}
```

5. 以下程序的执行结果是 ___[6]___ 。

```
#include <stdio.h>
int main()
{
    float f1,f2,f3,f4;
    int m1,m2;
    f1=f2=f3=f4=2;
    m1=m2=1;
    printf("%d\n",(m1=f1>=f2)&&(m2=f3<f4));
```

```
        return 0;
    }
```

6. 以下程序的执行结果是 ___[7]___。

```
#include  <stdio.h>
int main()
{
    float f=13.8;
    int n;
    n=(int)f%3;
    printf("n=%d\n",n);
    return 0;
}
```

三、简答题

1. 字符常量和字符串常量有何区别。
2. 简述转义字符的用途并举实例加以说明。
3. 简述数据类型转换规则并举实例加以说明。
4. 简述输入/输出函数中"格式字符串"的作用。

第三章 控 制 结 构

程序中的语句通常是顺序执行的,但是,一个较实用的 C 语言程序,只靠顺序执行的语句是不行的,它必须根据实际问题的要求,按照处理的逻辑顺序来执行语句,或越过某些语句,或反复执行某些语句,这就需要(条件)分支语句和循环语句。这就是本章要介绍的两种流程控制结构:分支结构和循环结构。

第一节 程序结构框图

程序设计的关键是算法。那什么是算法? 算法就是求解实际问题的步骤。有了正确有效的算法,就可以用任何一种计算机语言编写程序,解决各种问题。算法可采用自然语言、流程图或 N-S 图来描述。

一、自然语言描述

例 3-1 从键盘输入 3 个数,按由小到大的顺序输出。

解题思路 从键盘输入的 3 个数值必须用 3 个变量来保存,设 3 个变量为 x、y、z,3 个数按由小到大的顺序输出,则必须将数据两两作比较,在比较的过程中,始终保持变量 x 最小,变量 z 的值最大,如果不满足这条件,则相应比较的两变量互相交换其变量的值,设中间变量为 t。

算法步骤:

① 输入 3 个数,其值分别赋给 3 个变量 x、y、z;

② x、y 进行比较,如果 x 大于 y,通过 t 交换 x、y 的值;

③ x、z 进行比较,如果 x 大于 z,通过 t 交换 x、z 的值;

④ y、z 进行比较,如果 y 大于 z,通过 t 交换 y、z 的值;

⑤ 按 x、y、z 的顺序输出其变量的值。

例 3-2 求 s＝1＋2＋3＋…＋100。

解题思路 要将 1～100 累加到 s 变量上去,如果采用先初始化变量 s＝0,然后用语句序列 s＝s＋1;s＝s＋2;……则要重复写 100 个加法赋值语句,很显然,这种算法不可取。改用下述算法。

算法步骤:

① 设 s＝0,n＝0;

② 变量 n 值加 1,即 n＝n＋1;

③ 将 n 加到变量 s 中,即 s＝s＋n;

④ 如果 n 值小于 100,返回去执行第 2 步,否则执行第 5 步;

⑤ 输出 s 变量的值。

算法设计是程序设计的核心,希望读者在这方面给予重视。

二、流程图

流程图是一种传统的算法描述方法,它用几种不同的几何图来代表不同性质的操作,用流程线来指示算法的执行方向,用流程图表示的算法简单直观,容易转化成相应的语言程序。

图 3-1 所示为国际标准化组织(International Standard Organization,ISO)规定的一些常用流程图符号,已为各国普遍采用。

| 起止框 | 输入/输出框 | 判断框 | 处理框 | 流程线 | 连接点 |

图 3-1 常用的流程图符号

其中,起止框用来表示算法的开始或结束;输入/输出框用来表示数据的输入和输出;判断框用来对给定的条件进行判断,根据条件成立与否来决定其后的操作,它有一个入口和两个出口;处理框用来表示一般的数据处理;流程线表示算法的执行方向或步骤;连接点用来连接画在不同地点的步骤。在实际中输入/输出框也常用矩形框表示。对前面所介绍的几个算法例子,可改用流程图来表示。

例 3-3 将例 3-1 中的算法用流程图表示,如图 3-2 所示。

例 3-4 将例 3-2 中的算法用流程图表示,如图 3-3 所示。

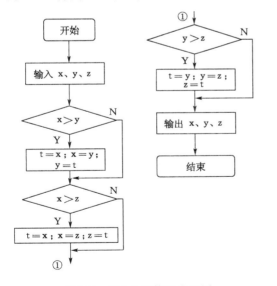

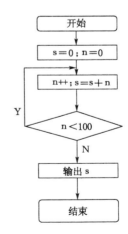

图 3-2 例 3-1 的算法流程图   图 3-3 例 3-2 的算法流程图

三、N-S 图

N-S 图是程序算法的另一种图形表示,它是由美国人 I. Nassi 和 B. Shneiderman 共同提出来的,其依据是:因为任何算法都是由顺序结构、分支(选择)结构、循环结构这 3 种结构所组成,所以可以不需要各结构之间的流程线,全部算法写在一个矩形框内,矩形框内由顺序、选择、循环 3 种结构组成。它也是算法的一种结构化描述方法。在下一小节结合结构化程序设计的知识再详细介绍。

四、结构化程序设计

结构化程序设计的基本思想是:任何程序都由 3 种基本结构组成,这 3 种基本结构如下。

① 顺序结构:它是按照语句出现的先后顺序依次执行的。如图 3-4(a)所示,先执行 A 模块,再执行 B 模块。

② 分支结构:它是根据给定条件进行判断,选择其中的一个分支执行。如图 3-4(b)所示,P 表示条件,当 P 成立时执行分支 A 模块,否则执行分支 B 模块。

③ 循环结构:就是根据某一个条件成立与否来决定是否重复执行某一部分操作,反复执行的部分称之为循环体。循环结构有以下两种类型。

a. 当型(while 型)循环结构:当条件满足时,重复执行某一操作。如图 3-4(c)所示,当条件 P 为"真"时,反复执行 A 模块操作,当 P 为"假"时才终止循环,继续执行循环体后面的语句。

b. 直到型循环:它是先执行循环体操作,再判断条件,如果条件满足,则继续执行循环体操作,直到条件不满足时,才退出循环,转到循环体后面的语句去执行。如图 3-4(d)所示,首先执行 A 模块操作,然后再判断给定的条件 P 是否成立,如果成立,反复执行 A 模块操作,直到条件 P 不成立。

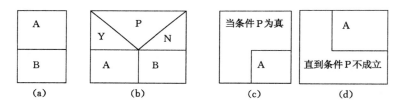

图 3-4　3 种基本结构的 N-S 图

由上面 3 种基本结构,可以看出结构化程序设计具有以下特点:

① 只有一个入口和一个出口;

② 程序中不能有无穷循环(死循环);

③ 程序中不能有在任何条件下都执行不到的语句(死语句)。

上面的顺序结构、分支结构、循环结构在逻辑上又可以看做单一的逻辑模块,它们可以作为顺序结构、分支结构、循环结构的语句模块,这样上面的 3 种基本结构经过反复嵌套,就可以表示任何复杂的算法。采用结构化思想设计出来的计算机程序,具有清晰的模块界面,因此,在书写程序时,我们应根据逻辑结构和层次深度的不同,采用缩进对齐的方式,将程序模块写在不同的位置,这样可以提高程序的可读性,有助于调试程序,找出程序的逻辑错误。

在结构化程序设计中,尽量不使用无条件转向语句(goto 语句),因为它破坏了程序模块间的结构关系,降低了程序的可读性,影响了程序设计质量。

例 3-5 将例 3-1 中的算法用 N-S 图表示,如图 3-5 所示。

例 3-6 将例 3-2 中的算法用 N-S 图表示,如图 3-6 所示。

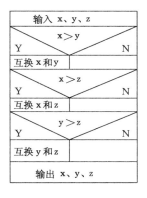

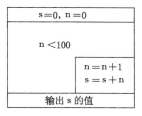

图 3-5 例 3-1 的 N-S 图   图 3-6 例 3-2 的 N-S 图

C 语言是结构化程序设计语言,C 语言为分支结构提供了 if 语句、if~else 语句和 switch 语句;为循环结构提供了 for 语句、while 语句和 do~while 语句。在程序设计中应尽量使用结构化语句,使程序设计标准化和可读性好,并容易修改。

五、复合语句

将若干语句用一对花括号括起来的语句,称之为复合语句。如

```
{
    y=x++;
    printf("%d %d",x,y);
}
```

复合语句在逻辑上相当于一个单一语句,在流程控制结构 if 结构、for 结构、while 结构中经常用到。复合语句在书写时采用向右缩进的方式,语句组相对于花括号向右缩进一个制表位。

第二节　二分支结构

if 语句是用来判定给定的条件是否满足,根据判定的结果(真或假)决定执行给出的两种操作之一。先来看这样一个问题,计算分段函数:

$$y=\begin{cases} x-5 & x\leqslant 0 \\ \dfrac{5}{x} & x>0 \end{cases}$$

求解问题的流程如下:

① 输入 x;

② 如果 x<=0,则 y=x-5;否则 y=5/x;

③ 输出 y 的值。

要完成该问题计算,显然程序的流程必须由 x 的值确定。像这样的流程要根据某个变量或表达式的值做出判定,以决定执行某个模块和跳过某个模块,这就需要选择语句。

一、二分支结构选择语句

1. if～else 二分支选择语句

基本形式为：

```
if(表达式)
    语句1;
else
    语句2;
```

若表达式为非 0(即条件判断为真)，则执行 if 后面的语句 1，而不执行语句 2；否则(即条件判断为假)，越过语句 1，执行 else 后面的语句 2，其 N-S 图如图 3-7 所示。其中的语句 1、语句 2 都是单一的逻辑语句，若语句 1、语句 2 不是单一的逻辑语句，则必须用花括号括起来形成复合语句。

在条件控制语句中，人们习惯把圆括号内的表达式叫做条件表达式。其中 if 和 else 是关键字。

例如，要求当 x≥0 时，输出"x>=0"，否则输出"x<0"，应写成：

```
if(x>=0)
    printf("x>=0\n");
else
    printf("x<0\n");
```

图 3-7   if～else 的 N-S 图

则，当 x≥0 时，系统输出"x>=0"，然后越过 else 子句，继续往下执行。

2. 使用 if 语句时的注意事项

① if 语句中的条件一般是条件表达式或逻辑表达式，它们必须放在圆括号内。

例如，下面的语句可以用来测试一个字符是不是数字：

```
if('0'<=c&&c<='9')
    printf("%c 是一个数字\n",c);
else
    printf("%c 不是一个数字\n",c);
```

下面的语句可以用来测试一个字符是不是一个大写字母：

```
if('A'<=c&&c<='Z')
    printf("%c 是一个大写字母\n",c);
else
    printf("%c 不是一个大写字母\n",c);
```

下面的语句可以测试 x 是否满足 0<x<10 来计算 y 值：

```
if(0<x && x<10)
    y=10 * x;
```

② 因为 C 语言中没有逻辑型变量，这里只是测试表达式的值是否为 0，所以可以将

```
if(表达式!=0)
```

简化为：

```
if(表达式)
```

③ if 或 else 后的语句可以是一个简单语句,也可以是由几个简单语句组成的复合语句。若是复合语句,则必须用花括号括起来。

```
if(x%2==0)
{
    sum1=sum1+x;
    n1++;
}
else
{
    sum2=sum2+x;
    n2++;
}
```

④ 要注意赋值运算符(=)与关系运算符(==)的区别。

if(a=b)和 if(a==b)都是合法的语句,但它们的含义不同:前者先将 b 的值赋给 a,然后判断 a 的值是否为 0;若 a 的值为非 0,则关系成立;后者直接判断变量 a、b 的值是否相等,若相等,则关系成立。但两者仅仅是多一个等号或少一个等号的区别,且都是合法的表达式,系统编译时不会出错,但运算结果会不同。

因此,几种常见的 if 表达式的写法如下。

① if(!a)　　　　　　　　判断变量 a 的值是否为 0。

② if(x>=0&&x<=10)　　当 x 位于区间[0,10]上,逻辑表达式为真。

③ if(x>0,y>10)　　　　括号内为逗号表达式,故最后一个表达式(y>10)的值是整个条件表达式的值。若关系表达式 y>10 成立,则 if 表达式为真。

④ if(x>0 || y<10)　　只要一个关系表达式成立,if 表达式的值为真。

例 3-7 求两个整数 x、y 中较大的数,并赋给变量 max。

解题思路 x、y 值由输入函数输入,根据其大小判断,大的赋给 max 变量。其 N-S 图如图 3-8 所示,可以编写如下程序。

```
#include <stdio.h>
int main()
{
    int x,y, max;
    printf("Input x,y=");
    scanf("%d,%d",&x,&y);
    if(x>y)
        max=x;
    else
        max=y;
    printf("Max=%d\n",max);
    return 0;
}
```

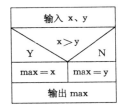

图 3-8 例 3-7 的 N-S 图

二、不平衡 if 结构

不平衡 if 结构的基本形式如下：

> if(表达式) 语句;

若表达式为非 0（即条件判断为"真"），则执行 if 后面的语句；否则（即条件判断为"假"），顺序执行 if 语句下一条语句。其 N-S 图如图 3-9 所示。

例 3-8 设计一个程序，从键盘输入 3 个整数，按由小到大的顺序输出。

解题思路 3 个整数 x、y、z，两两比较，始终保持 x 的值最小，z 的值最大，不满足此条件，则其值进行交换。基 N-S 图如图 3-10 所示，可以编写出程序如下。

图 3-9 不平衡 if 结构的 N-S 图

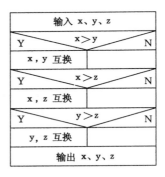

图 3-10 例 3-8 的 N-S 图

```
#include  <stdio.h>
int main()
{
    int x,y,z,temp;
    printf("Input x,y,z=");
    scanf("%d,%d,%d",&x,&y,&z);
    if(x>y)
    {
        temp=x; x=y; y=temp;
    }
    if(x>z)
    {
        temp=x; x=z;z=temp;
    }
    if(y>z)
    {
        temp=y; y=z; z=temp;
    }
    printf("%d,%d,%d\n",x,y,z);
    return 0;
}
```

注意

在该程序中,if 分支都是复合语句,不要漏掉大括号,否则程序运算结果会出错。

例 3-9 求一元二次方程 $ax^2+bx+c=0$(a 不为 0)的解。

解题思路 对于任意输入的 3 个数 a、b、c(a 不等于 0),有这样 3 种可能:

① $b^2-4ac>0$,则方程有两个不相等的实根。

② $b^2-4ac=0$,则方程有两个相等的实根。

③ $b^2-4ac<0$,则方程有两个共轭虚根。

用 if 语句编程如下:

```
#include  <stdio.h>
#include <math.h>
int main()
{
    double a,b,c,d,x1,x2;
    printf("Input a,b,c=");
    scanf("%f,%f,%f",&a,&b,&c);
    d=b*b-4*a*c;
    if(d>1e-6)                                    /* 用 1e-6 做判别式的"0"值 */
    {
        x1=(-b+sqrt(d))/(2*a); x2=(-b-sqrt(d))/(2*a);
        printf("The equation has distinct real roots:%6.2f and %6.2f\n",x1,x2);
    }
    if(fabs(d)<1e-6)
    {
        x1=x2=-b/(2*a);
        printf("The equation has two equal roots:%6.2f\n",x1);
    }
    if(d<-(1e-6))
    {
        x1=-b/(2*a);x2=fabs(sqrt(-d)/(2*a));
        printf("The equation has two complex roots:");
        printf("%6.2f+I%6.2f and %6.2f-I%6.2f\n",x1,x2,x1,x2);
    }
    return 0;
}
```

3.2.3 if 语句的嵌套

C 语言允许 if 语句嵌套使用,通常,if 语句的嵌套有两种形式。

1. 不平衡 if 嵌套结构

缺少 else 分支的二分支结构,称为不平衡 if 结构,下面是不平衡 if 嵌套结构的一种典型形式：

```
if(表达式1)
{
    if(表达式11)
        语句11;
    else
        语句12;
}
```

在这种形式的 if 嵌套中，若表达式 1 为"假"，则跳过花括号中的所有语句，去执行该复合语句下面的语句；若表达式 1 为"真"，则进一步去判断表达式 11，若表达式 11 也为"真"，则执行语句 11，然后越过 else 子句，去执行该复合语句下面的语句，若表达式 11 为"假"，则跳过语句 11，而去执行语句 12，然后去执行该复合语句下面的语句。其执行流程的 N-S 图如图 3-11 所示。

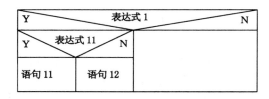

图 3-11 不平衡 if 嵌套结构的 N-S 图

例 3-10 从键盘接收一整数 x，判断 x 是不是含有因子 5 的正整数，如是，则输出"YES"，否则输出"NO"。

程序如下：

```
#include  <stdio.h>
int main()
{
    int x;
    scanf("%d",&x);
    if(x>0)
    {
        if(x%5 ==0)
            printf("YES\n");
        else
            printf("NO\n");
    }
    return 0;
}
```

2. 多分支嵌套结构

二分支 if 语句中，若二个分支中的语句 1 或语句 2 也是一个分支结构，则整个结构称之为分支嵌套结构。采用多层嵌套可以实现多分支结构。例如：

```
if(表达式 1)
    语句 1;
else
    if(表达式 2)
        语句 2;
    else
        ⋮
            if(表达式 n)
                语句 n;
            else
                语句 n+1;
```

执行过程为:若表达式 1 的值不为 0,则执行语句 1,然后越过所有的 else 子句,去执行 if 语句的下一个语句;若表达式 1 的值为 0,则判断表达式 2 的值是否为 0,若其值不为 0,则执行语句 2,然后越过它下面的所有 else 子句,去执行 if 语句下的语句;若表达式 2 的值为 0,则再判断下一个 if 语句的条件表达式…;若表达式 1,表达式 2,…,表达式 n 的结果都为 0,则执行语句 n+1。其流程图如图 3-12 所示。

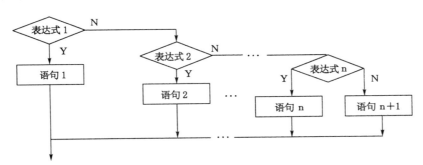

图 3-12　多分支嵌套结构的流程图

例 3-11　计算下列分段函数的值。

$$y=\begin{cases} x & x<0 \\ e^x & 0\leqslant x\leqslant 1 \\ \log_{10}x & 1<x<10 \\ \sin x & x\geqslant 10 \end{cases}$$

其 N-S 图如图 3-13 所示,程序如下:

```c
#include <stdio.h>
#include <math.h>
int main()
{
    float x,y;
    scanf("%f",&x);
    if(x<0)
        y=x;
    else
```

```
    if(x<=1)
        y=exp(x);
    else
        if(x<10)
            y=log10(x);
        else
            y=sin(x);
printf("Y=%6.2f\n",y);
return 0;
}
```

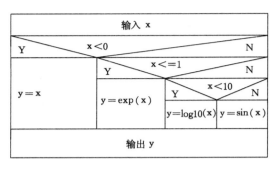

图 3-13　例 3-11 的算法 N-S 图

在 if 嵌套语句中,应注意以下两点。

① else 语句要有 if 语句与之匹配,在同一个模块内,else 总是与其前面最近的、没有匹配过的 if 语句相匹配。

② if 后的表达式可以是关系表达式、逻辑表达式。if 和 else 关键字后的语句可以是单语句;也可以是复合语句,这与单 if 语句相同。

例 3-12　从键盘输入一学生成绩,判断学生成绩等级。如果成绩在 90~100,等级为"A",成绩在 80~89,等级为"B",成绩在 70~79,等级为"C",成绩在 60~69,等级为"D",成绩小于 60,等级为"E"。

程序如下:

```
#include  <stdio.h>
int main()
{
    int score;
    char grade;
    scanf("%d",&score);
    if(score<60)
        grade='E';
    else
        if(score<70)
            grade='D';
        else
            if(score<80)
                grade='C';
            else
                if(score<90)
                    grade='B';
                else
                    grade='A';
    printf("The student's score is:%c\n",grade);
    return 0;
}
```

3. 综合举例

例 3-13 从键盘输入 3 个整数,按由小到大的顺序输出。N-S 图如图 3-14 所示,程序如下。

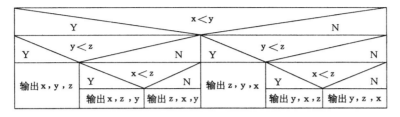

图 3-14 例 3-13 的算法 N-S 图

```c
#include <stdio.h>
int main()
{
    int x,y,z;
    scanf("%d,%d,%d",&x,&y,&z);
    if(x<y)
    {
        if(y<z)
            printf("%d,%d,%d",x,y,z);
        else
        {
            if(x<z)
                printf("%d,%d,%d",x,z,y);
            else
                printf("%d,%d,%d",z,x,y);
        }
    }
    else
    {
        if(y>z)
            printf("%d,%d,%d\n",z,y,x);
        else
        {
            if(x<z)
                printf("%d,%d,%d\n",y,x,z);
            else
                printf("%d,%d,%d\n",y,z,x);
        }
    }
    return 0;
}
```

第三节　多分支结构

除了 if 嵌套语句可以实现多分支结构以外,switch 语句也可以实现多分支结构。它根据一个表达式的值,与多个常量表达式的值一一比较,如果相等,则与之相应的语句便会被执行。

1. switch 语句的一般形式

```
switch (表达式)
{
    case 常量表达式 1:语句序列 1;[break;]
    case 常量表达式 2:语句序列 2;[break;]
        ⋮
    case 常量表达式 n:语句序列 n;[break;]
    [default:语句序列 n+1;]
}
```

其中,语句序列称为 switch 语句的子语句;switch 语句中的表达式称为开关控制表达式。方括号内的语句可缺省,视具体情况而定。

2. switch 语句的执行过程

① 计算 switch 语句后面表达式的值。

② 逐个比较表达式的值与 case 后面常量表达式的值是否相等。

③ 当表达式的值与常量表达式 i 的值相等时,就转去执行语句序列 i 的各个语句,若语句序列 i 后有 break 语句,则终止 switch 语句,继续执行 switch 语句后的下一条语句;当语句序列 i 后无 break 语句,则会顺序执行语句序列 i+1,i+2,…,直到遇到 break 语句或语句序列 n+1 为止,然后继续执行 switch 语句后的下一条语句。如果没有一个常量表达式的值与表达式的值相等,则执行语句 n+1 后,继续执行 switch 语句后的下一条语句。

在不考虑 break 语句的情况下,switch 语句一般形式的执行流程如图 3-15 所示。

3. 使用 switch 语句注意事项

① switch 后面的表达式的值类型和常量表达式的值类型必须一致,且只能是整型、字符型或枚举型。

② 当表达式的值与某个 case 中的常量表达式的值相等时,就执行相应的 case 后的语句序列,直到遇到 break 语句或到达 switch 结构末尾(无 break 语句,则入口后的语句序列顺序执行)。若匹配不成功,则执行 default 后的语句。default 语句是可省的,如没有 default 语句,所有的匹配不成功,则不执行 case 中任何语句序列,程序继续执行 switch 结构后的下一条语句。

③ 多个连续的 case 语句可以共用一个语句序列。

④ case 后的常量表达式的值不能相等。

⑤ break 的作用是改变程序在 switch 结构中的执行流程,将程序流程跳出 switch 语句,转到 switch 语句后的下一条语句去执行。

⑥ switch 语句中允许嵌套 switch 语句,称之为 switch 结构嵌套。

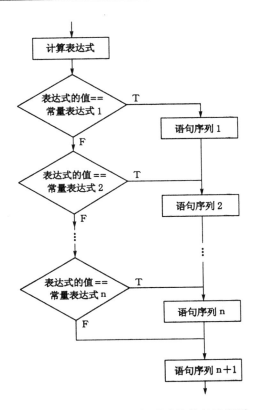

图 3-15　switch 语句一般形式的执行流程图

例 3-14　用 switch 语句完成从键盘输入一学生成绩,判断学生成绩等级。如果成绩在 90～100 分,等级为 A,成绩在 80～89 分,等级为 B,成绩在 70～79 分,等级为 C,成绩在 60～69分,等级为 D,成绩小于 60 分,等级为 E。

编程如下:

```c
#include <stdio.h>
int main()
{
    int score;
    char grade;
    printf("Input student's score:");
    scanf("%d",&score);
    switch(score/10)
    {
        case 10:
        case 9: grade='A'; break;
        case 8: grade='B';break;
        case 7: grade='C';break;
        case 6: grade='D';break;
        default: grade='E';
```

```
    }
    printf("The student's grade is %c\n",grade);
    return 0;
}
```

在上例中,表达式 score/10 的值为 10 和 9 时共用相同的语句序列。另外,读者可将例 3-14 和例 3-12 作一比较,以加深对 if 语句和 switch 语句使用规则的理解。

4. 综合应用

例 3-15 计算分段函数的值。

$$y = \begin{cases} 0 & x<0 \\ x & 0 \leqslant x < 10 \\ 10 & 10 \leqslant x < 20 \\ 0.5x+20 & 20 \leqslant x < 40 \\ 40+x & 40 \leqslant x \end{cases}$$

下面使用 4 种不同的方法实现该程序,以展现 C 语言多分支结构的风格。

(1) 使用不嵌套的 if 语句编程

编程如下:

```
#include <stdio.h>
int main()
{
    float x,y;
    scanf("%f",&x);
    if(x<0)
        y=0;
    if(0<=x&&x<10)
        y=x;
    if(10<=x&&x<20)
        y=10;
    if(20<=x&&x<40)
        y=0.5*x+20;
    if(x>=40)
        y=40+x;
    printf("y=%5.2f\n",y);
    return 0;
}
```

(2) 使用嵌套的 if 语句编程

编程如下:

```
#include <stdio.h>
int main()
{
    float x,y;
    scanf("%f",&x);
```

```
    if(x>=0)
    {
        if(x>=10)
        {
            if(x>=20)
            {
                if (x>=40)
                    y=40+x;
                else
                    y=0.5*x+20;
            }
            else
                y=10;
        }
        else
            y=x;
    }
    else
        y=0;
    printf("y=%5.2f\n",y);
    return 0;
}
```

（3）使用 if～else 形式编程

编程如下：

```
#include  <stdio.h>
int main()
{
    float x,y;
    scanf("%f",&x);
    if(x<0)
        y=0;
    else
        if(x<10)
            y=x;
        else
            if(x<20)
                y=10;
            else
                if(x<40)
                    y=0.5 * x+20;
                else
                    y=40+x;
    printf("y=%5.2f\n",y);
```

```
    return 0;
}
```

（4）使用 switch 语句编程

编程如下：

```
#include  <stdio.h>
int main()
{
    float x,y;
    int z;
    scanf("%f",&x);
    z=(int)(x/10);
    if(x<0)
        z=-1;
    switch (z)
    {
        case -1: y=0;break;
        case 0: y=x;break;
        case 1: y=10;break;
        case 2:
        case 3:y=0.5 * x+20;break;
        default: y=40+x;
    }
    printf("y=%5.2f\n",y);
    return 0;
}
```

第四节　循环结构

在很多的程序算法中，会遇到很多有规律的重复运算，需要在一条件控制下反复执行指定的语句系列来实现算法。程序中的这种结构称为循环结构。

例 3-16　求 $s=1+2+3+\cdots+100$。

解题思路　设变量 s 存储累加和，其初值为 0，变量 n 作为循环变量，其值由 1 变化到 100，将 n 的每一个值累加到 s 变量，则可以实现上述算法。

上述算法程序为：

```
#include  <stdio.h>
int main()
{
    int s=0,n=0;
    n=n+1;
    s=s+n;
    n=n+1;
    s=s+n;
```

```
        ⋮
    printf("%d\n",s);
    return 0;
}
```

在上例中,n=n+1 和 s=s+n 两语句会在程序中反复出现 100 次,使程序变得很长。为解决这一问题,C 语言引入了循环结构。C 语言中实现循环结构的语句有 for 语句、while 语句和 do～while 语句。

一、for 语句

1. for 语句的一般形式

for 语句的一般形式为:

for(表达式 1;表达式 2;表达式 3)
　　　循环体;

其中,表达式 1 可以是赋值表达式、逗号表达式或函数调用表达式,它是循环控制的初始化部分,为循环中所使用的变量赋初值,即为循环作准备;表达式 2 通常是关系表达式或逻辑表达式,它是循环控制的条件,循环体反复执行多次,必须在循环条件满足的情况下(即表达式 2 的值为非 0)才能进行,否则循环终止;表达式 3 是赋值表达式或算术表达式,它使循环变量的值或循环控制条件得到修改,使循环只能进行有限次;循环体是循环结构中反复执行的语句,它可以是空语句(单独用分号表示的一条语句)、单语句或复合语句。

2. for 语句的执行过程

for 语句的执行过程如下:
① 计算表达式 1;
② 计算表达式 2,若其值为非 0,则执行第 3 步;若为 0,则转向第 6 步执行;
③ 执行循环体;
④ 计算表达式 3;
⑤ 跳转到第 2 步继续执行;
⑥ 终止循环,执行 for 语句后的下一条语句。
for 语句的执行流程如图 3-16 所示。

例 3-17　例 3-16 用 for 语句实现程序。
程序如下:

```
#include  <stdio.h>
int main()
{
    int s,n;
    for(s=0,n=1;n<=100;n++)
        s=s+n;
    printf("%d\n",s);
    return 0;
}
```

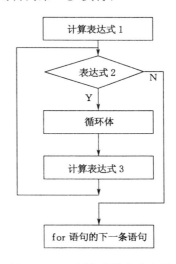

图 3-16　for 语句的执行流程图

注意

n 在该 for 语句中是循环控制变量,表达式 1 是给循环变量赋初值(n=1),表达式 2 是循环的控制条件,表达式 3 是用于修改循环控制变量的值,避免出现死循环。

3. for 语句的说明

① 在 for 语句中 3 个表达式都可以缺省,但其中的两个分号不可省。例如,下面的语句是正确的。

```
for( ; ; )
```

a. 若表达式 1 缺省,则必须将表达式 1 作为语句安排在 for 语句之前。

对上例中的语句

```
for(s=0,n=1;n<=100;n++)
```

可改成:

```
s=0;
n=1;
for( ;n<=100;n++)
```

b. 若表达式 2 缺省,则系统默认循环控制条件为真(非 0 值),此时,如果不在循环体中加其他语句进行控制,循环将无限制进行下去,即出现死循环。

如将上例中的循环语句改成:

```
for(s=0,n=1;;n++)
    s=s+n;
```

则会出现死循环。

c. 若表达式 3 缺省,可将它的语句放在循环体的最后。

如可将上例中的循环语句改成:

```
for(s=0,n=1;n<=100;)
{
    s=s+n;
    n++;
}
```

② 循环体中的语句如果是多个语句时,则循环体一定要用花括号括起来,以复合语句形式出现(如上面 c 点说明的循环结构)。且循环体中的变量在每一次循环过程中其值一般来说是不相同的。

在例 3-17 中:第一次循环中,s 的值是 1,n 的值是 1。
　　　　　　　第二次循环中,s 的值是 3,n 的值是 2。
　　　　　　　⋮

③ 循环体可以为空语句,但必须有分号(即循环为空语句)。

例 3-17 中的循环语句可改成:

```
for(s=0,n=1;n<=100;s=s+n,n++)
    ;
```

或写成:

```
for(s=0,n=1;n<=100;s=s+n,n++);
```

④ 要注意循环终止后循环变量的值,一般来讲是循环变量最后一次循环值加步长。如上例中循环变量终止后 n 的值为 100+1,即 101。

例 3-18 判断正整数 x 是否为素数。

解题思路 素数是指除 1 和本身之外不能被其他数整除的数。设一个标志性变量 flag,如果其值等于 0,x 为合数,如果其值等于 1,则 x 为素数。先设 flag=1(即假设 x 为素数),另设变量 n 由 2 变化到 x-1,判断 x 是否能被 n 整除,只要有一个 n 值能使 x 被整除,则令 flag=0;N-S 图如图 3-17 所示,程序如下:

```c
#include <stdio.h>
#include <math.h>
int main()
{
    int x,n,flag=1;
    scanf("%d",&x);
    for(n=2;n<=x-1;n++)
        if(x%n==0)
            flag=0;
    if(flag==1)
        printf("%d 是素数\n",x);
    else
        printf("%d 不是素数\n",x);
    return 0;
}
```

注:上述循环条件 n<=x-1 可改成 n<=sqrt(x) 或 n<=x/2。为什么?请读者自行分析。

例 3-19 从键盘输入任意两个正整数 x 和 y,编程求出这两数的最大公因子。

解题思路 首先输入两个正整数,判断其大小,大的放在 x 中,小的放在 y 中,设 r 为余数,x 与 y 的关系可写为 x=k*y+r,由于 x 与 y 有公因子 f,则 r 中必有公因子 f,这样求大数 x 与 y 的公因子,就可以转化为求小的数 y 与 r 的公因子 f,这就是辗转除法,可求得当 r=0 时,y 值为最大公因子。N-S 图如图 3-18 所示,程序如下:

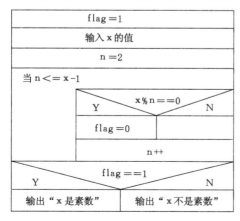

图 3-17 例 3-18 的算法 N-S 图

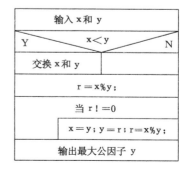

图 3-18 例 3-19 的算法 N-S 图

```
#include <stdio.h>
int main()
{
    int x,y,r;
    scanf("%d,%d",&x,&y);
    if(x<y)
    {
        r=x;
        x=y;
        y=r;
    }
    for(r=x%y;r;r=x%y)
    {
        x=y;
        y=r;
    }
    printf("最大公因子为:%d\n",y);
    return 0;
}
```

注:在例 3-19 中,没有像例 3-18 中有很明显的循环控制变量,但表达式 r=x%y 会不断修改 r 的值,直到为 0。

例 3-20 输出下列数列的前 20 项之值。

$$f(n)=\begin{cases} f(n-1)+f(n-2) & n\geq 2 \\ 1 & n=0 \text{ 或 } n=1 \end{cases}$$

解题思路 设 f0、f1、f2 是数列中的 3 个数,有如下关系:f2＝f1＋f0,在循环计算过程中,始终使 f1、f0 指向两个相加的相邻数,f2 始终为新计算出的和值。

程序如下:

```
#include <stdio.h>
int main()
{
    long int f0=1,f1=1,f2;
    int n;
    printf("%8ld%8ld",f0,f1);
    for(n=3;n<=20;n++)
    {
        f2=f1+f0;
        printf("%8ld",f2);
        f0=f1;
        f1=f2;
    }
    return 0;
}
```

二、while 语句

1. while 语句的一般形式

while 语句是一种当型的循环,即先判断条件,后执行循环体。while 语句的一般形式为:

　　　while(表达式)

　　　　　循环体;

其中,圆括号中的表达式一般是关系表达式、逻辑表达式或算术表达式,运算结果是一个逻辑值,或为真(非 0),或为假(0),它是循环控制的条件。循环体是循环反复执行的语句,它可以是空语句、单语句或复合语句。

2. while 语句的执行过程

首先计算和判断表达式的值,如果表达式的值为"真"(非 0),则执行循环体,然后程序转回去再计算和判断表达式的值,当表达式的值为"假"(0),终止 while 循环,继续执行 while 语句后的下一语句。其 N-S 图如图 3-19 所示。

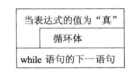

图 3-19　while 语句的 N-S 图

3. 程序举例

例 3-21　求 10 个数据(实数)中的最大值。

解题思路　设存放最大值的变量为 max,先输入第一个数,并将值赋给 max。然后输入第二个数,与当前 max 比较,如果输入的数大于 max,则改写 max 为当前最大值。

N-S 图如图 3-20 所示,程序如下:

```
#include <stdio.h>
int main()
{
    float data,max;
    int n=1;
    scanf("%f",&data);
    max=data;
    while(n<10)
    {
        n++;
        scanf("%f",&data);
        if(data>max)
            max=data;
    }
    printf("Max=%6.3f\n",max);
    return 0;
}
```

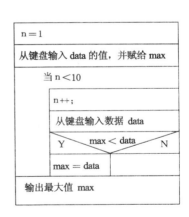

图 3-20　例 3-21 的算法 N-S 图

例 3-22　用 while 语句求 s＝1＋2＋3＋…＋100。

解题思路　首先为和值 s 赋初值为 0,为被加数 n 赋初值为 1,并将 n 的值(1)累加到 s 中,然后将 n 加 1 后的值(2)累加到 s 中,这样,n 的值不断加 1 并被累加到 s 中,直到将 100

也累加到 s 中为止，s 中的值即为所求。程序如下：

```
#include  <stdio.h>
int main()
{
    int n=1,s=0;
    while(n<=100)
    {
        s=s+n;
        n=n+1;
    }
    printf("s=%d\n",s);
    return 0;
}
```

三、do～while 语句

1. do～while 语句的一般形式

do～while 语句形式为：

```
do
{
    循环体;
}while(表达式);
```

2. do～while 语句的执行过程

do～while 语句的作用是首先无条件地先执行循环体一次（无论表达式的值是否为 0 或非 0），然后计算和判断表达式的值，若表达式的值为"真"（非 0），则程序转回去反复执行循环体，直到表达式的值为"假"（0），终止 do～while 语句，继续执行 do～while 语句后的下一条语句，其 N-S 图如图 3-21 所示。

注：do～while 语句中的表达式和循环体与 while 语句相同，但 do～while 语句中的花括号不可省，而且 while(表达式)后必须有分号。

3. 程序举例

例 3-23 求 $1^2+2^2+3^2+\cdots+n^2\leqslant10000$ 的最大 n 值。

N-S 图如图 3-22 所示，程序如下：

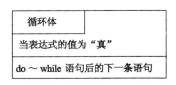

图 3-21　do～while 语句的 N-S 图

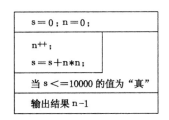

图 3-22　例 3-23 的算法 N-S 图

```
#include  <stdio.h>
int main()
{
    int s,n;
    s=0;n=0;
    do
    {
        n++;
        s=s+n*n;
    }while(s<=10000);
    printf("n=%d\n",n-1);
    return 0;
}
```

例 3-24 求一个正整数(该数小于 65535)的逆序数。

解题思路 对于 x 的逆序数,按顺序分离它的每个数位 t,设变量 newd 保存逆序数,初始值为 0,按表达式 newd = newd * 10 + t 将 t 累加到 newd 变量中,则可实现转换。程序如下:

```
#include  <stdio.h>
int main()
{
    long int x,newd=0;
    int t;
    scanf("%ld",&x);
    do
    {
        t=x%10;
        newd=newd*10+t;
        x=x/10;
    }while(x>0);
    printf("%ld\n",newd);
    return 0;
}
```

例 3-25 用牛顿迭代法求方程:

$$3x^3 - 4x^2 + 3x - 6 = 0$$

在 1.5 附近的根,要求绝对值误差小于 1E-5,并输出迭代次数。

解题思路 牛顿迭代法实际上是根据曲线 f(x) 的切线与 x 轴的交点求非线性方程近似解,其迭代公式为

$$x = x0 - f(x0)/f1(x0)$$

其中 f1(x0) 是 f(x) 的导函数在 x0 点的值。

程序如下:

```
#include  <stdio.h>
#include  <math.h>
```

```
int main()
{
    float x=1.5,x0,f,f1;
    int n=0;
    do
    {
        n++;
        x0=x;
        f=3*x0*x0*x0-4*x0*x0+3*x0-6;
        f1=9*x0*x0-8*x0+3;
        x=x0-f/f1;
    }while(fabs(x-x0)>=1e-5);
    printf("The root is %8.5f, times is %d\n",x,n);
    return 0;
}
```

运行结果为：

```
The root is 1.53244, times is 3
```

4．三种循环语句的比较

① while 循环和 do～while 循环由循环变量初始化、循环控制条件和循环体组成，循环体中包含需要反复执行的操作和循环控制变量值的修改语句。而 for 语句则在它的一般形式中有 4 个固定位置，用 4 个表达式表示，其结构更加简洁。

② while 循环和 for 循环是先判断循环控制条件，后执行循环体，当第一次判断循环条件不满足时，循环体一次也不执行，称为当型循环；do～while 循环是先执行循环体一次，后判断循环控制条件，所以循环体至少要执行一次，称为直到型循环。

四、循环嵌套

1．循环嵌套

如果一个循环完全包含在另一个循环的循环体中，那么这样的结构称为多重循环或循环嵌套。

例 3-26　求 1～1000 中的回文数（正读和反读相同的整数）的个数。

解题思路　回文数是正读和反读相同的整数，即该数和它的逆序数相等。在例 3-24 中，x 的输入是由输入函数完成的，将它改成用于循环控制的循环变量，即可实现。程序如下：

```
#include  <stdio.h>
int main()
{
    int n,x,temp,t,count=0;
    for(n=1;n<=1000;n++)
    {
        temp=0;
```

```
        x=n;
        do
        {
            t=x%10;
            temp=temp * 10+t;
            x=x/10;
        }while(x>0);
        if(temp==n)
        {
            printf("%5d",n);
            count++;
        }
    }
    printf("\ncount=%d\n",count);
    return 0;
}
```

例 3-27 求 2～1000 中所有素数的个数及和。

解题思路 在例 3-11 中,判断 x 是否为素数,x 由输入函数输入,改用 for 语句,x 作为循环控制变量。程序如下:

```
#include  <stdio.h>
int main()
{
    int n,count=0,sum=0,x,flag,i;
    for(n=2;n<1000;n++)
    {
        flag=1;
        for(i=2;i<=n-1;i++)
            if(n%i==0)
                flag=0;
        if(flag==1)
        {
            count++;
            sum=sum+n;
        }
    }
    printf("%d,%d\n",count,sum);
    return 0;
}
```

2. 有关循环嵌套的说明

① 三种循环语句 while、do～while 和 for 都可以互相嵌套。

② 二重循环的执行过程是外循环执行一次,内循环执行一遍,内循环执行一遍后,跳转到外循环,若外循环条件满足,重复执行一遍内循环;如此反复,当外循环条件不满足时,结

束整个循环结构。通俗地说：执行时由外循环进入内循环；退出则相反，由内循环退至外循环，直到外循环结束时才结束整个循环嵌套结构。

③ 内、外循环控制变量一般不能相同。

④ 内、外循环语句在进行循环前都要进行循环的初始化，即给循环中的变量赋初值。在例 3-26 中，进入 for 循环之前，必须给 sum、n 变量赋初值，在进行 do～while 之前，必须给 temp 变量赋初值和对循环变量 n 进行保护（赋给一个中间变量 x）。

第五节　break、continue 和 goto 语句

一、break 语句

break 语句的一般形式为：

```
break;
```

break 语句经常放在循环语句的循环体中，且通常和 if 语句一起连用。

作用：在满足一定条件时，提前退出本层循环（不管循环控制条件是否成立），使程序流程转向该循环结构后的下一条语句执行。以 while 语句为例，break 语句如图 3-23 所示。

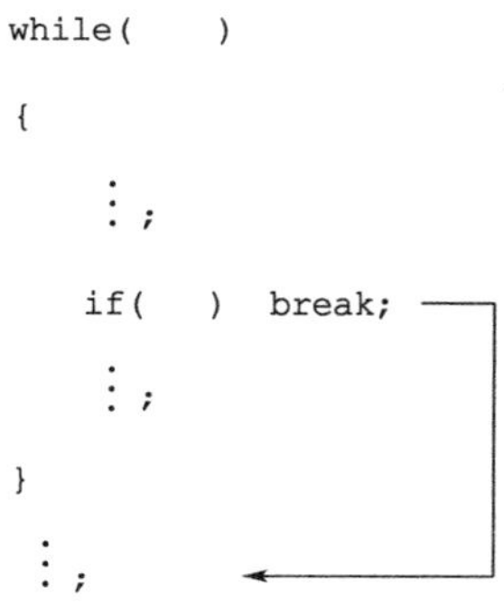

例 3-28　求 s＝1+2+3+…+100。

程序如下：

```
#include  <stdio.h>
int main()
{
    int s,n;
    for(s=0,n=1;;n++)
    {
        s=s+n;
        if(n>=100)
            break;
    }
    printf("%d\n",s);
    return 0;
}
```

```
while(    )
{
    ┊;
    if(   ) break;
    ┊;
}
┊;
```

图 3-23　break 语句示例

在例 3-28 的程序中，for 循环的循环条件为空，是一死循环，退出该循环的办法是在循环体中加一条件和 break 语句，满足 n>=100 时，即退出循环。

例 3-29　求 2～1000 中超级素数的个数。

解题思路　超级素数：某个数本身是素数，去掉一位还是素数，直到该数为 0 不再判断。对于 x 是否为素数，只要在[2,x－1]中找到一个数能使 x 被整除，则 x 就不是素数，设循环变量 n 由 2 变化到 x－1，若有一个 n 值满足上述条件，则循环终止。然后去掉 x 的一个数位，继续判断 x 是否为素数。程序如下：

```
#include  <stdio.h>
int main()
```

```
{
    int n,x,k,sum=0;
    for(k=2;k<1000;k++)
    {
        x=k;
        while(x>0)
        {
            for(n=2;n<=x-1;n++)
                if(x%n==0)
                    break;
            if(n==x)
                x=x/10;
            else
                break;
        }
        if(x==0)
            sum++;
    }
    printf("%d\n",sum);
    return 0;
}
```

二、continue 语句

continue 语句的一般形式为:

```
    continue;
```

continue 语句的作用:是提前结束本次循环,即跳过循环体中某些还没有被执行的语句,开始新的一次循环。为了说明 continue 语句的作用,如图 3-24 所示。以 while 语句为例,执行循环体中的 continue 时,提前结束本次循环,即循环体中 continue 后的语句不执行,接着进行下一次循环操作。

continue 在其他循环语句中的作用也与此相同。但执行下一次循环时,执行位置不尽相同:对于 while、do~while 语句,continue 转到循环条件执行,对于 for 语句,continue 先转到表达式 3 执行后,再执行循环条件。

continue 语句只能用在循环控制语句的循环体中,通常要与 if 语句联合使用。

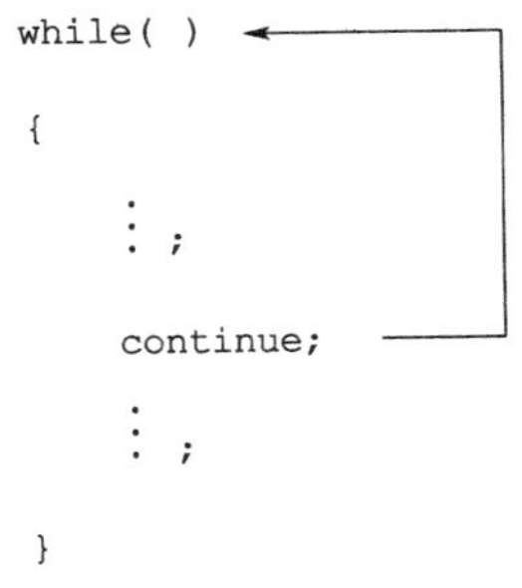

例 3-30 从键盘输入 10 个不为 0 的整数,统计其中负数的个数,并求所有正数的平均值。

解题思路 程序中定义变量 count,用于统计负数个数,变量 avg 在循环结构中用于统计正数和,循环结束后用于计算平均值,程序如下:

```
#include <stdio.h>
```

```
while( )
{
    ⋮;
    continue;
    ⋮;
}
```

图 3-24 continue 语句示例

```
int main()
{
    int n,count=0,x;
    float avg=0;
    for(n=0;n<10;n++)
    {
        scanf("%d",&x);
        if(x>0)
        {
            avg=avg+x;
            continue;
        }
        count++;
    }
    if(count!=10)
        avg /=10-count;
    printf("Count =%d,average=%f\n",count,avg);
    return 0;
}
```

三、goto 语句

goto 语句称为无条件转向语句，它的一般形式为：

goto 语句标号；

goto 语句的作用是使程序的流程无条件转移到相应语句标号处。它一般和 if 语句一起使用，构成循环。

语句标号是对语句的标识，应是合法的标识符，即只能由字母、数字和下划线组成，且第一字符必须是字母或下划线。注意：不能用一个整数作为语句标号。

例 3-31 求 s＝1＋2＋3＋…＋100。

构造当型循环（先判断循环控制条件），程序如下：

```
#include  <stdio.h>
int main()
{
    int n=1,s=0;
loop: if(n<=100)
    {
        s=s+n;
        n++;
        goto loop;
    }
    printf("%d\n",s);
    return 0;
}
```

构造直到型循环(先执行循环体 1 次,后判断循环体控制条件),程序如下:

```c
#include  <stdio.h>
int main()
{
    int n=1,s=0;
    loop: s=s+n;
    n++;
    if(n<=100)
        goto loop;
    printf("%d\n",s);
    return 0;
}
```

　　　　goto 语句是非结构化语句,大量使用会造成程序流向混乱,可读性差,因此结构化程序设计不用 goto 语句。

习　　题

一、选择题

1. 结构化程序模块不具有的特征是( )。
    A. 只有一个入口和一个出口
    B. 要尽量多使用 goto 语句
    C. 一般有顺序、选择和循环 3 种基本结构
    D. 程序中不能有死循环
2. C 语言中,逻辑"真"等价于( )。
    A. 整数 1　　　　　B. 整数 0　　　　　C. 非 0 数　　　　　D. true
3. 以下 4 条语句中,有语法错误的是( )。
    A. if(a>b) m=a;　　　　　　　　　　B. if(a<b) m=b;
    C. if((a=b)>= 0) m=a;　　　　　　　D. if((a=b;)>=0) m=a;
4. 若 i,j 均为整型变量,则以下循环( )。
    ```c
    for(i=0,j=2; j=1; i++,j--)
        printf("%5d, %d\n", i, j);
    ```
    A. 循环体只执行一次　　　　　　　　B. 循环体执行二次
    C. 是无限循环　　　　　　　　　　　D. 循环条件不合法
5. 以下程序段,执行结果为( )。
    ```c
    a=1;
    do
    {
        a=a * a;
    ```

```
}while(!a);
```

    A. 循环体只执行一次   B. 循环体执行二次

    C. 是无限循环   D. 循环条件不合法

6. C 语言中 while 与 do～while 语句的主要区别是(　　)。

    A. do～while 的循环体至少无条件执行一次

    B. do～while 允许从外部跳到循环体内

    C. while 的循环体至少无条件执行一次

    D. while 的循环控制条件比 do～while 的严格

7. 语句 while (!a);中条件等价于(　　)。

    A. a!=0   B. ～a   C. a==1   D. a==0

8. 以下程序的运行结果为(　　)。

```
#include <stdio.h>
int main()
{
    int i=1,sum=0;
    while(i<=100)
        sum+=i;
        i++;
    printf("1+2+3+…+99+100=%d", sum);
    return 0;
}
```

    A. 5050   B. 1   C. 0   D. 程序陷入死循环

9. 以下程序的运行结果为(　　)。

```
#include <stdio.h>
int main()
{
    int sum,pad;
    sum=pad=5;
    pad=sum++;
    pad++;
    ++pad;
    printf("%d\n", pad);
    return 0;
}
```

    A. 7   B. 6   C. 5   D. 8

10. 以下程序的运行结果为(　　)。

```
#include <stdio.h>
int main()
{
    int a=2,b=10;
    printf("a=%%d,b=%%d\n", a,b);
```

```
    return 0;
  }
```
 A. a=%2,b=%10   B. a=2,b=10

 C. a=%%d,b=%%d   D. a=%d,b=%d

11. 为了避免嵌套的 if—else 语句的二义性,C 语言规定 else 总是(　　)。

 A. 与缩排位置相同的 if 组成配对关系

 B. 与在其之前未配对的 if 组成配对关系

 C. 与在其之前未配对的最近的 if 组成配对关系

 D. 与同一行上的 if 组成配对关系

12. 对于 for(表达式 1;;表达式 3)可理解为(　　)。

 A. for(表达式 1;0;表达式 3)

 B. for(表达式 1;1;表达式 3)

 C. for(表达式 1;表达式 1;表达式 3)

 D. for(表达式 1;表达式 3;表达式 3)

二、程序填空

1. 下面程序的功能是计算 n!。

```
#include  <stdio.h>
int main()
{
    int i, n;
    long p;
    printf( "Please input a number:\n" );
    scanf("%d", &n);
    p=__[1]__;
    for (i=2; i<=n; i++)
        __[2]__;
    printf("n!=%ld", p);
    return 0;
}
```

 2. 下面程序的功能是:从键盘上输入若干学生的成绩,统计并输出最高和最低成绩,当输入负数时结束输入。

```
#include  <stdio.h>
int main()
{
    float score, max, min;
    printf( "Please input one score:\n" );
    scanf("%f", &score);
    max=min=score;
    while(__[3]__)
    {
        if(score>max) max=score;
```

```
        if(  [4]  )
            min=score;
        printf("Please input another score:\n");
        scanf("%f", &score);
    }
    printf("\nThe max score is %f\nThe min score is %f", max, min);
    return 0;
}
```

3. 下面程序的功能是:计算 $y=\dfrac{x}{1}-\dfrac{x^2}{3}+\dfrac{x^3}{5}-\dfrac{x^4}{7}+\cdots(|x|<1)$ 的值。要求 x 的值从键盘输入,y 的精度控制在 0.00001 内。

```
#include  <stdio.h>
#include <math.h>
int main()
{
    float x , y=0, fz=-1, fm=-1, temp=1;
    printf("Please input the value of x:\n");
    scanf("%f", &x);
    while(  [5]  )
    {
        fz=  [6]  ;
        fm=fm+2;
        temp=fz/fm;
        y+=temp;
    }
    printf("\ny=%f", y);
    return 0;
}
```

4. 下面的程序完成两个数的四则运算。用户输入一个实现两个数的四则运算的表达式,程序采用 switch 语句对其运算进行判定后执行相应的运算并给出结果。

```
#include  <stdio.h>
int main()
{
    float x,y;
    char op;
    printf("Please input Expression:");
    scanf("%f%c%f",&x,&op,&y);
    [7]
    {
        case '+':
            printf("%g%c%g=%g\n",  [8]  );
            [9]  ;
        case '-':
```

```
        printf("%g%c%g=%g\n",x,op,y,x-y);
        break;
    case '*':
        printf("%g%c%g=%g\n",x,op,y,x*y);
        break;
    case '/':
        if ( [10] )
            printf("Division Error! \n");
        else
            printf("%g%c%g=%g\n",x,op,y,x/y);
        break;
    default:printf("Expression Error! \n");
    }
    return 0;
}
```

三、编程题

1. 给出三角形的三边 a、b、c,求三角形的面积。(应先判断 a、b、c 三边是否能构成一个三角形)

2. 输入四个整数,要求将它们按由小到大的顺序输出。

3. 某幼儿园只收 2～6 岁的小孩,2～3 岁编入小班,4 岁编入中班,5～6 岁编入大班,编制程序实现每输入一个年龄,输出该编入什么班。

4. 输入一元二次方程的 3 个系数 a、b、c,求出该方程所有可能的根。

5. 编程求 s=1－1/2＋1/3－1/4＋ … －1/100。

6. 编程求 1!＋2!＋3!＋…＋10! 之和。

7. 一个灯塔有 8 层,共有 765 盏灯,其中每一层的灯数都是其相邻上层的两倍,求最底层的灯数。

8. 一张 10 元票面的纸钞兑换成 1 元、2 元或 5 元的票面,问共有多少种不同的兑换方法?

9. 编程打印出所有的"水仙花数"。所谓水仙花数是指一个三位数,其各位数字的立方之和等于该数。

10. 如果一个数等于其所有真因子(不包括其本身)之和,则该数为完数,例如,6 的因子有 1、2、3,且 6=1+2+3,故 6 为完数,求 2～1000 中的完数。

11. 输出 7～1000 中个数位为 7 的所有素数,统计其个数并求出它们的和。

12. 将 4～100 中的偶数分解成两个素数之和,每个数只取一种分解结果。如 100 可分解为 3 和 97,或为 11 和 89、或为 17 和 83 等,但我们只取第一种分解即可。

13. 一个自然数平方的末几位与该数相同时,称该数为同构数。例如,$25^2=625$,则 25 为同构数。编程求出 1～1000 中所有的同构数。

第四章 函　　数

在程序设计过程中,会出现这样的情况:某个语句序列在程序中多次出现,为了减少语句重复出现的次数和使这段程序实现特定的功能,几乎所有的高级语言都提供了"子程序"或"过程"的概念,通过子程序或过程来实现模块的功能,而 C 语言中是通过函数来完成的。本章主要介绍函数的定义与调用、变量的存储类型和变量的作用域。

第一节　函数调用过程

一个 C 程序是由一个或多个独立的函数组成的,其中必须有且仅有一个名为 main 的函数,称为主函数。

在一个函数中引用另一个函数,就称为函数的调用。其中引用另一个函数的函数,称为主调函数,被引用的函数,称为被调用函数。主调函数中的参数,称为实在参数,而被调用函数中的参数称为形式参数。一般地,主函数 main 只能被操作系统调用,不能被其他函数调用;主函数 main 可以调用库函数或其他函数;除主函数 main 外,其他函数之间可以互相调用。

在一个程序中,通过调用将各函数联系在一起,程序总是从 main 函数开始执行并调用所需要的函数,完成所调用函数的功能后,返回到 main 函数继续执行,最后当 main 函数执行完毕,整个程序运行结束。假设有 main 函数和 fun 函数,它们的调用过程如图 4-1 所示。

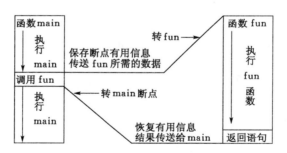

图 4-1　函数调用执行过程示意图

一般函数的调用执行过程归纳如下。

① 为被调用函数的所有形式参数分配内存,并将实在参数的值,按从右向左的方式一一对应地赋给相应的形式参数(对于无参函数,不做此工作)。

② 程序控制由主调函数进入被调函数的函数体:依次执行被调用函数中变量定义部分,为局部变量分配存储空间,执行函数体中的可执行语句。

③ 当执行到"return"语句时,计算返回值(如果是无返回值的函数,不做这项工作);释

放本函数中定义的局部变量和形式参数所占用的存储空间（对于 static 类型变量，其空间不释放），返回主调函数继续执行其他语句。

例 4-1　从键盘输入两个整数，求较大的整数。

```c
#include  <stdio.h>
int max(int x,int y)
{
    int z;
    if(x>y)
        z=x;
    else
        z=y;
    return z;
}
int main()
{
    int a,b,c;
    scanf("%d,%d",&a,&b);
    c=max(a,b);
    printf("Max=%d\n",c);
    return 0;
}
```

程序执行的简单过程：程序从 main 函数开始执行，当执行到 main 函数体第三行"c＝max(a,b);"时，就是调用 max 函数，把实在参数 b、a 的值传递给函数 max 的形式参数 y、x，并在主函数的该处设置函数断点，然后系统转去执行函数 max 的函数体。max 函数比较由主函数 main 传递来的 2 个整数，然后执行 return 语句返回到主调函数的断点，将 max 函数的返回值也传送给主调函数 main，main 将 max 函数的返回值赋给主调函数的内部变量 c，程序继续往下执行，输出最大值，此时主函数执行完毕，整个程序运行结束。

第二节　函数的定义

一、函数定义的一般形式

函数定义的一般形式为：

```
函数类型说明 函数名(形参说明表)
{
    说明部分；
    执行部分；
}
```

其中，"函数类型说明"就是说明函数返回值的数据类型；"形参说明表"是对形参变量数据类型的说明；花括号括起来的语句序列是函数体，它包括函数内部定义的变量说明和函数执行部分。

二、函数定义的要点

1. 函数类型的说明

函数类型就是函数返回值的数据类型。函数返回时可能得到 0 个数据、1 个数据或多个数据。函数类型的定义要根据函数是否有无返回值来定义。

(1) 函数无返回值

如果函数没有返回值,则一般在定义函数时把"函数类型说明符"说明为 void。例如:

```
void PRINT()
{
    printf("Test\n");
}
```

(2) 函数有 1 个返回值

这时在被调用函数的函数体中有 return 语句。此时函数类型的定义应根据 return 语句后的表达式的数据类型来定义。例如:

```
int max(int a,int b)
{
    return a> b? a:b;
}
```

当函数类型与 return 语句后的表达式的数据类型不一致时,函数类型决定 return 语句后的表达式的数据类型,系统自动将表达式的数据类型转换成函数定义的数据类型,在函数定义过程中,最好定义两者一致,以免结果出错;当缺省函数类型定义时,系统默认函数类型为 int。

(3) 函数有多个返回值

这时在被调函数的函数体中一般无 return 语句。多个值的返回是通过全局变量、数组或指针做参数来实现的,这将在以后的章节中进行介绍。

2. 函数的命名

函数名是函数的标识,函数的命名规则与变量命名规则相同,通过引用函数名,可调用该函数。

3. 形参表及形参的说明

(1) 形式参数

在函数定义中写在圆括号中的参数称为形式参数。不带参数的函数其形参表有两种表现形式。一是形参表空着,二是在形参表中写上"void"以确定没有形参。例如:

```
void PRINT(void)
{
    printf("This is a example\n");
}
```

两种表现形式的区别:若形参表空着,则在函数调用时,给一个或多个实参,编译器不会提示有错误或警告;若形参表中写"void",在函数调用时,给一个或多个实参,则编译器会给出警告"warning C4087：'PRINT'：declared with 'void' parameter list"。

有参函数的形参表由一个或多个形参组成,各参数间用逗号分隔。如果有形参,则必须给出每个形式参数的数据类型进行一一说明。

（2）函数间利用参数传递数据

函数间通过参数传递数据,是通过将调用函数中的实在参数(简称实参)向被调用函数中的形式参数(简称形参)按从右向左顺序依次传递的。

实参向形参传递数据的方式是实参将值单向传递给形参,形参值的变化不传递给实参。其原因在于每次调用函数,都必须给形参分配新的空间,而不是复用原来实参空间,因此修改形参不会影响实参。

例如：

```
void swap( int x,int y)
{
    int z;
    z=x;x=y;y=z;
}
int main( )
{
    int a=5,b=10;
    swap(a,b);
    printf("a=%d,b=%d\n",a,b);
    return 0;
}
```

程序执行后,运行结果为：

```
a=5,b=10
```

而不是：

```
a=10,b=5
```

即实参 a、b 两个变量的值没有得到交换。用图 4-2(a)、4-2(b)来表示 swap 函数调用时交换之前和交换之后的各参数的值。如何通过函数调用交换两变量的值,将在指针中详细进行介绍。

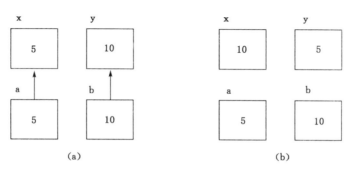

图 4-2　swap 函数调用过程中各参数的变化
(a) 函数调用开始时；(b) 函数调用结束后

实参值可以是常量、变量、表达式，但在调用前必须有确定的值；同时，形参和实参的个数和数据类型必须一一对应，实参向形参传递的次序是从右向左传递的。

例如下面的程序可以检验实参是从右向左传递的。

```c
#include  <stdio.h>
void f(int x,int y)
{
    printf("%d%d\n",x,y);
}
int main()
{
    int a=3;
    f(++a,a);
    return 0;
}
```

程序运行后,运行结果为：

```
43
```

4. 函数体的定义

函数体由说明部分和执行部分两部分组成。说明部分是对函数中要用到的变量、要调用到的函数以及要引用的外部变量进行说明。执行部分是用来实现函数的功能，即语句执行部分。函数体中有一个出口语句即 return 语句，它的一般形式为：

```
return [(表达式)];
```

return 语句有两个功能：将表达式的值返回给主调函数，同时将程序运行的控制权交回给主调函数。

 ① 被调用函数的函数体中无 return 语句或 return 语句不带表达式并不表示没有返回值，而是表示返回一个不确定的值。如果不希望有返回值，必须在定义函数时把"函数类型说明符"说明为 void。

② 函数有返回值时，函数体中至少有一条或多条 return 语句，执行到哪一个返回语句，该返回语句就起作用，该函数中其他返回语句则不可能被执行了。

③ 一个 return 只能返回一个数据，多个数据的返回不能通过 return 语句实现。

例 4-2 编程求 2 个正整数的最大公因子。

```c
#include  <stdio.h>
int fun(int m, int n)
{
    int r;
    if(m<n)                    //去掉这条 if 语句,也可实现求最大公因子
```

```
    {
        r=m; m=n; n=r;
    }
    r=m%n;
    while( r )
    {
        m=n;n=r;r=m%n;
    }
    return n;
}
int main( )
{
    int x,y,z;
    scanf("%d,%d",&x,&y);
    z=fun(x,y);
    printf("最大公因子为:%d\n",z);
    return 0;
}
```

5. 主函数的定义

考虑到 C 语言全国计算机等级考试采用 Visual C++ 6.0 为集成开发环境,本教材所有程序也主要采用 Visual C++ 6.0 进行编译。由于 Visual C++ 6.0 是 1998 年的产品,对 C99 和 C++ 98 这两个标准中的很多特性并不支持。因此,对于 main 函数的定义特作如下说明。

① 同样的 main 函数定义和源码,当源文件的扩展名为".c"时的编译结果与扩展名为".cpp"时的编译结果可能不同,建议扩展名用".c",以确定采用 C 语言(而不是 C++ 语言)的语法规则编译程序。本书所有程序在 Visual C++ 6.0 中调试时,源文件名的扩展名均为".c"。

② 对于 C 语言主函数的定义,在 C99 中规定了如下两种标准格式。

a. int main(void)

b. int main(int argc, char *argv[])

其中,int 不可缺省,main 函数的返回值类型必须定义成 int,这样返回值才能传递给程序的激活者(如操作系统)。而在 C89 标准中,int 可以缺省,所以 main()的形式是可以接受的。

③ Visual C++ 6.0 主要是用于 C++ 程序开发的,对于 C 语言,主要兼容 C89 标准,因此,本书有些 C 程序中的 main 函数仍然定义成 main( ){/* …… */}这种简单的形式。

④ 虽然 Visual C++ 6.0 允许 void main( )的定义,但也要少用。因为这种用法不符合 C99 标准,很多编译器不支持。

⑤ main 函数的返回值用于说明程序的退出状态。如果返回 0,则代表程序正常退出,否则代表程序异常退出。如果 main 函数体的最后没有写 return 语句,C99 规定编译器要自动在生成的目标文件中加入"return 0;",表示程序正常退出。不过,建议程序员最好自己在 main 函数的最后加上"return 0;"语句,这是一个好的习惯,既符合标准,又可以防止有

些编译器不支持自动添加这一特性。

⑥ 虽然 Visual C++ 6.0 对 C99 不完全支持,但现在很多编译器(如 GCC)都能很好地支持 C99 标准。因此,要坚持遵循主流标准,其意义在于:当你把程序从一个编译器移到另一个编译器时,照样能正常编译与运行。

综上所述,我们可以得出如下结论。

① 如果 C 程序单纯只考虑能在 VC6 中编译通过,则主函数的定义形式几乎不受限制,可以定义 main( ){/* ……*/}这种简单的形式,也可以定义 void main( ){/* ……*/}。

② 如果 C 程序要考虑可移植性,则要遵循主流标准。调试 C/C++ 程序,符合 C99 标准及 C++ 98 标准的主函数定义形式为

```
int main(void)                                    /* void 可以不写 */
{
    ⋮
    return 0;
}
```
或
```
int main(int argc, char *argv[])
{
    ⋮
    return 0;
}
```

三、函数的声明

定义好的函数需要调用时,一般应在主调函数中对被调函数进行声明,即向编译系统声明将要调用此函数,并将有关信息(如被调用函数名、函数类型、形参的个数及类型等)通知编译系统。

函数声明的格式:

　　　　函数类型说明 函数名(形参及其类型);

函数声明又称为函数接口(interface)或接口说明,这种格式很像函数的定义,初学者很容易混淆。其实,它们的区别是很明显的:函数定义具有函数体,且在源程序中只能定义一次;函数声明没有函数体,且在不同的主调函数中可多次出现。

函数从来源上分,有系统库函数和用户自定义函数两种。具体说明如下。

对于库函数的接口说明,系统按功能不同组成相应的头文件,如所有数学函数接口说明头文件为"math. h",标准输入输出库函数接口说明头文件为"stdio. h",如果调用系统库函数,必须用预编译命令"＃include"把相应的头文件包含在用户源程序的首部,就不必再进行接口说明。例如,在某函数中调用数学函数 sqrt( ),则在源程序的开头加命令:

```
#include <math.h>
```

对于用户自定义函数,若被调函数定义在主调函数之前,可缺省函数接口声明;若被调函数定义在主调函数之后,则一定要进行函数接口声明。

例 4-3　求两个数之和。

```
#include  <stdio.h>
```

```
int main()
{
    float fun(float x,float y);                    /* 函数的声明 */
    printf("Sum=%f\n",fun(2,5));
    return 0;
}
float fun(float x,float y)                          /* 定义一个函数 */
{
    return x+y;
}
```

上述运算结果为:7.000000。如果省略 main 函数中的函数声明语句,则程序在编译过程会出错。

注意

　　对于用户自定义函数,当被调函数返回值是 int 时,则函数声明可以缺省。但使用这种方法时,系统无法对返值类型做检查。若调用函数时实参与形参类型不匹配,编译时也不会报错。因此,为了程序清晰和安全,建议都加以声明为好。

例 4-4　求 $s=\dfrac{1}{1!}+\dfrac{1}{2!}+\dfrac{1}{3!}+\cdots+\dfrac{1}{10!}$。

程序如下:

```
#include  <stdio.h>
int main()
{
    int n;
    float sum=0;
    long int fun(int n);                            /* 函数声明 */
    for(n=1;n<=10;n++)
        sum=sum+1.0/fun(n);
    printf("%6.3f\n",sum);
    return 0;
}
long int fun(int n)
{
    int k=1;
    long int p=1;
    for(k=1;k<=n;k++)
        p=p*k;
    return p;
}
```

在上面的程序中,若没有函数声明语句,编译时就会出现诸如"warning C4142：benign redefinition of type"之类的警告信息。

第三节　递归函数

C语言中除允许一个函数调用其他函数外,还允许函数自己调用自己,这种函数称之为递归函数。

一、递归概念

函数的递归调用是指一个函数在它的函数体内直接或间接地调用它自身。因此,递归有两种方式:直接递归和间接递归。直接递归函数指的是函数直接调用自身的过程,如图4-3(a)所示;间接递归函数指的是一个函数通过其他函数调用自身的过程,如图4-3(b)所示,函数1调用函数2,函数2又调用函数1。本节只讨论直接递归。

例如,在下列函数fac中,函数fac又要调用函数本身,它是直接递归。

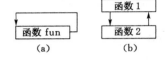

图4-3　两种递归调用示意图
(a)直接递归;(b)间接递归

```
fac(int n)                    /* fac 函数定义 */
{
    ⋮
    t=n * fac(n-1);
    ⋮
}
```

而递归函数怎么定义呢? 以 fac(n)＝n! 为例。因为

$$\begin{cases} fac(n)＝n! & ① \\ fac(n-1)＝(n-1)! & ② \end{cases}$$

由①、②两式可得 fac(n)＝n×fac(n−1)。假设求 fac(5)的值,则必须先求得 fac(4)的值,同理要求 fac(4)的值,则必须求 fac(3),…,因而会无限地往下递归,程序无法得到终止。在调用过程中假设 fac(1)＝1,将值回代,则可得 fac(2)的值,同理可得 fac(3)、fac(4)的值,最后将其值回代得到 fac(5)的值。因此,函数递归调用一定要有递归终止的条件,即当传递过去某个值时,函数值不再调用函数本身,而是一个确定值或过程。这也说明,递归函数的定义应包括两部分:函数的递归关系和函数递归终止条件。

因此上述函数采用递归函数的正确描述为:

$$fac(n)=\begin{cases} n×fac(n-1) & n>1 \\ 1 & n=1 \end{cases}$$

用 C语言定义递归函数的一般形式为:

```
返回值类型　递归函数名 fun(参数说明表)
{
    if(递归终止条件)
        返回值 p=递归终止值;                              /* 递归终止 */
    else
        返回值 p=递归调用 fun(…)的表达式;              /* 递归调用,转化成简单问题 */
    return   p;
}
```

通过上述分析，对 C 语言递归函数的调用应从 3 个方面来进行：递归函数的定义、递归函数递归调用过程以及值的回代。我们通过下面的例子来进一步加深对递归的理解和应用。

二、递归举例

例 4-5　用递归法求 f(n)＝n!。

计算阶乘可用如下形式描述

$$f(n) = \begin{cases} 1 & n=1 \\ n \times f(n-1) & n>1 \end{cases}$$

程序如下：

```
#include  <stdio.h>
unsigned long fact(int n)
{
    unsigned long p;
    if(n==1)
        p=1;
    else
        p=n * fact(n-1);
    return p;
}
int main()
{
    int n;
    unsigned long p;
    scanf("%d",&n);
    p=fact(n);
    printf("%d!=%lu\n",n,p);
    return 0;
}
```

如图 4-4 所示，分析它的递归调用和值的回代过程（设 n=5）。主函数对 fact(5)进行 0 级调用时，n=5，不满足 n=1 的条件，此时必须进行 1 级调用，得到 fact(4)的值后，才能得出 fact(5)=5 * fact(4)，同样，计算 fact(4)时需进行 2 级调用 fact(3)，计算 fact(3)要进行 3 级调用 fact(2)，计算 fact(2)需进行 4 级调用 fact(1)，此时 n=1，满足条件 n==1，得到 p=1，返回

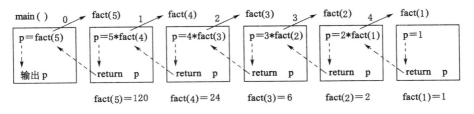

图 4-4　递归调用和值的回代

值 p=1 即 fact(1)至上层调用函数 fact(2)处,得到 p=2 * 1=2,返回 p=2 即 fact(2)至上层调用函数 fact(3)处,得到 p=3 * 2=6,返回 p=6 即 fact(3)至上层调用函数 fact(4)处,得到 p =4 * 6=24,返回 p=24 即 fact(4)至上层调用函数 fact(5)处,得到 p=5 * 24=120,返回 p=120 即 fact(5)至上层调用函数 main 处,输出运算结果。

例 4-6 用递归法求 s=n+(n+1)+(n+2)+…+m (n≤m)。

计算上式可用如下公式描述:

$$f(n,m) = \begin{cases} f(n+1,m)+n & n<m \\ m & n=m \end{cases}$$

程序如下:

```c
#include <stdio.h>
int f(int n,int m)
{
    int s;
    if(n==m)
        s=m;
    else
        s=f(n+1,m)+n;
    return s;
}
int main()
{
    int x,y;
    printf("Input x,y(x<y) ");
    scanf("%d,%d",&x,&y);
    printf("%d\n",f(x,y));
    return 0;
}
```

例 4-7 汉诺塔问题。

有 3 个塔,每个都可以堆放若干个盘子。开始时,所有盘子均在塔 A 上,并且,盘从上到下,按直径增大的次序放置(如图 4-5 所示)。设计一个移动盘子的程序,使得塔 A 上的所有盘子借助于塔 B 移到塔 C 上,但有两个限制条件:一是一次只能搬动一个盘子,二是任何时候不能把大盘子放在比它小的盘子的上面。

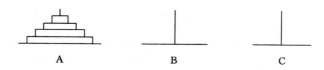

图 4-5 汉诺塔问题示意图

解题思路 要移动这 n 个盘子,可以定义一个函数:

move(n,a,b,c)

其中,字符型变量 a、b、c 分别表示 A、B、C 3 个塔,函数 move(n,a,b,c)表示将 n 个盘子从 A

塔(借助于 B 塔)移到 C 塔。则这个问题可以使用递归调用方法解决,在 n>0 的前提下,函数 move(n,a,b,c)通过下列两步实现移动。

① move(n-1,a,c,b),即将 n-1 个盘子从 A 塔(借助于 C 塔)移到 B 塔。目的是让 A 塔上的第 n 个盘子(最下面的盘子)上无其他盘子。

② 将底下的第 n 个盘子从 A 塔移到 C 塔。

③ move(n-1, b, a, c),即将 n-1 个叠放在 B 塔上的盘子(借助于 A 塔)移到 C 塔。

程序如下:

```c
#include  <stdio.h>
int step=0;
int main()
{
    int n;
    void move(int,char,char,char)
    scanf("%d",&n);
    printf("n=%d\n",n);
    move(n,'a', 'b', 'c');
    return 0;
}
void move(int n,char a,char b,char c)
{
    if(n>0)
    {
        move(n-1, a, c, b);
        step++;
        printf("step %d: %c-->%c\n",step,a,c);
        move(n-1, b, a, c);
    }
}
```

第四节　存储类型、生存期和作用域

一、存储类型

变量是数据存在的一种形式。C 语言中变量的定义有两个属性:一是定义变量的数据类型;另一个是定义变量的存储类型。变量的数据类型规定了变量的存储空间大小和取值范围,变量的存储类型规定了变量的生存期和作用域。因此,定义一个变量的一般形式为:

　　　　　[存储类型] 数据类型 变量标识符表;

其中,[ ]内为可选项。

不同存储类型的变量在计算机内部的存放位置是不同的。不同的存放位置决定了变量的存储类型,也就决定了变量的生存期和作用域。变量可以存放在内存中的动态数据存储区或静态数据存储区中，也可以存储在 CPU 的寄存器中。

变量的存储类型有 4 种，分别是自动型、寄存器型、外部型和静态型，其说明符分别是 auto、register、extern 和 static。下面分别介绍。

1. 自动型（auto）

自动型变量分配在内存的栈区，内存的栈区在程序的运行过程中是重复使用的，当某个函数中定义了自动型变量，C 程序就在内存的堆栈区给该变量分配相应的字节用来存放该变量的值。当退出该函数时，C 语言就释放该变量，即从栈区中收回分配给该变量的字节。因此，当希望某个变量只在函数内使用可将其定义成自动型，以充分利用内存。若定义时省略了存储类型符，系统将默认其为自动型变量。

2. 寄存器型（register）

寄存器型变量分配在 CPU 的通用寄存器中，其读写数据速度快，耗时少。由于 CPU 的通用寄存器数量有限，所以在程序中允许定义的寄存器变量一般以少于 8 个为宜。如果定义为寄存器变量的数目超过系统所提供的寄存器数目，编译系统自动将超出的变量设为自动型变量。

3. 外部型（extern）

一个 C 程序可以由很多个程序文件组成，每个文件称为一个编译单位。外部型变量主要用于在多个编译单位间传递数据。若两个编译单位 A 和 B 需要交换信息，可在编译单位 A 中定义一个外部变量 A，并把信息存放在其中，编译单位 B 要引用该变量需把该变量说明为外部型，告诉系统该变量在其他编译单位中已经定义了。

4. 静态型（static）

静态型变量是分配在内存的数据段中。它们在程序开始运行时就分配了固定的存储单元，在程序运行过程中不释放，直到程序运行结束才释放它所占的存储空间。如果用 static 说明外部变量为静态型，则该外部变量只能在本程序文件中使用。

二、生存期和作用域

所谓变量的生存期，就是变量存活的周期。为了节省内存，避免变量互相干扰，不可能让所有的变量始终存在。有两种情况：一是变量从程序开始定义就被分配内存（即产生），直到程序运行结束内存释放，这种变量称为静态变量；二是变量带有临时性，随调用的模块（如文件、函数或复合语句）分配内存单元，模块调用结束，释放内存，这种变量称为动态变量。

所谓变量的作用域，就是某个变量在其生命期内，程序模块是否可使用该变量。有两种情况：一种变量在从定义点开始或整个源程序都可有效，称为全局变量；另一种变量只能在所定义的模块内部有效，称为局部变量。

下面我们按变量的存储类型将变量分为自动变量（auto）、寄存器变量（register）、外部变量（extern）和静态变量（static）四种，结合程序实例，分别说明它们各自的生存期和作用域。

1. 自动变量（auto）

在各个函数或复合语句内定义的变量，称为自动变量。自动变量用关键字"auto"进行标识,可缺省。

自动变量是一种局部变量,其作用域就是在定义该变量的函数或复合语句内。因为编译系统对自动变量采用动态存储方式,即在函数运行时在栈区分配存储空间,一旦函数调用结束,程序运行控制权回到调用函数,为这个自动变量所分配的存储空间就被释放,即该自动变量不再存在。

例如,在例 4-1 中的程序中,主函数 main 的函数体中定义了 3 个自动变量 a、b、c;在 max 函中定义了 1 个自动变量 z(形参也为自动变量)。当程序运行 main 函数时,系统为 a、b、c 变量分别分配内存单元;在调用 max 函数时,系统为 max 函数的形参 x、y 和自动变量 z 分配内存单元,即生命开始,调用结束释放 x、y、z 的空间,即生命结束,其寿命存在于函数调用开始与结束期间,称为局部寿命。使用也只能在 max 函数内部,称为局部可用。

例 4-8　自动变量特性的分析。

```c
#include  <stdio.h>
add(int x)
{
    x++;
    printf("%d,",x);
}
sub( int x)
{
    x--;
    printf("%d,",x);
}
int main( )
{
    int y=1;
    add(y); sub(y);
    add(y); sub(y);
    return 0;
}
```

程序运行的结果为:

```
2,0,2,0
```

分析　由于 y、x 变量是分别定义在主函数、add 函数以及 sub 函数中的自动变量。它采用动态分配内存的形式,系统每次调用 add 函数和 sub 函数时,都要临时性地对 x 分配内存单元,进行初始化 x=1,每次调用结束,都要释放 x 占用的内存,因此形参 x 的生存期和作用域都只局限于函数 add 或 sub 内。在这里还可以看出,形参 x 的值变化不影响实参 y 的值。这是因为 x 和 y 占用不同的存储空间,且其生存期和作用域也是不同的。

例 4-9　自动变量作用域示例。

```c
#include  <stdio.h>
int main()
{
```

```
    int x=1,y=2;
    {
        int x=10;
        x=x+10;
        printf("x=%d, ",x);
        printf("y=%d,",y);
    }
    x=x+9;
    printf("x=%d\n",x);
    return 0;
}
```

复合语句中变量 x 的生存期和作用域

主函数中变量 x,y 的生存期和作用域

程序运行结果为：

x=20,y=2,x=10

分析 语句 int x=1,y=2;定义的 x、y 变量是定义在主函数的内部,两变量的作用域是主函数。但语句 int x=10;又定义变量 x 在一个复合语句中,该变量的作用域是所在的复合语句,同时将外层定义的 x 变量的作用域进行了屏蔽(即不发生作用)。因此在进行 x=x+10 进行计算时,应是复合语句中的 x 变量在起作用,即 x 值为 20;而进行 x＝x+9 的计算时,复合语句执行结束,复合语句中定义变量 x 时分配的存储空间将释放,即生存期已结束,此时使用的 x 应是主函数中定义的 x 变量,即 x 加 9 后值为 10。而 y 变量在后面的程序中没有进行再定义,所以只有外层的 y 发生作用。

2. 寄存器变量(register)

如果有一些变量使用频繁(例如,在一个函数中执行 1000000 次循环,每次循环中都要引用某局部变量),则要为存取该变量的值花不少时间。为提高执行效率,C 语言允许将局部变量的值放在 CPU 中的寄存器中,需要用时直接对寄存器读写数据。由于对寄存器的读写速度远远高于对内存的读写速度,因此这样可以提高执行效率。这种变量称为"寄存器变量",用关键字 register 声明。例如,下面的程序段：

```
long i, sum=0;
for(i=1;i<=1000000;i++)
    sum=sum+i;
```

可改成：

```
register long i, sum=0;
for(i=1;i<=1000000;i++)
    sum=sum+i;
```

即将变量 i 和 sum 定义成寄存器变量后,则能节约许多执行时间。

当今的优化编译系统能够识别使用频繁的变量,从而自动地将这些变量放在寄存器中,而不需要程序设计者指定。因此在实际上用 register 声明变量是不必要的,读者对它有一定了解即可。

3. 外部变量(extern)

定义在所有函数(包括主函数)外部的变量称为外部变量。外部变量是一种全局变量。

（1）外部变量的特性

对于外部变量，系统在编译时是将外部变量的内存单元分配在数据存储区，在整个程序文件运行结束后系统才收回其存储单元。因此外部变量的作用是从外部变量定义点开始，直至源程序运行结束，即外部变量的寿命是全局的。在定义点之后的所有函数，都可以使用，也就是说其作用域也是全局的。

例 4-10 用函数实现，求 $ax^2+bx+c=0(a\neq0)$ 根。

解题思路 在 $a\neq0$ 的情况下。根据 $b*b-4*a*c$ 的不同值方程分别有两个不等的实根、两个相等的实根和两个共轭的虚根。如果传递方程的 3 个系数 a、b、c 给函数，分别求出方程的根。上述 3 种情况都需要返回两个数据，通过 return 语句无法实现，因此可借用外部变量实现。

程序如下：

```
#include  <stdio.h>
#include  <math.h>
float x1,x2;                                          /* 定义外部变量 */
void f1(float a,float b,float c)
{
    x1=(-b+sqrt(b*b-4*a*c))/(2*a);
    x2=(-b-sqrt(b*b-4*a*c))/(2*a);
}
void f2(float a,float b)
{
    x1=x2=-b/(2*a);
}
void f3(float a,float b,float c)
{
    x1=-b/(2*a);
    x2=sqrt(4*a*c-b*b)/(2*a);
}
int main()
{
    float a,b,c;
    scanf("%f%f%f",&a,&b,&c);
    if(b*b-4*a*c>1e-5)
    {
        f1(a,b,c);
        printf("x1=%f,x2=%f\n",x1,x2);
    }
    else
        if(fabs(b*b-4*a*c)<1e-5)
        {
            f2(a,b);
            printf("x1=x2=%f\n",x1);
```

```
    }
    else
    {
        f3(a,b,c);
        printf("x=%f+I%f,x2=%f-I%f\n",x1,fabs(x2),x1,fabs(x2));
    }
    return 0;
}
```

上述程序开头的语句 float x1,x2;定义的是两个外部变量 x1、x2,编译时分配 x1、x2 的存储空间,程序运行期间其空间一直存在,称为全局寿命。在其后定义的 f1 函数、f2 函数、f3 函数和 main 函数中都可以引用变量 x1、x2,称为全局可用;也就是说在 f1 函数、f2 函数、f3 函数中改写 x1、x2 值,就可以在 main 函数中输出 x1、x2 值。实现不同函数之间的数据共享或通信。

(2) 外部变量的引用

外部变量的作用域是定义点开始到源程序的结束。在定义点之前或别的源程序中要引用外部变量,则在引用该变量之前,需进行外部变量的引用说明。

外部变量的引用说明的一般形式为:

　　　　extern 外部变量数据类型 外部变量名表;

例 4-11　外部变量引用示例。

```
#include  <stdio.h>
int x=10;
void f1( )
{
    x++;
    printf("x=%d,",x);
    printf("y=%f\n",y);
}
float y=2;
int main()
{
    int x=1;
    x++;
    f1( );
    printf("x=%d,y=%f\n",x,y);
    return 0;
}
```

程序运行时,编译将显示 y 变量在 f1 函数中未定义。这是因为外部变量 y 是定义在 f1 函数之后,尽管 y 是全局寿命,但在定义点之前的 f1 函数中不能直接引用。要在定义点之后的 f1 函数中使用,必须增加外部变量引用说明:

```
void f1( )
{
```

```
extern float y;                                        /* 外部变量的引用说明 */
x++;
printf("x=%d,",x);
printf("y=%f\n",y);
}
```

修改后程序运行结果为：

```
x=11,y=2.000000
x=2,y=2.000000
```

再分析运行结果，为什么在 main 函数中，输出的 x 值是 2，而不是 12。在 main 函数中，外部变量 x 在 main 函数中有效，自动变量 x 也在 main 函数中有效，运行结果说明当外部变量和自动变量在同一个模块中有效时，自动变量发生作用。

① 外部变量的引用可在不同的函数中多次进行，但外部变量的定义在一个源程序中只能定义一次，初始化也只能在定义外部变量时进行。

② 外部变量和局部变量在同一个模块中有效时，同名的局部变量将对外部变量发生屏蔽作用。

4. 静态变量(static)

静态变量分静态局部变量和静态全局变量。

(1) 静态局部变量

静态局部变量是定义在函数体的复合语句中，用关键字"static"进行标识的变量。静态局部变量定义的一般形式为

    static 变量数据类型 变量名表；

对于静态局部变量，系统在编译时将其内存单元分配在静态数据存储区，直到程序运行结束，对应的内存单元才释放，称为全局寿命，只有在编译时可以赋初值，以后每次调用时不再分配内存单元和初始化，只是引用上一次函数调用结束时的值。但其作用域只限于其所定义的函数或复合语句。因此静态局部变量是一种具有全局寿命、局部可用的变量。

例 4-12 静态局部变量示例。

```
#include  <stdio.h>
void f1()
{
    int x=1;
    x++;
    printf("x=%d,",x);
}
void f2()
{
    static int x=1;                                    /* 静态局部变量的定义 */
    x++;
    printf("x=%d\n",x);
}
int main()
```

```
{
    f1(); f2();
    f1(); f2();
    return 0;
}
```

程序运行结果为：

```
x=2,x=2
x=2,x=3
```

分析 f1、f2 函数中的 x 相同点是都只能在相应的函数内部中使用,称之为局部可用。不同点是:由于在 f2 函数中定义的 x 变量是一个静态变量,编译时给 x 分配空间并初始化为 1,因此具有全局寿命,因此当 f2 函数第二次调用时,x 变量不再分配空间,也不初始化,其值是第一次调用结束的值 2,执行 f2 函数中的 x++后,输出 x 变量的值为 3。而 f1 函数定义的变量 x 是局部变量,每次调用都要分配内存单元且每次初始化为 1,每次调用结束内存单元都要释放,所以每次输出值相同,其值为 2。

例 4-13 利用静态局部变量求 10!。

程序如下:

```
#include   <stdio.h>
long int fun(int n)
{
    static long int s=1;
    s=s * n;
    return s;
}
int main()
{
    int n;
    long int p;
    for(n=1;n<=10;n++)
        p=fun(n);
    printf("%ld\n",p);
    return 0;
}
```

(2) 静态全局变量

定义在所有函数(包括主函数)之外,用关键字"static"标识的变量,称为静态全局变量。静态全局变量和外部变量有共同点:都具有全局寿命,即在整个程序运行期间都存在;但在使用上有区别:静态全局变量只能在所定义的文件中使用,具有对文件的局部可见性。而一般的外部变量可以在所有文件中使用。

自动变量没有赋初值时,其值是一个随机值。对于静态变量或外部变量没有赋初值时,数值型变量的值系统默认为 0。

例 4-14 静态全局变量与外部变量的区别。

第一个文件的内容如下。

```c
/* file1.c */
#include <stdio.h>
int a=2;
static int b=3;
func()
{
    a++; b++;
    printf("a=%d,b=%d\n",a,b);
}
```

第二个文件的内容如下。

```c
/* file2.c */
#include <stdio.h>
extern int a;
int b;
int main()
{
    func();
    printf("a=%d, b=%d\n",a,b);
    return 0;
}
```

在 Visual C++ 6.0 中调试时,将以上 2 个文件置于同一工程中即可。

程序运行结果如下:

```
a=3,b=4
a=3,b=0
```

从上述运行结果可以看出,文件 file1.c 中的外部变量 a 可以在文件 file2.c 中使用,只需在 file2.c 中加上声明语句:

```c
extern int a;
```

即可,但 file1.c 中的静态全局变量 b 不能在 file2.c 中使用。读者可将 file2.c 中变量定义语句:

```c
int b;
```

改写成变量声明语句:

```c
extern int b;
```

想一想,会出现什么错误? 为什么?

第五节　编译预处理

编译预处理是在对源程序进行正式编译之前的处理。在前面的一些示例程序中,以"#"开头的命令就是预处理命令,如"#include <stdio.h>"等。在 C 源程序中加入一些预处理命令,可以使程序易读、易改、易移植并且易于调试,有助于实现结构化程序设计。这些预处理命令是 ANSI C 统一规定的,不能直接对它们进行编译(因为编译程序不能识别它们),而必须在对源程序进行正常的编译之前,先对程序中这些特殊的命令进行"预处理",然后再由编译程序对预处理后的源程序进行正常的编译处理。

C 语言提供了 3 种预处理命令,即文件包含、宏定义和条件编译。为与通常的 C 语句区别开,预处理命令以"#"开头,并占用一个单独的书写行,语句结尾不加分号。

一、文件包含

1. 文件包含命令的作用

如果文件 A 中有一条文件包含预处理命令:

```
#include <B>
```

该命令将指定文件 B 的内容加到文件 A 中"#include <B>"命令处的位置,共同组成一个程序文件,即在文件 A 中产生文件 B 的一个副本。

例如:

```
#include <stdio.h>       /* 把标准输入/输出头文件复制到当前源文件的当前位置处 */
#include <math.h>        /* 把标准数学函数头文件复制到当前源文件的当前位置处 */
```

图 4-6 所示是一个文件包含关系的示意图。文件 file1.c 中的包含命令 #include "file2.c"将文件 file2.c 包含进文件 file1.c。图 4-6(a)和图 4-6(b)所示是预处理前的情况,图 4-6(c)是将文件 file2.c 包含进文件 file1.c 之后的 file1.c 结构示意图。

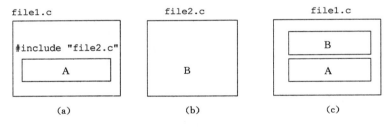

图 4-6   文件包含示意图

2. #include 命令的两种形式

格式一:#include <文件名>

格式二:#include "文件名"

两种格式的区别是:用尖括号时,系统到存放 C 库函数头文件所在的目录(一般是 C 编译系统的 include 子目录)中寻找要包含的文件(这称为标准方式)。用双引号时,系统先在用户当前目录中或指定目录中寻找要包含的文件,若找不到,再按标准方式查找(即按尖括号的方式查找)。

通常,如果为调用系统库函数而用"#include"命令来包含相应的头文件(如 stdio.h、math.h、string.h 等),宜采用尖括号,以节省查找时间。如果要包含的文件是用户自己定义的(这种文件一般都位于当前目录下),宜采用双引号。

例 4-15   设计一个求 n! 的函数,存放于文件 exam.c 中,然后设计主函数文件 file.c,计算 p＝n! /m! /(n−m)!

可以编写文件 exam. c 如下：

```
/* exam.c */
long int fact(int n)
{
    long int p=1;
    int k;
    for(k=1;k<=n;k++)
        p=p * k;
    return p;
}
```

另一文件 file. c 的内容如下：

```
/* file.c */
#include  <stdio.h>
#include  "exam.c"
int main()
{
    int m,n;
    long int p;
    printf("Input n,m(n>m): ");
    scanf("%d,%d",&n,&m);
    p=fact(n)/fact(m)/fact(n-m);
    printf("%ld\n",p);
    return 0;
}
```

二、宏定义

宏定义有两种，即不带参数的宏和带参数的宏。

宏定义的作用是用标识符来代表一串字符，一旦对字符串命名，就可在源程序中使用宏定义标识符，系统编译之前会自动查找标识符并替换成字符串。

1. 不带参数的宏

不带参数的宏定义的一般形式为：

      #define 宏名 宏体

其中，"#"表示这是一条预处理命令，"define"为宏定义命令；"宏名"为一个合法的标识符，一般建议用大写字母，以与变量名相区别；"宏体"可以是常数、表达式或语句，甚至可以是多条语句。三者之间要用一个或多个空格分隔。

例如：

```
#define PI 3.1415926
```

在预处理时，系统在该宏定义以后查找出现的每一个宏名都用宏体来代替，这个过程叫宏替换。

例 4-16 求球的表面积和体积。

```
#include  <stdio.h>
```

```
#define PI 3.1415926
int main()
{
    float s,v,r;
    scanf("%f",&r);
    s=4 * PI * r * r;
    v=4 * PI * r * r * r/3;
    printf("Area=%f,Volume=%f\n",s,v);
    return 0;
}
```

在预处理时,会查找 main 函数中的宏 PI 并用宏体 3.1415926 替换。预编译后文件将变为:

```
#include  <stdio.h>
int main()
{
    float s,v,r;
    scanf("%f",&r);
    s=4 * 3.1415926 * r * r;
    v=4 * 3.1415926 * r * r * r/3;
    printf("Area=%f,Volume=%f\n",s,v);
    return 0;
}
```

采用宏定义后,如果要修改 PI 值,只需在宏定义处修改 PI 值,而不需在计算面积和体积等多处修改,减少了代码修改量,降低了程序出错的可能性,提高了程序的健壮性。

2. 带参数的宏

带参数宏定义的一般形式为:

        #define 宏名(参数)   宏体

例如

```
#define SQR(x) (x) * (x)
#define MOD(x,y) (x)%(y)
```

预处理时,系统在用宏体代替宏名的同时,实在参数会代替宏体中形式参数,同样宏替换仍只是一种简单的查找替换,不能进行计算或其他的功能。

当程序出现下列语句时

```
y=SQR(a+b);
```

程序在预处理时,将被替换成如下语句

```
y=(a+b) * (a+b);
```

　　　　在定义带参数的宏时,宏体中的所有形式参数和整个表达式最好都加圆括号,否则在宏替换后的表达式中,运算结果可能与预期值不一致。

例 4-17　带参宏定义示例。

```
#include <stdio.h>
#define SQR(x) (x) * (x)
int main()
{
    int y;
    y=SQR(2+1);
    printf("%d\n",y);
    return 0;
}
```

上述程序运行结果为:

9

若将宏定义改成如下形式:

```
#include <stdio.h>
#define SQR(x) x * x
int main()
{
    int y;
    y=SQR(2+1);
    printf("%d\n",y);
    return 0;
}
```

上述程序运行结果为:

5

分析:预处理 y＝SQR(x)时,该语句会替换成:y＝2+1 * 2+1;所以结果是 5,而不是预期值 9。

带参数的宏定义可以嵌套调用其他已存在的宏,即下一个宏定义的宏体可以出现上面已经定义过的宏名。例如:

```
#define SQR(x) (x) * (x)
#define CUBE(x) SQR(x) * (x)
```

语句 CUBE(a+b)进行宏展开后,变为:

```
(a+b) * (a+b) * (a+b)
```

三、条件编译

一般情况下,源程序的所有语句都会参加编译。但有时若希望只对其中的部分满足条件的语句进行编译,则就要用到"条件编译"。条件编译是在对源程序编译之前的处理中,根据给定的条件,决定只编译其中的某一部分源程序,而不编译另外一部分源程序(块删除)。条件编译有以下 3 种形式。

1. 格式一

格式一的一般形式为:

```
#ifdef 标识符
```

```
    程序段 1
#else
    程序段 2
#endif
```

功能：如果标识符已经被"♯define"命令定义过，则在程序编译时只对程序段 1 进行编译，否则只对程序段 2 进行编译。其中的程序段即可以是一条语句，也可以是一组语句。如果是一组语句，也不必像复合语句一样加上花括号。

例 4-18　条件编译命令格式一示例。

```
#include  <stdio.h>
#define OK 1
#ifdef OK
    #define STRING "you have defined OK!"
    #define STRING1 "\nOK=1"
#else
    #define STRING "you have not defined OK!"
    #define STRING1 "\nOK 未定义"
#endif
int main()
{
    printf(STRING);
    printf(STRING1);
    return 0;
}
```

程序运行结果为：

```
you have defined OK!
OK=1
```

在上例中，标识符"OK"在第 1 行已定义，因此，编译时执行程序段 1。如果将第 1 行删除，则编译时执行程序段 2，此时程序的运行结果为：

```
you have not defined OK!
OK 未定义
```

如果没有程序段 2，本格式可以简化成如下形式：

```
    #ifdef 标识符
        程序段 1
    #endif
```

2. 格式二

格式二的一般形式为：

```
    #ifndef 标识符
        程序段 1
    #else
        程序段 2
    #endif
```

格式二与格式一的不同之处是将"ifdef"改成"ifndef"。其功能是：如果标识符没有被"#define"命令定义过，则在程序编译时只对程序段 1 进行编译，否则只对程序段 2 进行编译。这与格式一的功能恰好相反。但二者在用法上是相似的，不再赘述。

3. 格式三

格式三的一般形式为：

```
#if 常量表达式
    程序段 1
#else
    程序段 2
#endif
```

功能：如果常量表达式的值为真（即非 0），则在程序编译时只对程序段 1 进行编译，否则只对程序段 2 进行编译。请看例 4-19。

例 4-19 条件编译命令格式三示例。

```
#include  <stdio.h>
#define A 2
int main()
{
    #if A>0
        printf("A>0");
    #else
        printf("A<0 or A=0");
    #endif
    return 0;
}
```

运行结果为：

A>0

条件编译当然也可用条件语句(if 语句)来实现，但若用条件语句将会对整个源程序进行编译，造成目标程序长，可执行程序运行时间长；而采用条件编译，可减少被编译的语句，从而减少了目标程序的长度和可执行程序的运行时间（少了关系运算并跳转的时间）。

习 题

一、选择题

1. C 语言中函数形参的缺省存储类型是(   )。
    A. 静态(static)   B. 自动(auto)
    C. 寄存器(register)   D. 外部(extern)

2. 函数调用语句 function((exp1,exp2), 18)中含有的实参个数为(   )。
    A. 0   B. 1   C. 2   D. 3

3. 下面函数返回值的类型是(   )。

```
square(float x)
```

```
    {
        return x * x;
    }
```

A. 与参数 x 的类型相同   B. void 型

C. 无法确定   D. int 型

4. C 语言规定,程序中各函数之间(　　)。

  A. 不允许直接递归调用,也不允许间接递归调用。

  B. 允许直接递归调用,但不允许间接递归调用。

  C. 不允许直接递归调用,但允许间接递归调用。

  D. 既允许直接递归调用,也允许间接递归调用。

5. 一个函数返回值的类型取决于(　　)。

  A. return 语句中表达式的类型

  B. 调用函数时临时指定

  C. 定义函数时指定或缺省的函数类型

  D. 调用该函数的主调函数的类型

6. 下面叙述中,错误的是(　　)。

  A. 函数的定义不能嵌套,但函数调用可以嵌套。

  B. 为了提高可读性,编写程序时应该适当使用注释。

  C. 变量定义时若省去了存储类型,系统将默认其为静态型变量。

  D. 函数中定义的局部变量的作用域在函数内部。

7. 在一个源程序文件中定义的全局变量的有效范围为(　　)。

  A. 一个 C 程序的所有源程序文件   B. 该源程序文件的全部范围

  C. 从定义处开始到该源程序文件结束   D. 函数内全部范围

8. 某函数在定义时未指明函数返回值类型,且函数中没有 return 语句,现若调用该函数,则正确的说法是(　　)。

  A. 没有返回值   B. 返回一个用户所希望的值

  C. 返回一个系统默认值   D. 返回一个不确定的值

9. 函数 swap(int x, int y)可实现对 x 和 y 值的交换。在执行如下定义及调用语句后,a 和 b 的值分别为(　　)。

```
int a=10, b=20;
swap(a,b);
```

  A. 10 和 10   B. 10 和 20   C. 20 和 10   D. 20 和 20

10. 下面错误的叙述是(　　)。

  A. 在某源程序不同函数中可以使用相同名字的变量

  B. 函数中的形式参数是局部变量

  C. 在函数内定义的变量只在本函数范围内有效

  D. 在函数内的复合语句中定义的变量在本函数范围内有效

二、程序填空

1. 求 s＝1! ＋2! ＋3! ＋…＋10! 之和。

程序如下：

```
#include <stdio.h>
long int factorial(int n)
{
    int k=1;  long int p=1;
    for(k=1; k<=n; k++)
        ___[1]___ ;
    return p;
}
int main()
{
    int n;
    float sum=0;
    for(n=1;n<=10;n++)
        ___[2]___ ;
    printf("%6.3f\n",sum);
    return 0;
}
```

2. 以下函数用以求 x 的 y 次方（y 为正整数）。

```
double fun(double x, int y)
{
    int i;
    double m=1;
    for ( i=1; i ___[3]___ ; i++)
        m= ___[4]___ ;
    return m;
}
```

3. 下面定义了一个函数 pi,其功能是根据以下的近似值公式来求 π 值：

$$\frac{\pi^2}{6}=1+\frac{1}{2^2}+\frac{1}{3^2}+\cdots+\frac{1}{n^2}$$

```
#include <stdio.h>
#include <math.h>
double pi(long n)
{
    double s= ___[5]___ ;
    long k;
    for(k=1; k<=n; k++)
        s=s+ ___[6]___ ;
    return ( ___[7]___ );
}
```

三、阅读程序并写出运行结果

1. 下面程序运行的结果是_____。

```
#include   <stdio.h>
#define MAX_COUNT 4
void fun();
int main()
{
    int n;
    for(n=1; n<=MAX_COUNT; n++)
        fun();
    return 0;
}
void fun()
{
    static int k;
    k=k+2;
    printf("%d,", k);
}
```

2. 下面程序运行的结果是_____。

```
#include   <stdio.h>
int fun(int x)
{
    int s;
    if(x==0||x==1)
        return 3;
    s=x-fun(x-3);
    return s;
}
int main()
{
    printf("%d\n", fun(3));
    return 0;
}
```

3. 下面程序运行的结果是_____。

```
#include   <stdio.h>
unsigned int fun(unsigned num)
{
    unsigned int k=1;
    do
    {
        k=k * num%10;
        num=num/10;
    }while(num);
    return k;
}
```

```
int main()
{
    unsigned n=25;
    printf("%u\n", fun(n));
    return 0;
}
```

4. 下面程序运行的结果是_____。

```
#include <stdio.h>
int fun(int x, int y)
{
    static int m=0, n=2;
    n+=m+1;
    m=n+x+y;
    return m;
}
int main()
{
    int j=4, m=1, k;
    k=fun(j, m);
    printf("%d,", k);
    k=fun(j,m);
    printf("%d\n", k);
    return 0;
}
```

5. 下面程序运行的结果是_____。

```
#include <stdio.h>
void t(int x, int y, int p, int q)
{
    p=x * x+y * y;
    q=x * x-y * y;
}
int main()
{
    int a=4, b=3, c=5, d=6;
    t(a, b, c, d);
    printf("%d, %d\n", c, d);
    return 0;
}
```

四、编程题

1. 写一函数,从键盘输入一整数,如果该整数为素数,则返回1,否则返回0。

2. 编写一函数 change(x,r),将十进制整数 x 转换成 r(1<r<10)进制数后输出。

3. 求 1000 以内的亲密数对。亲密数对的定义为:若正整数 a 的所有因子(不包括 a 本身)

之和为 b,b 的所有因子(不包括 b 本身)之和为 a,且 a≠b,则称 a 与 b 为亲密数对。

4. 试用递归的方法编写一个返回长整型值的函数,以计算斐波纳契数列的前 20 项。该数列满足:F(0)=1,F(1)=1,F(n)=F(n-1)+F(n-2)(n>2)。

5. 如果一个数等于其所有真因子(不包括其本身)之和,则该数为完数,例如,6 的因子有 1、2、3,且 6=1+2+3,故 6 为完数,求 2~1000 中的完数。

第五章　数　　组

  C 语言提供了多种数据类型,除了前面介绍的整型、实型和字符型等基本数据类型外,还有一些扩展的数据类型,如数组、指针、结构和联合等。由于它们是由基本数据类型按一定规则组成的,所以被称之为复合数据类型或构造数据类型。

  本章首先介绍一种最常用的构造数据类型——数组。数组是具有一定顺序关系的若干个同类型变量的集合。在数组中,每一个变量称之为一个数组元素。而数组中的各个数组元素又可以用一个统一的"数组名"后接不同的"下标"来唯一确定。按照数组元素的类型可把数组分为整型数组、实型数组、字符型数组和指针型数组等。按照下标的个数又可以把数组分为一维数组、二维数组和多维数组。我们首先学习最简单也是最常用的"一维数组"。

第一节　一　维　数　组

一、一维数组的定义与初始化

  1. 一维数组的定义

  在 C 语言中,与变量的定义一样,数组也遵循"先定义后使用"的原则。一维数组的定义格式为:

    类型说明符 数组名[常量表达式];

  例如:

```
short  score[8];
```

  表示定义一个数组,数组名为 score,共有 8 个元素,每个元素的数据类型均为短整型。

  当在说明部分定义了一个数组之后,C 编译程序会为所定义的数组在内存中开辟一串连续的存储单元,本例定义的 score 数组在内存中的排列如图 5-1 所示。

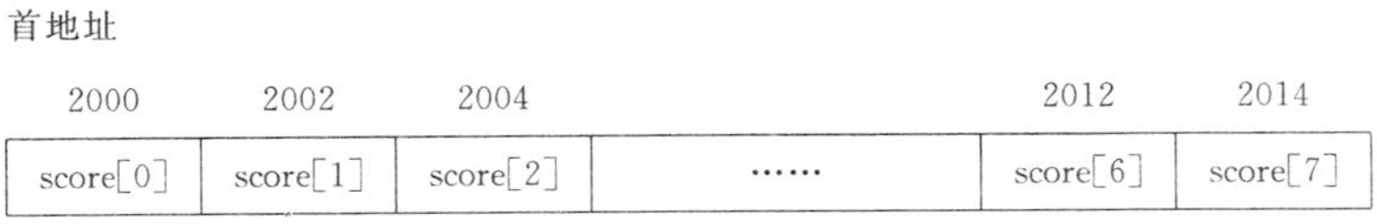

首地址

2000	2002	2004		2012	2014
score[0]	score[1]	score[2]	……	score[6]	score[7]

图 5-1　数组在内存中的排列

  score 数组共有 8 个元素,在内存中,这 8 个数组元素共占用 8 个连续的存储单元,每个存储单元中只能存储一个整数,第一个元素对应的存储单元的地址称为数组首地址(图中假设首地址为 2000,每个 short 型数据占两个字节)。

  在定义一维数组时,应注意以下几点。

  ① 类型说明符用来说明数组元素属于何种数据类型,如 int、char、float 或 double 等。

② 数组名由用户自定义,与变量名的命名一样,遵循标识符命名规则。

③ 数组名后必须用"方括号"括起常量表达式,不能用其他括号。例如:

```
short score(8);
short score<8>;
short score{8};
```

这 3 个定义都是错误的。

④ 常量表达式定义数组的长度,表示数组的元素个数。但要注意,数组在内存中所占的字节数 = 数组长度 × 元素类型长度。图 5-1 定义的数组 score 在内存中所占字节数 = 8 × 2 = 16。

⑤ 常量表达式中一般包括整型常量、字符常量或符号常量,但不能包括实型(符号)常量或字符串(符号)常量。例如:

```
#define N 8
   ⋮
short score[10+'0'+N];
```

是正确的。其中 10 是整型常量,'0'是字符常量,相当于 48(ASCII 码值),N 是符号常量。而

```
#define N "good"
   ⋮
short score[8.8+N];
```

是不正确的。因为 8.8 是实型常量,N 是字符串符号常量。

当然,实际使用时,除非特殊需要,一般都只要用一个"整型常量值"来定义数组的长度即可。

⑥ 常量表达式中不能包括变量。例如:

```
short n=8;
short score[n];
```

是不正确的。

⑦ 数组元素的下标从 0 开始,所以上例定义的数组的 8 个元素分别是 score[0]、score[1]、score[2]、score[3]、score[4]、score[5]、score[6]和 score[7]。注意最大下标是 7 而不是 8,否则弄错就会越界。

⑧ 相同类型的数组、变量可放在一起定义,中间用逗号隔开。例如:

```
short a,b=8,score[8],c,num[10],d;
```

是正确的。其中定义了 4 个变量(a,b,c,d)和 2 个数组(score 和 num)。

2. 一维数组的初始化

数组的初始化是指在定义数组的同时为数组元素赋初值。一维数组在定义时进行初始化的格式为:

类型说明符 数组名[常量表达式]={值 1,值 2,…,值 n};

其中,大括号中的各个值依次对应赋给数组中的各个元素。各个值之间用逗号隔开。例如,数组定义及初始化语句为:

```
int  x[5]={1,2,3,4,5};
```

则有:

```
x[0]=1; x[1]=2; x[2]=3; x[3]=4; x[4]=5;
```

在初始化一维数组时,应注意以下几点。

① 若{ }中初值的个数<数组元素个数,则只有数组的前部分元素对应获得初值,后部分没有获得初值的元素则置相应类型的默认值(如 int 型置整数 0,char 型置字符'\0',float 型置实数 0.000000 等)。例如,定义:

```
int  x[5]={1,2,3};
```

则有:x[0]=1; x[1]=2; x[2]=3; x[3]=0; x[4]=0。

② 若{ }中初值的个数=数组元素个数,则在数组定义时可省略元素个数,此时数组长度由{ }中值的个数来决定。例如,定义:

```
int  x[ ]={1,2,3,4,5};
```

就相当于 int x[5]={1,2,3,4,5}。

③ 若{ }中初值的个数>数组元素个数,则编译时会出现"too many initializers"之类的错误,表示初值个数太多。例如,定义:

```
int  x[5]={1,2,3,4,5,6};
```

是不对的。因为初值个数(6)超过了定义的数组长度(5)。

二、一维数组的引用

1. 一维数组的引用

C 语言规定数组不能以整体形式参与各种运算。参与各种运算的只能是数组元素,即在程序中不能一次引用整个数组而只能逐个引用数组元素。一维数组元素的引用形式为:

　　　　数组名[下标]

其中,下标可以是整型常量、整型变量或整型表达式。例如,定义:

```
int n=2;
int score[4]={10,20,30,40};
```

则其 4 个元素的引用形式为:score[0]、score[1]、score[2]和 score[3]。又如:

```
score[2]
score[4-2]
score[n]
```

都表示引用 score 数组的第 3 个元素。从中可以看出,在引用数组元素时,下标可以是整型变量。而前面已经介绍在定义数组时,数组长度是不能为整型变量的。

数组元素与普通变量的表现形式不同,但实质是相同的,它也是一种变量。因此,一个数组元素可以像普通变量那样参与赋值、算术运算、输入和输出等操作。下面通过介绍一维数组的输入、输出操作来熟练掌握一维数组元素的引用。

2. 一维数组的输入

除了可以通过初始化使一维数组各元素得到初值外,也可以在程序运行期间用赋值语句或键盘输入语句 scanf( )为数组元素赋值。而且一般是用一个循环语句来赋值。例如:

```
int  i,a[100];
for(i=0; i<100; i++)
    a[i]=i;                                      /* 用赋值语句为数组元素赋值 */
```

或

```
for(i=0; i<100; i++)
    scanf("%d", &a[i]);                                    /* 从键盘为数组元素输入值 */
```

3. 一维数组的输出

一维数组的输出是指用输出语句 printf( ) 将数组的元素逐个地输出。例如：

```
int   i, a[10]={1,2,3,4,5,6,7,8,9,10};
for(i=0;i<10;i++)
    printf("%5d",a[i]);
```

从这些示例可以看出，数组元素是一种带下标的变量，它跟普通变量一样参与赋值、输入和输出等操作。但是，绝对不能把"数组名"当成变通变量一样使用。例如，定义：

```
int   a[100];
int   b[10]={1,2,3,4,5,6,7,8,9,10};
```

后，采用如下语句进行数据输入输出操作：

```
scanf("%d", &a);
printf("%d", b);
```

则是错误的，无法输入或输出整个数组。

例 5-1　从键盘输入 10 个数，将这 10 个数逆序输出，然后求出这 10 个数的和并输出。

```
#include   <stdio.h>
int main()
{
    int i,a[10],total=0;
    printf("请连续输入 10 个整数(空格分开):");
    for(i=0;i<10;i++)
      scanf("%d",&a[i]);                                  /* 数组元素的逐个输入 */
    printf("这 10 个整数逆序输出得:\n");
    for(i=9;i>=0;i--)
        printf("%5d",a[i]);                               /* 数组元素的逐个输出 */
    for(i=0;i<10;i++)
        total=total+a[i];                                 /* 数组元素逐个相加 */
    printf("\n 这 10 个整数的和为:%d\n",total);
    return 0;
}
```

三、字符型数组与字符串

用一对双引号" "括起来的一串字符，称之为字符串。例如"How are you! "。在存储时，C 编译器会自动地在字符串末尾加上结束符 '\0'。

用来存放字符型(char)数据的数组是字符数组。字符数组中的每一个元素可以存放一个字符，则一个字符数组可以存放多个字符，也可用于存放字符串(字符串是含有结束标志的字符数组)。字符数组在存放字符串时，字符串末尾的结束符 '\0' 也一并存放。所以，一个字符串用一维数组来装入时，数组元素个数一定要比字符数多一个。例如：

```
char   c[13]="How are you!";
```

定义了一个字符数组 c，存放的字符串中字符数为 12，考虑到还有 1 个字符串结束符 '\0'，定义的数组长度不能少于 13。

字符数组的定义、初始化、输入及输出等操作跟前面介绍的一维数组的规定是基本一致的。只需注意：

① 类型说明符为 char，例如，char c[8]。

② 在定义的同时可以给数组赋初值。若提供的初值（字符）个数大于数组长度，则按语法错误处理（如编译时会出现诸如 Error：Too many initializers in function main 之类的错误信息）；若初值个数等于数组长度，则数组长度值可以省略不写；若初值个数小于数组长度，则只将这些初值字符赋给前面的数组元素，其余的元素自动置为空字符（即'\0'）。例如，定义：

```
char  c[8]={'G','O','O','D'};
```

后，数组在内存中的存放如图 5-2 所示（图中假设首地址为 2000）。

图 5-2　数组在内存中的存放

③ 可以用字符串常量对字符数组进行初始化。例如：

```
char  c[ ]={"GOOD"};                      /* C 编译器会自动地在字符串末尾加上结束符'\0' */
```
等价于：char c[ ]={'G','O','O','D','\0'};
等价于：char c[ ]="GOOD";   /* 字符串常量外面的大括号可以省略 */
等价于：char c[5]={"GOOD"};
等价于：char c[5]={'G','O','O','D','\0'};
等价于：char c[5]="GOOD";

例 5-2　请编写一个程序，其功能是：将一个数字字符串转换为一个整数（不得调用 C 语言提供的将字符串转换为整数的函数）。例如，若输入字符串"－1688"，则程序要能把它转换为整数值－1688 并输出。

程序如下：

```
#include  <stdio.h>
int main()
{
    int flag=0,i=0;
    long num=0;
    char str[ ]={"-1688"};               /* 将数字字符串放在一维字符数组 s 中 */
    while(str[i]!='\0')
    {
        if(str[i]=='-')
            flag=1;                           /* 判断数的正负,为- 表示负数 */
        else
            if(str[i]=='+')
                flag=0;                       /* 判断数的正负,为+表示正数 */
            else
```

```
                num=num * 10+(str[i]-'0');            /* 将字符转换成数值 */
        i++;
    }
    if(flag==1)
        num=-num;
    printf("由数字字符串转换成的整数是:%ld\n", num);
    return 0;
}
```

四、字符串操作

1. 字符串的输入

除了可以通过初始化使字符数组各元素得到初值外,也可以使用 getchar( )函数、scanf( )函数或 gets( )函数输入字符串(或字符数组)。

(1)逐个字符输入

① 使用 getchar ( )函数。例如:

```
char  c[8];
for(i=0; i<8; i++)
    c[i]=getchar();
```

② 使用 scanf( )函数(格式符用"%c")。例如:

```
char  c[8];
for(i=0;i<8;i++)
    scanf("%c",&c[i]);
```

(2)整个字符串一次输入

① 使用 scanf( )函数(格式符用"%s")。例如:

```
char  c[8];
scanf("%s",c);
```

② 使用 gets( )函数。例如:

```
char  c[8];
gets(c);
```

① 使用"%s"格式输入字符串时,scanf( )函数中的输入项是字符数组名。因为在 C 语言中,数组名就代表该数组的起始地址,所以不必再加上地址符 &。

② gets( )函数是 C 语言提供的标准字符串输入函数。其调用方式为:

gets(字符数组名);

其作用是:从键盘输入一个字符串到字符数组。

③ 使用"%s"格式的 scanf( )函数数据分隔符为空白符;而 gets( )函数输入字符串时,分隔符为回车符,但获得的字符中不包含回车键本身,而是在字符串末尾添'\0'。因此,定义的字符数组必须有足够的长度,以容纳所输入的字符(例如,输入 7 个字符,定义的字符数组至少应有 8 个元素)。

2. 字符串的输出

字符串(或字符数组)的输出可以使用 putchar( )函数、printf( )函数或 puts ( )函数来实现。

（1）逐个字符输出

① 使用 putchar( ) 函数。例如：

```
char  c[8]={"GOOD"};
for(i=0;c[i]!='\0';i++)
    putchar(c[i]);
```

② 使用 printf( ) 函数（格式符用"%c"）。例如：

```
char  c[8]={"GOOD"};
for(i=0;c[i]!='\0';i++)
    printf("%c",c[i]);
```

（2）整个字符串一次输出

① 使用 printf( ) 函数（格式符用"%s"）。例如：

```
char  c[8]={"GOOD"};
printf("%s",c);
```

② 使用 puts ( ) 函数。例如：

```
char  c[8]={"GOOD"};
puts(c);
```

① puts( ) 函数是 C 语言提供的标准字符串输出函数。其调用方式为：

puts(字符数组名)；

其作用是：将一行字符串（以'\0'结束的字符序列）输出到终端（显示器）。

② 使用"%s"格式的 printf( ) 函数或 puts( ) 函数输出字符串时，遇到第一个结束符'\0'时就结束，而且'\0'不会被输出。例如：

char c[8]={ 'G','O','O','D','\0','o','k','\0'};
printf("%s",c);

只会输出"GOOD"四个字符，而不会输出"ok"。

3. 字符串常用操作函数

C 语言提供了丰富的字符串操作函数，除了上面介绍的用于字符串输入输出的 gets( ) 和 puts( ) 函数外，还有很多其他专门的字符串操作函数，这些函数包含在头文件"string. h"中。因此，若需使用这些函数，应在程序之前加上语句：

```
#include  <string.h>
```

下面介绍几种常用的字符串操作函数，我们写出这些函数实现的参考程序作为字符串操作的例子。

（1）strlen(字符数组)

功能是测试字符串的长度。函数值为字符串的实际长度，不包括结束符'\0'。

函数实现的参考程序如下：

```
int strlen(char str[])                              /* 求字符串长度函数 */
{
    int i;
    for(i=0;str[i]!='\0';i++);
    return(i);
}
```

（2）strcpy(字符数组 1,字符数组 2)

功能是把字符数组 2 中的字符串复制到字符数组 1 中去（即给一个字符数组赋值）。例如：

```
char  s1[8],s2[ ]="GOOD";
strcpy(s1,s2);
```

执行后,s1 数组的状态如图 5-3 所示。

图 5-3 s1 数组的状态

函数实现的参考程序如下：

```
strcpy(char str1[], char str2[])                              /* 字符串拷贝函数 */
{
    int i,j;
    for(j=0,i=0; str2[j]!='\0'; j++,i++)
        str1[i]=str2[j];                              /* 逐个字符复制,但没有复制'\0' */
    str1[i]='\0';                                     /* 在字符串尾加上结束符'\0' */
}
```

（3）strcat(字符数组 1,字符数组 2)

功能是把字符数组 2 中的字符串连接到字符数组 1 的字符串后面。例如：

```
char  s1[13]="Good";
char  s2[8]="night!";
printf("%s",strcat(s1,s2));
```

输出：

```
Goodnight!
```

连接前后数组的状态如图 5-4 所示。

| 连接前 s1 | G | o | o | d | \0 | | | | | | | | |
| 连接前 s2 | n | i | g | h | t | ! | \0 | |

| 连接后 s1 | G | o | o | d | n | i | g | h | t | ! | \0 | | |

图 5-4 连接前后的数组状态

函数实现的参考程序如下：

```
strcat(char str1[],char str2[])                              /* 字符串连接函数 */
{
    int i,j;
    for(i=0;str1[i]!='\0';i++);                              /* 使 i 指向 str1 的尾部 */
    for(j=0;str2[j]!='\0';j++)                    /* 将字符串 2 复制到字符串 1 的后面,不包括'\0'
                                                     */
    {
        str1[i]=str2[j];
```

```
        i++;
    }
    str1[i]='\0';                    /* 在字符串 1 后面加上字符串结束符 '\0' */
}
```

（4）strcmp（字符数组 1，字符数组 2）

功能：对字符数组 1 中的字符串和字符数组 2 中的字符串进行比较。比较规则为：按字符 ASCII 的大小自左至右逐个比较两个字符串的字符，直到出现不同的字符或遇到‘\0’为止。若全部字符相同，返回值为 0；若串 1＞串 2，则返回值为一个正数；若串 1＜串 2，则返回值为一个负数。例如：

```
char  s1[]="Good", s2[]="Good";
strcmp(s1,s2);                    /* 返回值为 0,表示两个字符数组中存放的字符串相等 */
char  s1[]="Goodby", s2[]="Goodbye";
strcmp(s1,s2);   /* 返回一个负数,表示字符数组 1 中的串<字符数组 2 中的串,因'\0'<'e' */
char  s1[]="Good", s2[]="Goal";
strcmp(s1,s2);     /* 返回一个正数,表示字符数组 1 中的串>字符数组 2 中的串,因'o'>'a' */
```

函数实现的参考程序如下：

```
int strcmp(char str1[], char str2[])                    /* 字符串比较函数 */
{
    int i=0;
    while(str1[i]==str2[i] && str1[i]!='\0' && str2[i]!='\0')
        i++;
    return  str1[i]- str2[i];
}
```

第二节　二 维 数 组

一、二维数组的定义

上面介绍的一维数组，它的数组元素只有一个下标，说明时只用一个表示数组长度的常量表达式。如果一维数组的每个元素本身也是一个一维数组，则形成了一个二维数组。这时就要用两个下标来表示它的每个数组元素。

二维数组的定义格式为：

　　类型说明符 数组名[常量表达式 1][常量表达式 2];

例如

```
int  a[3][4];
```

定义了一个二维数组，数组名为 a，数组元素有 3 行 4 列，每个数组元素都是一个整型数据。

在定义二维数组时，应注意以下几点。

① 元素类型说明符、数组名及常量表达式的要求与一维数组相同。

② 常量表达式 1 和常量表达式 2 各在一个方括号内，例如，定义不能写成：

```
int a[3, 4];
```

③ 二维数组可以看成是一种特殊的一维数组，其特殊之处就在于它的元素又是一个一

维数组。例如,二维数组 a[3][4] 可以理解为:它有 3 个元素 a[0]、a[1]、a[2],每一个元素却又是一个包含 4 个元素的一维数组,如图 5-5 所示。

二维数组名	一维数组名	数组元素
a	a[0]	a[0][0],a[0][1],a[0][2],a[0][3]
	a[1]	a[1][0],a[1][1],a[1][2],a[1][3]
	a[2]	a[2][0],a[2][1],a[2][2],a[2][3]

图 5-5　二维数组 a[3][4] 的"组成"

```
a[0][0],  a[0][1],  a[0][2],  a[0][3]

a[1][0],  a[1][1],  a[1][2],  a[1][3]

a[2][0],  a[2][1],  a[2][2],  a[2][3]
```

图 5-6　二维数组在内存中的存放方式

④ 二维数组的元素在内存中的存放顺序为"按行存放",即先顺序存放第一行的元素,再存放第二行的元素,依此类推,如图 5-6 所示。从图中可以看出,最右边的下标变化最快,最左边的下标变化最慢。这一特点也适用于二维以上的多维数组。

二、二维数组的引用

1. 数组元素引用格式

二维数组元素的引用格式为:

数组名[下标 1][下标 2]

① 下标可以是大于或等于 0 的整型常量、整型变量或整型表达式。例如 int[3][4] 或 int[1+2][2 * 3-2]。其中下标 1 表示元素所在的行,下标 2 表示元素所在的列(注意千万不可颠倒)。

② 引用时下标 1 和下标 2 要各自用一个中括号括起来。若将 int[3][4] 或 int[1+2][2 * 3-2] 写成 int[3,4] 或 int[1+2,2 * 3-2] 是错误的。

③ 引用数组元素时不要越界,也就是说下标值从 0 开始,但不要超过行、列的范围。例如,用语句 int a[3][4] 定义 a 为 3 行 4 列的数组,它可用的下标 1(行)最大值为 2,下标 2(列)最大值为 3。

2. 二维数组的赋值

二维数组的赋值跟一维数组赋值一样,也有 3 种方法。

(1) 在定义数组的同时为数组元素赋初值

① 按行对二维数组赋初值。

例如:int a[3][4]={{88,78,98,85},{86,92,76,71},{82,96,84,77}};

其初始化结果可用一个二维表表示,如图 5-7 所示。

这种赋初值方法比较直观,即把内层的第一个大括号内的数据赋给第一行的元素,第二个大括号内的数据赋给第二行的元素,依此类推即可。

也可以用这种方法只给数组中部分元素赋初值。例如:

int a[3][4]={{88},{0,0,76}};

其初始化结果可用一个二维表表示,如图 5-8 所示。

	[0]	[1]	[2]	[3]
a[0]	88	78	98	85
a[1]	86	92	76	71
a[2]	82	96	84	77

图 5-7　二维数组的初始化

	[0]	[1]	[2]	[3]
a[0]	88	0	0	0
a[1]	0	0	76	0
a[2]	0	0	0	0

图 5-8　二维数组的部分赋值

这还是按行对二维数组赋初值,只是没被赋值的数组元素由系统自动置为 0。在本例中,内层第一个大括号内的数据 88 只对第一行第一列的元素赋初值。第二个大括号内的数据 0、0、76 只对第二行前三列的元素赋初值。第一行、第二行的其他列的元素以及第三行各列的元素都自动置为 0 值。

② 把所有的数据写在一个花括号里,系统按数组的"按行存放"排列次序对各个元素赋初值。例如:

```
int  a[3][4]={88,78,98,85,86,92,76,71,82,96,84,77};
```

其效果也如图 5-7 所示。

③ 如果对全部元素赋初值,则在定义中可省略第一维的长度,但第二维长度不可省,例如:定义

```
int  a[3][4]={88,78,98,85,86,92,76,71,82,96,84,77};
```

与定义

```
int  a[ ][4]={88,78,98,85,86,92,76,71,82,96,84,77};
```

是等价的。这是因为系统编译器可以根据数据总个数(12)和列数(4)来确定行数(=12/4),故行数可以缺省。

（2）在程序运行时,用赋值语句为数组元素赋值

例如:

```
for (i=0;i<100;i++)
    for(j=0;j<200;j++)
        a[i][j]= 0;                          //常用于对所有的数组元素赋一个初始状态值
```

（3）在程序运行时,用输入语句为数组元素赋值。例如:

```
for (i=0;i<100;i++)
    for(j=0;j<200;j++)
        scanf("%d",&a[i][j]);
```

例 5-3　用二维数组保存 3 个班的英语成绩(每个班 20 人),并求每个班的平均成绩。

```
#include  <stdio.h>
int main()
{
    float score[3][20], sum[3]={0,0,0}, aver[3];
    int i,j;
    for(i=0;i<3;i++)
    {
        printf("请输入第%d 个班 20 个人的成绩:\n", i+1);
        for(j=0;j<20;j++)
```

```
        scanf("%f",&score[i][j]);
    }
    for(i=0;i<3;i++)
    {
        for(j=0;j<20;j++)
            sum[i]=sum[i]+score[i][j];
        aver[i]=sum[i]/20 ;
        printf("第%d个班的英语平均成绩为:%f\n",i+1,aver[i]);
    }
    return 0;
}
```

第三节　多　维　数　组

二维数组实际上是一种最简单的多维数组。C语言允许使用高于二维的多维数组，如三维数组、四维数组甚至更高维数的数组，允许使用的数组的最大维数由不同的C编译器决定。在实际应用中，经常用到的是一维、二维和三维数组，四维以上的数组极少使用。

多维数组的说明格式为：

　　类型说明符　　数组名[常量表达式1][常量表达式2]……[常量表达式n];

其中，维数由常量表达式的个数n来决定。若n为3，则是一个三维数组。

例如：

```
float   a[2][3][4];
```

定义了一个三维数组，可以理解为：三维数组a包含2个二维数组（a[0]和a[1]），每个二维数组包含3个一维数组，而每个一维数组包含4个float型的数组元素（如a[0][0]包含a[0][0][0]、a[0][0][1]、a[0][0][2]和a[0][0][3]），如图5-9所示。

三维 数组名	二维 数组名	一维 数组名	数组元素
a	a[0]	a[0][0]	a[0][0][0],a[0][0][1],a[0][0][2],a[0][0][3]
		a[0][1]	a[0][1][0],a[0][1][1],a[0][1][2],a[0][1][3]
		a[0][2]	a[0][2][0],a[0][2][1],a[0][2][2],a[0][2][3]
	a[1]	a[1][0]	a[1][0][0],a[1][0][1],a[1][0][2],a[1][0][3]
		a[1][1]	a[1][1][0],a[1][1][1],a[1][1][2],a[1][1][3]
		a[1][2]	a[1][2][0],a[1][2][1],a[1][2][2],a[1][2][3]

图5-9　三维数组a[2][3][4]的"组成"

其在内存中的存放顺序，如图5-10所示。

a[0][0][0]→a[0][0][1]→a[0][0][2]→a[0][0][3]→

a[0][1][0]→a[0][1][1]→a[0][1][2]→a[0][1][3]→

a[0][2][0]→a[0][2][1]→a[0][2][2]→a[0][2][3]→

a[1][0][0]→a[1][0][1]→a[1][0][2]→a[1][0][3]→

a[1][1][0]→a[1][1][1]→a[1][1][2]→a[1][1][3]→

a[1][2][0]→a[1][2][1]→a[1][2][2]→a[1][2][3]→

图 5-10 三维数组在内存的存放顺序

从图 5-10 可以看出,多维数组在内存中的排列顺序同样是左边第一维的下标变化最慢,最右边的下标变化最快。

在多维数组中,引用数组元素时其下标个数要与维数相等。从图 5-9 可知,对于三维数组,引用数组元素时其下标个数应当为 3,形如 a[i][j][k]。若下标个数小于维数,则不能代表数组元素,而只相当于数组名,如 a、a[i] 和 a[i][j] 分别代表三维、二维和一维数组名。

引入多维数组可以使编程更为灵活,因为多维数组的每一维都可以根据实际情况的不同而赋予不同的含义,从而使多维数组能描述比较复杂的数据结构。例如:

```
float   score[班级数][学号数][科目数];
```

在这个数组中的一个元素 score[班级][学号][科目] 可以定义成班级、学号所确定的那名学生的某个科目的成绩。

例 5-4 某年级共有 4 个班,每班各有 30 名学生,有 6 个科目的考试成绩。求各班每个学生的平均成绩并输出。

```c
#include  <stdio.h>
#define N1 4
#define N2 30
#define N3 6
int main()
{
    float score[N1][N2][N3],studav[N1][N2];
    int i,j,k;
    float sum;
    for(i=0;i<N1;i++)
        for(j=0;j<N2;j++)
            for(k=0;k<N3;k++)
            {
                printf ("请输入%d 班学号为%d 的学生的科目%d 成绩 score[%d][%d][%d]:",i+1,j+1,k+1,i,j,k);
                scanf("%f",&score[i][j][k]);
            }
    for(i=0;i<N1;i++)
        for(j=0;j<N2;j++)
        {
            sum=0;
            for(k=0;k<N3;k++)
                sum=sum+score[i][j][k];
```

```
        studav[i][j]=sum/N3;
        printf ("%d班学号为%d的学生的平均成绩 studav[%d][%d]为:%f\n",i+1,j+1,i,
            j,studav[i][j]);
    }
    return 0;
}
```

在调试本程序时,为减少输入数据个数,可把 N1、N2 和 N3 的值改小后调试。

第四节　函数和数组

一、函数和一维数组

1. 一维数组元素做函数的实参

由于数组元素与相同类型的简单变量地位完全一样,因此,数组元素做函数参数也和简单变量一样,也是值的单向传递

例 5-5 用一维数组 score,存放一学生 6 门课程的成绩,并将成绩依次输出。

```c
#include  <stdio.h>
void disp(int n)
{
    printf("%4d\t",n);
}
int main()
{
    int i, score[6];
    printf("请输入一学生 6 门课程的成绩:\n");
    for (i=0;i<6; i++)
        scanf("%d", &score[i]);
    printf("学生 6 门课程的成绩依次为:\n");
    for(i=0;i<6;i++)
        disp(score[i]);                    /* 逐个传递数组元素,数组元素为实参 */
    return 0;
}
```

在本例中,一次只传递了数组的一个元素。数组元素 score[i]作为函数的参数时,score[i]是实参,而 disp 函数中的参数 n 是形参。实参向形参的传递只是简单的"值"传递,即 score[i]和 n 是两个不同的变量,score[i]在将"值"传递给 n 后,两个变量之间再无其他关系。

2. 数组名做实参、形参

前面已经学习过,在一维数组中,用"数组名[下标]"表示的数组元素相当于一个普通变量;而不带下标的数组名代表一批变量,也可以把它看成一个特殊的变量,因为它存放该数

组的首地址(即数组首元素的地址)。

在函数中,直接用数组名做参数时,则传送的是地址值,即把实参数组的首地址传递给形参数组,而不是将全部数组元素都复制到函数中去。地址传递后,实参数组、形参数组地址相同,共享相同的内存单元,也就是说形参数组和实参数组其实就是同一个数组,只是它们的生存期与作用域不同而已。

例 5-6 有一个一维数组 score,存放一个学生 6 门课程的成绩,求平均成绩。

```
#include  <stdio.h>
float average(float array[])                        /* 形参数组名为 array */
{
    int i;
    float aver, sum=array[0];
    for(i=1;i<6;i++)
        sum=sum+array[i];
    aver=sum/6;
    return(aver);
}
int main()
{
    float score[6],aver;
    int i;
    printf("请输入一学生 6 门课程的成绩:\n");
    for(i=0;i<6;i++)
        scanf("%f", &score[i]);
    aver=average(score);              /* 实参数组名 score 用做函数 average 的实参 */
    printf("该学生的平均成绩是:%5.2f", aver);
    return 0;
}
```

在本例中,实参数组名为 score,形参数组名为 array。在主程序的函数调用 average(score)时,实参数组 score[6]通过数组名 score 把首地址传给 array 后,则 array 和 score 共享实参数组所占用的内存空间,也就是说形参数组 array 和实参数组 score 其实就是同一个数组,只不过是有两个名字而已,如图 5-11 所示。

图 5-11　数组 array 和数组 score 共享相同的内存空间

C 编译系统对形参数组大小不作检查,因此形参数组可以不指定大小,在数组名后跟一对空的方括号即可,即其大小由相应的实参数组决定。在调用时将实参数组的首地址传到形参数组名,也就是说,形参数组并不在内存中重新申请数组的空间,而是和实参数组共享存储单元。但要注意,实参数组和形参数组类型应保持一致。如在上例中,实参数组 score

和形参数组 array 的元素类型都为 float 类型。

下面举几个函数与一维字符数组的例子,以加深对上面知识的理解。

例 5-7 从键盘输入一字符串,判断字符串长度并输出(不使用 strlen( )函数)。

```c
#include  <stdio.h>
int strlength(char str[ ])                         /* 求字符串长度的函数 */
{
    int i=0;
    while(str[i]!='\0')
        i++;
    return i;
}
int main()
{
    char s[100];
    printf("请输入一字符串:");
    gets(s);
    printf("您输入的字符串的长度为:%d\n", strlength(s));
    return 0;
}
```

例 5-8 把一个数字字符串转换成长整型数(不使用 atol( )函数)。

```c
#include  <stdio.h>
long StrToLong(char s[])                        /* 数字字符串转换成长整数的函数 */
{
    int flag=0,i=0;
    long n=0;
    while(s[i]!='\0')
    {
        if(s[i]=='-')
            flag=1;                              /* 判断数的正负,为- 表示负数 */
        else
            if(s[i]=='+')
                flag=0;                          /* 判断数的正负,为+表示正数 */
            else
                n=n*10+(s[i]-'0');               /* 将字符转换成数值 */
        i++;
    }
    if(flag==1)
        n=-n;
    return n;
}
int main()
{
```

```
    long num;
    char str[]="98765432";
    num=StrToLong(str);
    printf("由字符串"%s"转换成的长整数为%ld\n",str,num);
    return 0;
}
```

本节在分析函数调用过程的参数传递问题时,特别强调要搞清楚实参向形参传递的是"值"还是"地址"。严格说来,"地址"也是值(地址值),但通过前面两个例子的分析可以看出,它们有一个显著的区别:即"值传递"在实参将"值"传递给形参后,对形参的修改不会影响到对应的实参,这可以理解为实参和形参各自占用不同的存储空间,实参在将"值"传递给形参后,二者就脱离关系了。而"地址传递"在实参将"地址"值传递给形参后,形参就和实参共享同一存储区,而不另外分配存储空间,这可以理解为形参名和实参名只是同一存储单元的两个不同引用名而已,因而对形参元素的修改就相当于是对实参元素的修改。

二、函数和二维数组

同一维数组元素,二维数组元素也与相同类型的简单变量地位完全一样。因此,数组元素做函数参数也和简单变量一样,也是值的单向传递。但要注意:二维数组元素在引用时其下标个数为2,也就是下标个数与数组维数相等。

在二维数组中,没有下标的数组名也可以看成一个特殊变量,存放该二维数组第一个元素的地址。因此,在函数中,若直接用二维数组名做参数,则传送的也是地址值,即将实参数组的首地址传递给形参数组,结果是形参数组和实参数组其实共享同一个数组。例 5-9 是一个对二维数组进行输入、处理及输出的实例。通过该实例要重点理解二维数组名用做函数参数时的参数传递情况。

例 5-9 用 3 行 4 列的二维数组存储学生成绩,求最大成绩和平均成绩。

```
#include  <stdio.h>
void display(int a[3][4])                              /* 显示二维数组 */
{
    int i,j;
    for(i=0;i<3;i++)
    {
        for(j=0;j<4;j++)
        {
            printf("%8d",a[i][j]);
        }
        printf("\n");
    }
}

int findMax(int a[3][4])                          /* 求二维数组中的最大值 */
{
```

```
    int i,j,max;
    max=a[0][0];
    for(i=0;i<3;i++)
        for(j=0;j<4;j++)
        {
            if(max<a[i][j])
                max=a[i][j];
        }
    return max;
}

float average(int a[3][4])                    /* 求二维数组所有元素的平均值 */
{
    int i,j;
    float sum=0;
    for(i=0;i<3;i++)
        for(j=0;j<4;j++)
        {
            sum=sum+a[i][j];
        }
    return sum/12;
}

int main()
{
    int i,j,score[3][4],b;
    float c;
    for(i=0;i<3;i++)
        for(j=0;j<4;j++)
        {
            printf("score[%d][%d]=",i,j);
            scanf("%d",&score[i][j]);
        }
    display(score);            /* 二维数组名 score 用做函数 display()调用时的实参 */
    b=findMax(score);          /* 二维数组名 score 用做函数 findMax()调用时的实参 */
    c=average(score);          /* 二维数组名 score 用做函数 average()调用时的实参 */
    printf("最大成绩为%d\n",b);
    printf("平均成绩为%.2f\n",c);
    return 0;
}
```

习 题

一、选择题

1. 在下列数组定义、初始化或赋值语句中,正确的是( )。

    A. `int a[8]; a[8]=100;`
    B. `int x[5]={1,2,3,4,5,6};`

    C. `int x[ ]={1,2,3,4,5,6};`
    D. `int n=8; int score[n];`

2. 若已有定义:`int i, a[100];` 则下列语句中,不正确的是( )。

    A. `for(i=0;i<100;i++) a[i]=i;`

    B. `for(i=0;i<100;i++) scanf("%d", &a[i]);`

    C. `scanf("%d", &a);`

    D. `for(i=0;i<100;i++) scanf("%d", a+i);`

3. 与定义 `char c[ ]={"GOOD"};` 不等价的是( )。

    A. `char c[ ]={ 'G', 'O', 'O', 'D','\0'};`

    B. `char c[ ]="GOOD";`

    C. `char c[4]={"GOOD"};`

    D. `char c[5]={ 'G', 'O', 'O', 'D', '\0'};`

4. 若已有定义:`char c[8]={"GOOD"};`则下列语句中,不正确的是( )。

    A. `puts(c);`

    B. `for(i=0; c[i]!='\0'; i++) printf("%c", c[i]);`

    C. `printf("%s",c);`

    D. `for(i=0;c[i]!='\0';i++) putchar(c);`

5. 若定义 `a[ ][3]={0,1,2,3,4,5,6,7};` 则 a 数组中行的大小是( )。

    A. 2   B. 3   C. 4   D. 无确定值

6. 以下程序的运行结果是( )。

```c
#include  <stdio.h>
void f(int b[])
{
    int i=0;
    while(b[i]<=10)
    {
        b[i]+=2;  i++;
    }
}
int main()
{
    int i,a[]={1,5,10,9,13,7};
    f(a+1);
    for(i=0;i<6;i++)
        printf("%4d ", a[i]);
```

```
    return 0;
}
```

    A. 2 7 12 11 13 9   B. 1 7 12 11 13 7

    C. 1 7 12 11 13 9   D. 1 7 12 9 13 7

7. 若执行以下程序段,其运行结果是(　　　)。

```
char c[]={'a', 'b', '\0', 'c', '\0'};
printf("%s\n", c);
```

    A. ab c   B. 'a' 'b'   C. abc   D. ab

8. 数组名作为参数传递给函数,作为实际参数的数组名被处理为(　　　)。

    A. 该数组长度   B. 该数组元素个数

    C. 该函数中各元素的值   D. 该数组的首地址

9. 执行下面的程序段后,变量 k 中的值为(　　　)。

```
int k=3, s[2]={1};
s[0]=k;
k=s[1] * 10;
```

    A. 不定值   B. 33   C. 30   D. 0

10. 在定义

```
int a[5][4];
```

之后,对 a 的引用正确的是(　　　)。

    A. a[2][4]   B. a[5][0]   C. a[0][0]   D. a[0,0]

11. 当接受用户输入的含空格的字符串时,应使用函数(　　　)。

    A. scanf()   B. gets()   C. getchar()   D. getc()

二、程序填空

1. 以下程序用来检查二维数组是否对称(即对所有 i,j 都有 a[i][j]＝a[j][i])。

```
#include  <stdio.h>
int main()
{
    int a[4][4]={1,2,3,4,2,2,5,6,3,5,3,7,8,6,7,4};
    int i,j,found=0;
    for(j=0;j<4;j++)
    {
        for(i=0;i<4;i++)
            if( [1] )
            {
                found= [2] ;
                break;
            }
        if(found) break;
    }
    if(found) printf("不对称\n");
        else printf("对称\n");
```

```
    return 0;
}
```

2. 以下程序是用来输入 5 个整数,并存放在数组中,找出最大数与最小数所在的下标位置,并把两者对调,然后输出调整后的 5 个数。

```
#include  <stdio.h>
int main()
{
    int a[5], t, i, maxi, mini;
    for(i=0;i<5;i++)
        scanf("%d", &a[i]);
    mini=maxi= [3] ;
    for(i=1;i<5;i++)
    {
        if( [4] )mini=i;
        if(a[i]>a[maxi]) [5] ;
    }
    printf("最小数的位置是:%3d\n", mini);
    printf("最大数的位置是:%3d\n", maxi);
    t=a[maxi];
     [6] ;
    a[mini]=t;
    printf("调整后的数为: ");
    for(i=0;i<5;i++)
        printf("%d ",a[i]);
    printf("\n");
    return 0;
}
```

3. 给定一 3×4 的矩阵,求出其中的最大元素值及其所在的行列号。

```
int main()
{
    int i,j,row=0,colum=0,max;
    static int a[3][4]={{1,2,3,4},{9,8,7,6},{10,- 10,- 4,4}};
     [7] ;
    for(i=0;i<=2;i++)
        for(j=0;j<=3;j++)
        {
             [8]
             [9]
        }
    printf("max=%d,row=%d,colum=%d",max,row,colum);
    return 0;
}
```

4. 下述函数用于确定给定字符串的长度,请完成程序。

```c
strlen(char s[ ])
{
    int i=0;
    while(  [10]  )
        ++i;
    return (  [11]  );
}
```

5. 以下程序的功能是从键盘上输入若干个字符(以回车键作为结束)组成一个字符数组,然后输出该字符数组中组成的字符串,请填空。

```c
#include  <stdio.h>
int main()
{
    char str[81];
    int i;
    for(i=0;i<80;i++)
    {
        str[i]=getchar();
        if(str[i]=='\n') break;
    }
    str[i]='\0';
     [12]  ;
    while(str[i]!='\0')
        putchar(  [13]  );
    return 0;
}
```

三、阅读程序并写出运行结果

1. 写出下列程序的运行结果并分析。

```c
#include  <stdio.h>
int main()
{
    static int a[4][5]={{1,2,3,4,0},{2,2,0,0,0},{3,4,5,0,0},{6,0,0,0,0}};
    int j,k;
    for(j=0;j<4;j++)
    {
        for(k=0;k<5;k++)
        {
            if(a[j][k]==0)
                break;
            printf(" %d",a[j][k]);
        }
    }
```

```
        printf("\n");
        return 0;
}
```

2. 写出下列程序的运行结果并分析。

```c
#include  <stdio.h>
int main()
{
    int a[6][6],i,j;
    for(i=1;i<6;i++)
        for(j=1;j<6;j++)
            a[i][j]=i * j;
    for(i=1;i<6;i++)
    {
        for(j=1;j<6;j++)
            printf("%-4d",a[i][j]);
        printf("\n");
    }
    return 0;
}
```

3. 写出下列程序的运行结果并分析。

```c
#include  <stdio.h>
int main()
{
    int a[]={1,2,3,4},i,j,s=0;
    j=1;
    for(i=3;i<=0;i-- )
    {
        s=s+a[i] * j;
        j=j * 10;
    }
    printf("s=%d\n",s);
    return 0;
}
```

4. 写出下列程序的运行结果并分析。

```c
#include  <stdio.h>
int main()
{
    int a[]={0,2,5,8,12,15,23,35,60,65};
    int x=15,i,n=10,m;
    i=n/2+1;
    m=n/2;
    while(m!=0)
```

```
    {
        if(x<a[i])
        {
            i=i-m/2-1;
            m=m/2;
        }
        else
            if(x>a[i])
            {
                i=i+m/2+1;
                m=m/2;
            }
            else
                break;
    }
    printf("place=%d",i+1);
    return 0;
}
```

5. 写出下列程序的运行结果并分析。

```
#include <stdio.h>
int main()
{
    int a[]={1,2,3,4},i,j,s=0;
    j=1;
    for(i=3;i>=0;i-- )
    {
        s=s+a[i]*j;  j=j*10;
    }
    printf("s=%d\n",s);
    return 0;
}
```

6. 写出下列程序的运行结果并分析。

```
#include <stdio.h>
int main()
{
    char str[]={"1a2b3c"};
    int i;
    for(i=0;str[i]!='\0';i++)
        if(str[i]>='0'&&str[i]<='9')
            printf("%c",str[i]);
    printf("\n");
    return 0;
}
```

四、编程题

1. 用一维数组计算出 Fibonacci 数列的前 20 项。Fibonacci 数列定义如下：第一项 $f(1)=1$，第二项 $f(2)=1,\cdots$，第 n 项 $f(n)=f(n-1)+f(n-2)$，$(n>2)$。

2. 编写一程序，实现两个字符串的连接（不用 strcat( )函数）。

3. 编写一个把字符串（由数字字符、小数点、正号或负号组成）转换成浮点数的函数。

4. 若有说明：int a[3][4]={{1,2,3,4},{5,6,7,8},{9,10,11,12}};现要将 a 的行和列的元素互换后存到另一个二维数组 b 中，试编程。

5. 编一程序用简单选择排序方法对 10 个整数排序（从大到小）。排序思路为：首先从 n 个整数中选出值最大的整数，将它交换到第一个元素位置，再从剩余的 n-1 个整数中选出值次大的整数，将它交换到第二个元素位置，重复上述操作 n-1 次后，排序结束。

第六章 指　　针

学习 C 语言,如果不能用指针编写有效、正确而灵活的程序,可以认为你没有学好 C 语言。地址、指针、数组及其相互关系是 C 语言中最具特色的部分。规范地使用指针,可以使程序更加简洁明了,因此,我们要学会在各种情况下正确地使用指针。

第一节　指针和变量

一、指针的基本概念

1. 地址的概念与取地址运算

内存按字节编址,每个字节单元都有一个地址。程序中定义的任何变量,在编译时都会在内存中分配一个确定的地址单元。至于它们放在内存的什么地方,这都是机器的事,我们只要知道它们是以怎样的顺序放在内存中的,以便一一按顺序引用。我们怎样知道机器将某种数据放在内存的什么地方呢? 可用求地址运算符"&",例如,定义:

```
int a=10;
```

则"&a"就代表变量 a 在内存中的地址。因为地址运算符"&"就是取其后变量 a 的地址。可以用

```
printf("%p\n", &a);
```

看出其地址。注意,这个地址并不是始终不变的,这是由机器和操作系统来安排的,我们无法预先知道。

计算机一般都是按字节编址,即内存中的每一个字节单元都有一个地址。因此,如果一个变量只占用一个字节,则该字节的地址就是该变量的地址,但如果我们定义的变量要占用多个字节,而每一个字节都有一个地址,这时我们该取哪个字节的地址作为变量的地址呢?

C 语言规定:如果变量占用连续的多个字节,则第一个字节的地址就是该变量的地址。变量在定义后,编译器会给变量分配内存空间,但不同编译器的内存分配方式不一定相同。假设定义:

```
float   b=10;
short   a=10;
```

后的内存分配情况如图 6-1 所示。

从图 6-1 中可以看出,变量 a 的内存地址为 2000,而变量 b 的内存地址为 2002。程序在引用变量时,首先获得变量的地址,这还只是变量的首地址,然后还要根据变量的数据类型决定要从首地址开始连续取几个字节来获取变量的值。若定义如图 6-1,现程序要获取变量 b 的值,则先确定变量首地址为 2002,然后由变量 b 的数据类型 float 知变量占 4 个字节,所以从首地址开始连续取 4 个字节的数据即为变量 b 的值。

2. 指针变量

使用一个变量可以直接通过变量名,这种方式称为"直接存取方式"。此外,还可以将变量的地址存入另一"特殊"变量中,然后就可以通过该"特殊"变量来存取变量的值,这种存取变量的方式称为"间接存取方式"。而存放地址的变量就好像存放了一个指针,指向要存取值的变量,故称为"指针变量"。可完整地称为"指向变量的指针变量"。

如图 6-2 所示,变量 a 的地址是 2000,变量 p 的地址是 8000,而变量 p 中存放的值 2000 是变量 a 在内存中的存放地址。根据这一特点我们可以画出如图所示的一种指向关系,正由于这种指向关系,我们就可以将地址 2000 形象化地称为指针。从本例来看,2000 是一个指针,但它实质上是变量 a 的地址。所以说,指针其实就是变量的地址。另外,指针(或地址)2000 存放在一个变量 p 中,由于这个变量 p 存放的不是一般类型的数据,而是存放指针(地址),所以称之为"指针变量"。在这里,由于指针变量 p 指向变量 a,所以完整地说,p 是指向(普通)变量的指针变量。

图 6-1　变量分配的内存示意图

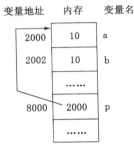

图 6-2　变量 a 与指针变量 p 的关系

变量的地址虽然在形式上好像类似于整数,但在概念上不同于以前介绍过的整数,它属于一种新的数据类型,即指针类型。在 C 语言中,一般用"指针"来指明这样一个表达式 &x 的类型,而用"地址"作为它的值,也就是说,若 x 为一整型变量,则表达式 &x 的类型是指向整型变量的指针,而 &x 的值是变量 x 的地址。同样,若定义:

```
double  d;
```
则 &d 的类型是指向双精度数 d 的指针,而 &d 的值是双精度变量 d 的地址。

二、指针变量的定义与引用

1. 指针变量的定义

指针变量也是变量,在使用之前必须先定义。定义时也可对其赋初值,指针变量的定义格式为:

类型说明符 *指针变量名[=初值];

例如:

```
int *p;
```
定义一个指针变量 p,p 指向的变量的数据类型为整型(int)。

在定义指针变量时,应注意以下几点:

① 类型说明符表示该指针变量所指向的变量的数据类型,如 int、float、double、char 等。

② 定义指针变量时,指针变量名前必须有一个"＊"号,表示定义的变量是指针变量。

③ 指针变量在定义时允许对其赋初值。如:

```
int   a=8;
int *p=&a;
```

需要特别指出的是:这里是用 &a 对 p 初始化,而不是对 *p 初始化。初始化后指针变量 p 中存放的是整型变量 a 的地址,如图 6-3 所示。

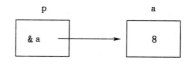

p   a

图 6-3　指针变量 p 与整型变量 a 的关系

为避免混淆,上述定义可以改写成

```
int   a=8;
int *p;
p=&a;
```

这样就能很容易看出,&a 是赋给 p,而不是赋给 *p 的。这个千万要搞清楚,因为 p 和 *p 表示的含义是完全不同的。

图 6-3 形象地描述了指针变量 p 与整型变量 a 的关系。其中,"方框"形象地表示变量在内存中分配的内存空间;"箭头"形象地表示箭头尾部所处位置的内存中存放的是箭头头部所指内存的首地址,即指针变量 p 所占内存中存放的内容是整型变量 a 所占内存的首地址。

2. 指针变量的引用

引用指针变量时常用到下面两个重要的运算符。

① &:取地址运算符。如 p＝&a;则 p 即为变量 a 的地址。"&"号后能接任何类型的变量(包括指针变量)。

② *:指针运算符,后面只能接指针变量。用于访问指针变量所指向的变量。或者说,以运算对象的值作为地址,并返回这个地址所指变量(或内存单元)的内容。如 *p 表示访问指针变量 p 所指向的变量的内容。

如果定义

```
int   a=8,b;
int   *p;
p=&a;
```

则指针变量 p 指向整型变量 a,如图 6-4 所示。此时,对整型变量 a 有两种访问方式:

① 直接访问,如 b＝a;。

② 通过指针变量间接访问,如 b=*p;。

表 6-1 列出了对整型变量 a 和指针变量 p 进行引用的常用方法(参照图 6-4 的定义)。

表 6-1   整型变量 a 和指针变量 p 的引用

&a	表示变量 a 的地址；有 &a＝2000
p	指针变量 p 的值，p＝2000＝&a
*p	表示指针变量 p 指向的变量*p＝a＝8
*&a	相当于*(&a)，有*(&a)＝*p＝a＝8
&*p	相当于&(*p)，有&*p＝&(*p)＝&a＝2000
&p	表示指针变量 p 的地址，有 &p＝8000
*&p	相当于*(&p)，有*(&p)＝2000

上面这两个运算符的结合性是"自右向左"的。从某种意义上说，"&"和"*"是一种相反的运算，如上例的 &*p 等于*&p。但是，*&a 不能等于 &*a，这是由于"*"号后只能接指针变量，而 a 不是指针变量。

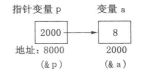

指针变量 p   变量 a

地址：8000   2000

(&p)   (&a)

图 6-4 直接访问与间接访问

三、指针的运算

1. 指针移动（和整型表达式进行运算）

在使用指针过程中，通过移动指针（p）来实现对不同数据单元的访问操作。对不同的类型，移动的单位长度不同。单位长度一般是指针所指向的变量的数据类型长度。下面是指针参与运算时实现指针移动的 3 种常用表达式格式。

格式一：p=p+n；（或 p=p-n；）

格式二：p++；（或 p--；）

格式三：++p；（或--p；）

其中，n 是一个整数，也可以是一个整型表达式。格式一的作用是使指针 p 向前（或向后）移动 n 个单位长度；而格式二和格式三的作用都是使指针 p 向前（或向后）移动 1 个单位长度。例如，定义：

```
short  b=20,a=10,*p=&a;
```

之后，假设内存分配如图 6-5 所示，这时 p=&a=2000。则执行语句：

```
p++;
```

之后，指针变量 p 的值是不是 2000＋1＝2001 呢？答案是否定的。指针变量的值加 1（或减 1），并不是地址值加 1（或减 1），而是加上（或减去）1 个单位长度，即该指针所指向的变量的数据类型长度，也就是指针所指向的变量在内存中所占的字节数。这一点千万要记清楚！所以执行 p++ 之后，指针变量 p 的值不是 2000＋1＝2001，而是加 short 类型长度 2，即 2000＋2＝2002。

① 与图 6-3 相比,图 6-5 采用的是简化画法,即没有将表示指针变量 p 所占内存的方框画出。本章后面有一些图也是采用这种简化画法。

② 图 6-5 形象地描述了指针变量 p 在执行 p++前后所指位置的变化,表现为"指针移动"。指针移动后,先前的指向关系就不存在了。实际上,执行 p++只是使指针变量 p 所占内存中存储的地址值由 2000 变为 2002 而已。

2. 指针赋值

将一个指针变量的值赋给另一个指针变量。结果是两个指针指向同一个地址单元。例如:

```
int   a=10,*p, *q;
p=&a;q=p;
```

则指针变量 p 和 q 的值都是变量 a 的地址,也就是说,指针变量 p 和 q 指向了同一个变量 a,如图 6-6 所示。

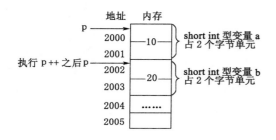

图 6-5　指针的移动

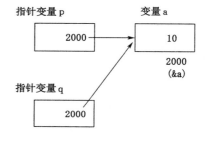

图 6-6　指针的赋值

例 6-1　写出下面程序的运行结果。

```
#include  <stdio.h>
int main()
{
    int a=10;
    int *p,*q;
    p=&a;
    printf("指针 p 的值为%p\n",p);
    printf("指针 p 所指向的变量的值为*p=%d\n",*p);
    q=p;
    printf("指针 p 的值赋给指针 q 后,指针 q 的值为 q=%p\n",q);
    printf("指针 p 的值赋给指针 q 后,指针 q 所指向的变量的值为*q=%d\n",*q);
    return 0;
}
```

本程序的一次运行结果如下:

指针 p 的值为 p=0019FF3C

指针 p 所指向的变量的值为*p=10

指针 p 的值赋给指针 q 后,指针 q 的值为 q=0019FF3C

指针 p 的值赋给指针 q 后,指针 q 所指向的变量的值为 *q=10

在不同机器上运行时给指针 p 分配的内存地址一般是不同的。

四、指向指针的指针

前面介绍的指针变量都是指向(普通)变量的指针。从存储角度来考虑,指向(普通)变量的指针变量存放的是(普通)变量的地址。

若某指针变量中存放的不是(普通)变量的地址,而是另一个指针变量的地址,则该指针变量便被称为指向指针变量的指针变量,可以简称为"指向指针的指针"。在有些 C 语言教材中,"指向指针的指针"常被称为"二级指针",相应的,指向(普通)变量的指针则被称为"一级指针"。

事实上,如果指针变量存放的是数组的地址或函数的地址,则该指针变量便被称为指向"数组"的指针变量或指向"函数"的指针变量。这将在后面的有关章节中进行详细介绍,下面先讨论"指向指针的指针"(即二级指针)。

二级指针变量的定义(及赋初值)格式为:

    类型说明符 **指针变量名[=初值];

定义二级指针变量时,应注意:

① 二级指针变量定义时前面必须有两个"*"号,指向的变量的数据类型由"类型说明符"确定。

② 在定义的同时可以赋初值。初值必须是一级指针变量的地址,通常形式为"& 一级指针名"。

例如

```
int  a,
int *p=&a,
int **q=&p;
```

定义了一个整型变量 a,一个一级指针 p 和一个二级指针 q,通过赋初值使 p 指向了 a,q 指向了 p。可通过图 6-7 来描述这种关系。

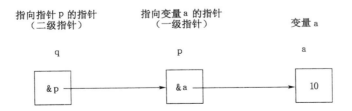

图 6-7 变量、一级指针与二级指针的关系

由图 6-7 可知:变量、一级指针与二级指针之间存在以下关系:

① *二级指针变量:代表所指向的一级指针变量。如:*q 就代表 p。
② **二级指针变量:代表它所指一级指针变量所指向的变量。如:**q 代表 a。
③ *一级指针变量:代表它所指向的变量。如:*p 代表 a。

第二节　指针和数组

数组在内存中占用连续的存储空间,数组名代表的是数组的首地址。可定义一个指针变量,通过赋值或函数调用参数传递的方式,把数组名或数组的第 1 个元素的地址赋值给该指针变量,该指针变量就指向了该数组首元素。当一个指针指向数组首元素后,对数组所有元素的访问,既可以使用数组下标,也可以使用指针。

在本节中,我们首先特别指出指向"数组元素"的指针与指向"数组"的指针这两个概念是有区别的:如果指针只是指向数组中的某个元素,指针移动是以元素为单位,则该指针便属于指向"数组元素"的指针;而如果指针指向的是某个数组,指针移动是以数组为单位的,则该指针便属于指向"数组"的指针。

一、指向数组元素的指针

可以定义一个指针变量,让这个指针变量存储数组中某个"数组元素"的地址,则该指针便指向该"数组元素"。然后通过该指针变量便可对数组中元素进行各种操作。

1. 使指针变量指向"数组元素"的方法

(1) 在定义的同时为指针变量赋初值

例如:

```
int   a[10];                              /* 定义一个一维数组 a */
int   *p =&a[0];              /* 把一维数组 a 的起始地址 (第一个元素地址) 赋给 p */
int   *q =&a[8];                /* 把一维数组 a 的第 9 个元素的地址赋给 q */
int b[2][5];                              /* 定义一个二维数组 b */
int *p=&b[0][0];             /* 把二维数组 b 的起始地址 (第一个元素地址) 赋给 p */
int *q=&b[1][3];                /* 把二维数组 b 的第 9 个元素的地址赋给 q */
```

(2) 在程序的执行语句部分为指针变量赋值

例如:

```
int   a[10], b[2][5];                     /* 定义一个一维数组 a 和一个二维数组 b */
int *p, *q;                               /* 定义两个指针变量 p 和 q */
 :
p =&a[0];                    /* 把一维数组 a 的起始地址 (第一个元素地址) 赋给 p */
q =&a[8];                      /* 把一维数组 a 的第 9 个元素的地址赋给 q */
p=&b[0][0];                  /* 把二维数组 b 的起始地址 (第一个元素地址) 赋给 p */
q=&b[1][3];                    /* 把二维数组 b 的第 9 个元素的地址赋给 q */
```

请比较两种方法,以加深对指针定义及赋值的掌握程度。

执行上述定义后的内存状态如图 6-8 和图 6-9 所示。

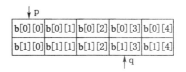

图 6-8　指向一维数组元素的指针变量　　　　图 6-9　指向二维数组元素的指针变量

① 图 6-8 和图 6-9 中,指针变量 p 和 q 都是采用简化画法,因为在这里指针变量所占内存不是我们关注的重点,所以可不必画其内存占用方框。

② 定义指向数组元素的指针变量,其类型说明符应与数组元素类型相同。例如,定义:

```
float  a[10];
int  *p =&a[0];
```

中的第二个语句就是错误的,因为定义的指针 p 是一个整型指针,它是指向整型变量的,而数组元素是实型,类型不相同。编译时虽然只会出现"warning C4133:'initializing':incompatible types — from 'float * ' to 'int * '"之类的警告信息,但执行结果是错误的。所以使用时千万要小心。

2. 通过指针引用一维数组元素

当指针 p 指向一维数组中某个元素后,可以用指针 p 访问一维数组的所有元素。

(1) 指向一维数组首元素的指针

假设指针 p 指向一维数组 a 的第一个元素 a[0],则:

① p+1:使 p 指向下一个元素 a[1]。

② p+i:使 p 指向元素 a[i]。

① p+1 不是将 p 值简单加 1。如果数组元素是短整型(short int),p+1 表示 p 的地址加 2;如果数组元素是实型(float),p+1 表示 p 的地址加 4;如果数组元素是字符型,p+1 表示 p 的地址加 1。

② 可以使用 *(p+i)访问元素 a[i]。

③ 因为 p 和 a 都表示数组首地址,所以 p+i 也可以记做 a+i。指向元素 a[i]。

④ 指向数组的指针变量也可以带下标,如,p[i]与 *(p+i)和 *(a+i)等价,表示元素 a[i]。

例如,定义:

```
int  a[5], *p;
p=a; 或 p=&a[0];
```

后,可通过指针引用数组元素,如图 6-10 所示。

由上可知:当指针变量 p 指向一维数组 a,即指向一维数组的第一个元素 a[0]以后,数组的第 i+1 个数组元素 a[i]有如下四种写法:

```
a[i]    p[i]    *(a+i)    *(p+i)
```

a[i]的地址也对应有四种写法:

&a[i]   &p[i]   a+i   p+i

（2）指向一维数组非首元素的指针

现假设指针 p 指向数组 a 的第 3 个元素 a[2]，则：

① p+1 指向下一个元素 a[3]。

② p-1 指向上一个元素 a[1]。

例如，定义：

```
int  a[5], *p;
p=&a[2];
```

后，可通过指针引用数组元素，如图 6-11 所示。

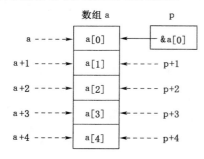

图 6-10　通过指向数组首元素的
指针变量引用一维数组元素

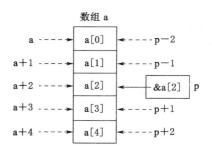

图 6-11　通过指向数组非首元素的
指针变量引用一维数组元素

由上可知：当指针变量 p 指向一维数组元素 a[2]后，数组元素 a[i]有如下四种写法：

a[i]   p[i-2]   *(a+i)   *(p+i-2)

① 在图 6-10 和图 6-11 中，实线箭头表示所标注的指针变量存在实际的内存占用，相应内存中存储着所指数组元素的首地址。而虚线箭头表示所标注的指针变量（如 p+1）不存在实际的内存占用，但可以说明所指数组元素的地址可以根据"指针变量 p 加上偏移量"表示出来（如 a[1]的地址可以表示成 p+1）。

② 在实际应用中，一般是定义指向一维数组"首元素"的指针来对数组进行操作。

例 6-2　字符串复制：实现将字符数组 str2 中的字符串复制到字符数组 str1 中。

算法分析

① 令指针指向字符串 str2 首地址；

② 将当前地址内容送入字符数组 str1 对应地址单元；

③ 串 str2 地址+1；

④ 重复②、③直到整个字符串复制完毕为止。

根据刚介绍的知识，用指针指向数组元素后，访问某个数组元素时有 4 种方法，我们因此可以写出 4 种实现代码。

方法一：用数组名接下标来访问数组元素。

```
#include  <stdio.h>
```

```
int main()
{
    int i;
    char str1[20],str2[20]={"How are you!"};
    for(i=0;(str1[i]=str2[i])!='\0';i++);
    puts(str1);
    return 0;
}
```

方法二:用指针名接下标来访问数组元素。

```
#include  <stdio.h>
int main()
{
    int i;
    char str1[20],str2[20]={"How are you!"};
    char *p1=str1,*p2=str2;
    for(i=0;(p1[i]=p2[i])!='\0';i++);
    puts(str1);
    return 0;
}
```

方法三:用指针名加偏移量计算出的地址来访问数组元素。

```
#include  <stdio.h>
int main()
{
    int i;
    char str1[20],str2[20]={"How are you!"};
    char *p1=str1,*p2=str2;
    for(i=0;(*(p1+i)=*(p2+i))!='\0';i++);
    puts(str1);
    return 0;
}
```

方法四:用数组名加偏移量计算出的地址来访问数组元素。

```
#include  <stdio.h>
int main()
{
    int i;
    char str1[20],str2[20]={"How are you!"};
    for(i=0;(*(str1+i)=*(str2+i))!='\0';i++);
    puts(str1);
    return 0;
}
```

使用指针访问数组元素,应注意以下问题。

① 若指针 p 指向数组 a 首元素,虽然 p+i 与 a+i 意义相同,但并不意味着 p 就是 a。下

面介绍 p 与 a 的区别。

a. a 代表数组的首地址,是不能改变的,例如,语句:

```
for(p=a; a<(p+10); a++)
    printf("%d", *a);
```

企图通过语句 a++ 来改变 a 的值是不合法的。

b. p 是一个指针变量,可指向数组中的任何元素,p++是合法的,但要注意指针变量的当前值。

例 6-3 利用指向数组元素的指针输出数组 a 的各个元素。

```
#include  <stdio.h>
int main()
{
    int a[6]={11,22,33,44,55,66};
    int *p;
    for(p=a; p<a+6; p++)
        printf("%4d", *p);
    return 0;
}
```

② 使用指针时,应尽量避免指针访问越界。在上例 for 循环执行后,p 已经越过数组的范围,如图 6-12 所示,这时它所指向的单元的值是不确定的,但编译器不能发现该问题。程序员应避免指针访问越界。

把上面的程序稍作修改,则指针 p 就不会越界。修改后的程序如下:

```
#include  <stdio.h>
int main()
{
    int a[6]={11,22,33,44,55,66};
    int *p, i=0;
    for(p=a; p<a+6; p++)
    {
        printf("%4d", *p);
        i++;
        if(i==6)
            break;
    }
    return 0;
}
```

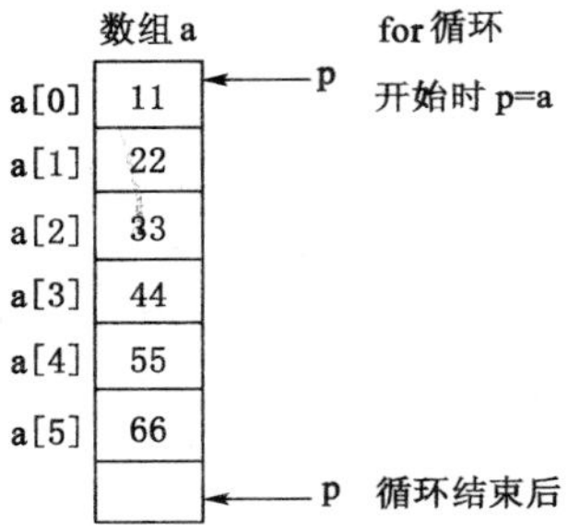

图 6-12　指针访问越界示例

如果利用前面介绍的访问数组元素的 4 种方法,则指针不需移动,也就不存在指针越界的问题了。

3. 通过指针引用二维数组元素

当指针 p 指向二维数组中某个元素后,可以用指针 p 访问二维数组的所有元素。

当 p 指向二维数组的首元素后,p+1 将指向数组第 2 个元素,p+2 将指向数组第 3 个元素……依此类推。例如定义:

```
int a[2][5];
int *p=&a[0][0];
```

后,p 指向二维数组 a 的首元素,如图 6-13 所示。若将数组元素用 p 表示出来,则如图 6-14 所示。图 6-13 中的指针变量 p 采用简化画法。

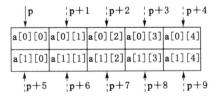

图 6-13 通过指向数组首元素的
指针变量引用二维数组元素

*p	*(p+1)	*(p+2)	*(p+3)	*(p+4)
*(p+5)	*(p+6)	*(p+7)	*(p+8)	*(p+9)

图 6-14 用指针变量 p 表示的二维数组元素

对图进行观察,可知:

a[i][j] 的地址为 p+i*5+j,a[i][j] 可表示为 *(p+i*5+j)。

由此推出一般性的结论如下。

假设指针变量 p 已经指向共有 M 行 N 列的数组 A 的首元素,则 A[i][j] 的地址为 p+i*N+j,A[i][j] 可表示为 *(p+i*N+j)。其中 0≤i<M,0≤j<N。

例 6-4 用指针法求二维数组的最大值。

程序清单如下:

```
#include  <stdio.h>
#define M 2
#define N 5
int main()
{
    int a[M][N], max, i, j;
    int * p=&a[0][0];                          /* 通过赋初值使 p 指向 a 数组首元素 */
    printf("请输入数组中各元素的值:\n");
    for(i=0;i<M;i++)
      for(j=0;j<N;j++)
        scanf("%d",p++);                       /* 通过 p++ 依次引用各数组元素地址 */
    max=a[0][0];                               /* 首先认为第一元素的值是最大值 */
    p=&a[0][0];                                /* 通过赋值使 p 指向 a 数组首元素 */
    for(i=0;i<M;i++)
      for(j=0;j<N;j++)
        if(max<*(p+i*N+j))                     /* max 与各数组元素进行比较 */
          max=*(p+i*N+j);          /* 采用循环打擂方法,max 总是存放比较之后的大者 */
    for(i=0;i<M;i++)
    {
      for(j=0;j<N;j++)
        printf("%5d",*(p+i*N+j));                              /* 逐行输出数组元素 */
      printf("\n");
```

```
    }
    printf("数组中的最大值为:%d",max);        /* 输出最大值 */
    return 0;
}
```

4. 指向数组首元素的指针变量的运算

无论数组 a 是一维数组还是二维数组,若指针变量 p 指向数组 a 的首元素,则都存在下面一些常见的运算(下面各图以一维数组为例)。

(1) p++（或 p+=1）

p 指向下一个元素。示例如图 6-15 所示。

(2) *p++

因为"*"运算符和"++"运算符同优先级,而结合方向为"自右至左"(右结合性),即它相当于*(p++)。而"++"在指针变量 p 的后面,属于后置运算,出现在表达式中时遵循"先用后加"的使用规则,所以,在示例图 6-16 中,执行X= *p++,相当于执行 X=*(p++),分解操作相当于先执行 X=(*p),然后执行p++。

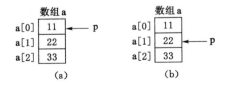

图 6-15　p++ 执行前后的指针变化

(a) 执行 p++前;(b) 执行 p++后

(3) *(p++)与 *(++p)

① *(p++):同 *p++。示例如图 6-16 所示。

② *(++p):由于"++"在指针变量 p 的前面,属于前置运算,出现在表达式中时遵循"先加后用"的使用规则。所以,在示例图 6-17 中,执行 X= *(++p),相当于先执行+p,然后执行 X=(*p)。

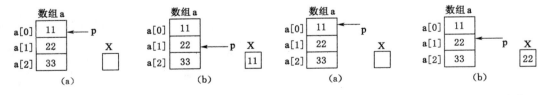

图 6-16　X= *p++ 执行前后各变量的变化

(a) 执行 X= *p++前;

(b) 执行 X= *p++后

图 6-17　X= *(++p)执行前后各变量的变化

(a) 执行 X= *(++p)前;

(b) 执行 X= *(++p)后

(4)（*p)++

表示 p 指向的元素值加 1。相当于(a[0])++ 。所以,在示例图 6-18 中,执行 X=(*p)++ ,相当于执行 X=(a[0])++ ,分解操作相当于先执行 X=a[0],然后执行 a[0]++ 。

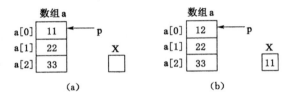

图 6-18　X=(*p)++执行前后各变量的变化

(a) 执行 X=(*p)++ 前;(b) 执行 X=(*p)++后

（5）如果 p 当前指向数组 a 的非首元素 a[i]

① *(p--)相当于 a[i--]，先取 *p，再使 p 减 1。示例如图 6-19 和图 6-20 所示。

② *(++p)相当于 a[++i]，先使 p 加 1，再取 *p。示例如图 6-19 和图 6-21 所示。

③ *(--p)相当于 a[--i]，先使 p 减 1，再取 *p。示例如图 6-19 和图 6-22 所示。

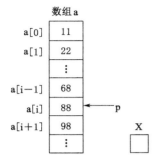

图 6-19 p 指向数组 a 的非首元素

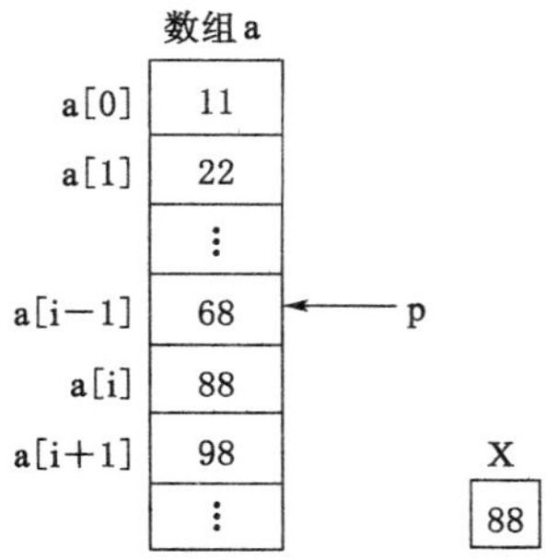

图 6-20 执行 X=*(p--)后

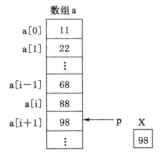

图 6-21 执行 X=*(++p)后

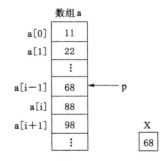

图 6-22 执行 X=*(--p)后

图 6-20 至图 6-22 都是以图 6-19 为执行前的状态。另外，以上运算都可以编写简单的程序进行验证。例如，对于图 6-16 的运算结果，我们用下面程序即可验证。

例 6-5 指针运算示例。

```
#include  <stdio.h>
int main()
{
    int a[3]={11,22,33};
    int *p=a, X;
    printf("给 X 赋值的语句执行前,p=%p\n", p);
    X=*p++;
    printf("X=%d\n", X);
    printf("给 X 赋值的语句执行后,p=%p\n", p);
    return 0;
}
```

程序的一次运行结果如下：

给 X 赋值的语句执行前,p=0019FF34

X=11

给 x 赋值的语句执行后,p=0019FF38

 p 是地址值,不同机器上的运行结果不一定相同,但在 VC 中调试时,前后地址差为 4 是确定的。

二、指向数组的指针

初学者常将"指向数组的指针"和"指向数组元素的指针"这两个概念经常混为一谈,让读者感到十分困惑。而在本书中,我们将这两个概念严格加以区分。在介绍"指向数组的指针"之前,我们先回顾一下"指向数组元素的指针",以免把两个概念混淆。

前面已经介绍,一维和二维数组在内存中都是按行连续存放的。所以,当用一个指针变量指向一维或二维数组的首元素后,利用该指针变量就可以访问数组中的任意一个元素。例如,先定义:

```
int  a[4]={80, 81, 82, 83};
int  *p=a 或 int *p=&a[0];
```

后,可通过指针引用各个数组元素,如图 6-23 所示。

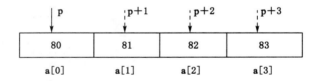

图 6-23 利用指向一维数组首元素的指针访问各元素

依次输出各元素的语句可写为:

```
for(i=0;i<4;i++)
    printf("%3d",*(p+i));
```

又如,先定义:

```
int  a[2][4]={{ 80, 81, 82, 83 }, { 84, 85, 86, 87 } };
int *p=&a[0][0];
```

后,可通过指针引用各个数组元素,如图 6-24 所示。

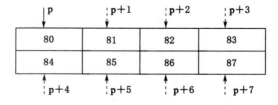

图 6-24 利用指向二维数组首元素的指针访问各元素

依次输出各元素的语句可写为:

```
for(i=0;i<8;i++)
    printf("%3d",*(p+i));
```

从以上两例可以看出,对于指向数组元素的指针,每次指针加 1 只是指针后移一个元素。那么,我们能否定义一种指向数组的指针,每次指针加 1 将使指针后移一个数组呢?回答是肯定的。

1. 指向一维数组的指针的定义与引用

首先我们介绍指向一维数组的指针变量的定义,其定义格式为:

类型说明符　(*指针变量名)[一维数组长度] [=初值];

表示定义一个指向一维数组的指针变量,所指向的数组的元素类型由"类型说明符"说明,所指向的数组的元素个数由"一维数组长度"说明。初值通常是所指数组的首地址,由于按这种格式定义的指向一维数组的指针相当于是一个二级指针,考虑赋值类型相容,初值通常赋值为"& 一维数组名"或"二维数组名"。

例如,定义

```
int  a[4]={80,81,82,83};
int (*p)[4]=&a;
```

或定义

```
int  a[4]={80,81,82,83};
int (*p)[4];
p=&a;
```

后,内存状态如图 6-25 所示。

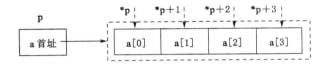

图 6-25　利用指向一维数组的指针访问一维数组各元素

依次输出各元素的语句可写为:

```
for(i=0;i<4;i++)
    printf("%3d",*(*p+i));
```

图 6-25 中实线框表示实际的内存占用,而虚线框只是强调 p 指向的是由 4 个元素组成的一维数组 a。从图 6-25 可以看出,指向一维数组的指针 p 相当于是一个二级指针。它并不像指向数组元素的指针那样是指向某个具体的元素,而是指向整个一维数组 a 的。

当用一个指向一维数组的指针 p 指向一维数组 a 后,数组元素 a[i]可以表示为:

```
a[i]  *(a+i)  *(*p+i)  (*p)[i]
```

数组元素 a[i]的地址可以表示为:

```
&a[i]  a+i  *p+i  &(*p)[i]
```

思考:请读者自己与图 6-10 中 a[i]的表示作一个比较。

例 6-6　结合图 6-25,分析下面程序的运行结果。

```
#include  <stdio.h>
int main()
```

```
{
    int i;
    int a[4]={80,81,82,83};
    int (*p)[4]=&a;
    printf("p=%p\n",p);
    printf("&a=%p\n",&a);
    printf("a=%p\n",a);
    printf("&a[0]=%p\n",&a[0]);
    for(i=0;i<4;i++)
        printf("%4d",*(*p+i));
    return 0;
}
```

本程序的一次运行结果如下：

```
p=0019FF2C
&a=0019FF2C
a=0019FF2C
&a[0]=0019FF2C
80 81 82 83
```

对于上面的运行结果,不同机器上运行所得的地址值可能不一样,但 p,&a,a,&a[0]这 4 个地址值肯定是相等的。为什么呢？我们可以这样来理解：

① &a[0]与 a 是针对数组首元素 a[0]而言的：&a[0]是取数组首元素 a[0]的地址；a 的值是 &a[0],也表示数组首元素 a[0]的地址。

② &a 与 p 是针对整个数组 a 而言的：&a 是取整个数组 a 的首地址。p 的值是 &a,也表示整个数组 a 的首地址,从另一个方面来看,p 是指向数组的指针,p 自然是存放数组的首地址。而数组首元素 a[0]与数组 a 的首地址是相同的,自然 p,&a,a,&a[0]这 4 个地址值是相等的。

2. 用指向一维数组的指针指向二维数组的首行

在二维数组中,每一行都可以看成是一个一维数组,因此我们可以定义一个指向一维数组的指针(所指一维数组长度等于二维数组列数),然后通过初始化或赋值使它指向二维数组的首行,则我们就可以通过这个指针访问二维数组中任何一行,继而能访问数组中的任意一个元素。

使指向一维数组的指针变量指向二维数组首行的方法有如下两种。

(1) 初始化

类型说明符 (*指针变量名)[长度]=二维数组首地址；

(2) 赋值

指向一维数组的指针变量=二维数组首地址；

由于按上述格式定义的指向一维数组的指针相当于是一个二级指针,考虑赋值类型相容,二维数组首地址可表示为"二维数组名"或"& 一维数组名"。

例如,定义

```
int  a[2][4]={{80,81,82,83},{84,85,86,87}};
int  (*p)[4]=a;                              //或写成:int  (*p)[4]=&a[0];
```

后,内存状态如图 6-26 所示。

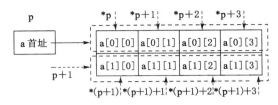

图 6-26　利用指向一维数组的指针访问二维数组各元素

依次输出各元素的语句可写为:

```
for(i=0;i<2;i++)
    for(j=0;j<4;j++)
        printf("%3d", *(*(p+i)+j));
```

　图 6-26 中实线框表示实际的内存占用,而虚线框只是强调 p 或 p+1 指向的是由 4 个元素组成的一维数组 a[0]或 a[1]。从图 6-26 可以看出,指向一维数组的指针 p 相当于是一个二级指针,它指向二维数组的第一行,由于指针 p 是用于指向整个一维数组(即第一行)的,所以 p+1 则会跳过这个一维数组而指向下一个一维数组(即第二行)。

当用一个指向一维数组的指针 p 指向二维数组 a 的首行后,数组元素 a[i][j]可以表示为:

```
a[i][j]  *(a[i]+j)  *(*(a+i)+j)  *(p[i]+j)  *(*(p+i)+j)
```

数组元素 a[i][j]的地址可以表示为:

```
&a[i][j]  a[i]+j  *(a+i)+j  p[i]+j  *(p+i)+j
```

例 6-7　结合图 6-26,分析下面程序的运行结果。

```
#include <stdio.h>
int main()
{
    short i,j;
    short a[2][4]={{80,81,82,83},{84,85,86,87}};
    short (*p)[4]=a;
    printf("a=%p\n\n",a);
    printf("p=%p\n",p);
    printf("*p=%p\n",*p);
    printf("a[0]=%p\n",a[0]);
    printf("&a[0]=%p\n",&a[0]);
    printf("&a[0][0]=%p\n",&a[0][0]);
    printf("**p=%d\n",**p);
    printf("a[0][0]=%d\n\n",a[0][0]);
    printf("p+1=%p\n",p+1);
    printf("*(p+1)=%p\n",*(p+1));
    printf("a[1]=%p\n",a[1]);
    printf("&a[1]=%p\n",&a[1]);
```

```
    printf("&a[1][0]=%p\n",&a[1][0]);
    printf("**(p+1)=%d\n",**(p+1));
    printf("a[1][0]=%d\n\n",a[1][0]);
    printf("按行输出数组中各元素:\n");
    for(i=0;i<2;i++)
    {
        for(j=0;j<4;j++)
            printf("%4d",*(*(p+i)+j));
        printf("\n");
    }
    return 0;
}
```

本程序的一次运行结果如下：

```
a=0019FF28

p=0019FF28
*p=0019FF28
a[0]=0019FF28
&a[0]=0019FF28
&a[0][0]=0019FF28
**p=80
a[0][0]=80

p+1=0019FF30
*(p+1)=0019FF30
a[1]=0019FF30
&a[1]=0019FF30
&a[1][0]=0019FF30
**(p+1)=84
a[1][0]=84
按行输出数组中各元素:
    80    81    82    83
    84    85    86    87
```

对于上面的运行结果，不同机器上运行所得的地址值可能不一样。但我们应重点观察哪些值是相同的。

① a,p,*p,a[0],&a[0],&a[0][0]都是地址,且地址值是相同的,为数组第一行首地址。

a. a是二维数组名,代表数组首地址。

b. a[0]是一维数组名,代表第一行的首地址。

c. &a[0][0]是取数组首元素的地址。

d. &a[0]是取数组首行的地址,而首行的地址就是首元素的地址。

e. p是指向一维数组 a[0](二维数组第一行)的,自然存放 a[0]首地址。

f. *p 代表 p 指向的数组,即为 a[0]。

而数组首地址、数组首行的地址、数组首元素的地址是相同的,因而这六个地址是相同的。

② p+1,*(p+1),a[1],&a[1],&a[1][0]都是地址,且地址值是相同的,为数组第二行的首地址,分析同①。

③ **p,a[0][0]都指数组第一行首元素的值。

④ **(p+1),a[1][0]都指数组第二行首元素的值。

例 6-8 编写程序,要求能实现从键盘输入一个 M 行 N 列的二维整型数组,然后求取各行的最大值及其列号并输出。

程序清单如下:

```c
#include  <stdio.h>
#define M 2
#define N 4
int main()
{
    int a[M][N],i,j;
    int max[M],col[M];
    int (*p)[N]=a;
    for(i=0;i<M;i++)
        for(j=0;j<N;j++)
        {
            printf("Please input a[%d][%d]=",i,j);
            scanf("%d",*(p+i)+j);
        }
    for(i=0;i<M;i++)
    {
        max[i]=*(*(p+i)+0);
        col[i]=0;
        for(j=1;j<N;j++)
            if(max[i]<*(*(p+i)+j))
            {
                max[i]=*(*(p+i)+j);
                col[i]=j;
            }
    }
    for(i=0;i<M;i++)
    {
        printf("max of line %d(",i);
        for(j=0;j<N;j++)
            printf("%d ",*(*(p+i)+j));
        printf(") is %d, position is %d\n", *(max+i), *(col+i));
    }
    return 0;
```

```
}
```

该程序的一次运行结果如下：

```
Please input a[0][0]=80
Please input a[0][1]=81
Please input a[0][2]=82
Please input a[0][3]=83
Please input a[1][0]=84
Please input a[1][1]=85
Please input a[1][2]=86
Please input a[1][3]=87
max of line 0(80 81 82 83 ) is 83, position is 3
max of line 1(84 85 86 87 ) is 87, position is 3
```

三、指针数组

1. 指针数组的定义

指针数组也是一种数组，只是数组中的每个元素都是"指针"而已，只能用来存放地址。

指针数组的定义、赋初值、数组元素的引用与赋值等操作和一般数组的处理方法基本相同。只是需要注意，指针数组的数组元素是指针类型的，对其元素所赋的值必须是地址值。

指针数组的定义格式为：

　　类型说明符　 *指针数组名[长度]=｛初值｝;

功能是定义一个指针数组：数组的每个元素都是一个一级指针，每个目标类型由"类型说明符"指定。元素个数由"长度"指定，还可以在定义的同时给指针数组元素赋初值。

注意

① "类型说明符"可以选取任何基本数据类型，也可以选取本章以后章节介绍的其他数据类型。这个数据类型不是指针数组元素的数据类型，而是它将要指向的变量或数组的目标数据类型。

② 指针数组名前面必须有"*"号。

③ 其中的"初值"与普通数组赋初值的格式相同，每个初值通常是"&普通变量名"、"&数组元素"或"数组名"，对应的普通变量或数组必须在前面已定义。例如，语句：

```
int  a=10,b=20,c=30;
int *p[3]={&a,&b,&c};
```

定义了一个名为 p 的指针型数组，其 3 个元素 p[0]、p[1]、p[2]分别指向 3 个整型变量 a、b、c。如图 6-27 所示。

2. 指针数组的引用

指针数组元素的引用方法和普通数组元素的引用方法完全相同，可以利用它来引用所指向的普通变量或数组元素，可以对其赋值，也可以参加运算。

(1) 引用指针数组元素的格式

　　指针数组名[下标]

(2) 引用指针数组元素所指向的普通变量或数组元素的格式

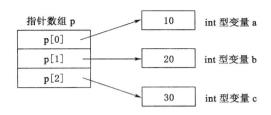

图 6-27 指针数组元素指向普通 int 型变量

　　*指针数组名[下标]

（3）对指针数组元素进行赋值的格式

　　　　指针数组名[下标]=地址表达式；

例 6-9 写出下列程序的运行结果。

```
#include  <stdio.h>
int main()
{
    int a,b,c,sum;
    int *p[3];                      /* 定义一个指针数组,数组元素是指向 int 型数据的指针 */
    a=10;b=20;c=30;
    printf("a=%d,b=%d,c=%d\n",a,b,c);
    p[0]=&a;p[1]=&b;p[2]=&c; /* 指针数组元素中存放的都是地址值,分别指向变量 a,b,c */
    printf("*p[0]=%d,*p[1]=%d,*p[2]=%d\n",*p[0],*p[1],*p[2]);
                                    /* 引用指针数组元素所指变量的值 */
    sum=*p[0]+*p[1]+*p[2];
    printf("*p[0]+*p[1]+*p[2]=%d\n",sum);
    (*p[0])++;
    printf("a=%d,*p[0]=%d\n",a,*p[0]);
    return 0;
}
```

运行结果如下：

```
a=10,b=20,c=30
*p[0]=10,*p[1]=20,*p[2]=30
*p[0]+*p[1]+*p[2]=60
a=11,*p[0]=11
```

例 6-10 输入 5 个字符串,将这 5 个字符串按从小到大的顺序排列后输出。要求用二维字符数组存放这 5 个字符串,用指针数组元素分别指向这 5 个字符串。

解题思路 本例处理的是字符串,需要用到字符串处理函数中的字符串输入、字符串输出、字符串比较等库函数。采用的排序方法是"选择法"。

第一步：利用指针数组,将后面的 4 个字符串依次与第 1 个字符串比较,若比第 1 个字符串小,则交换指针,完成后,第 1 个指针数组元素将指向最小的字符串。

第二步：利用指针数组,将后面的 3 个字符串依次与第 2 个字符串比较,若比第 2 个字符串小,则交换指针,完成后,第 2 个指针数组元素将指向次小的字符串。

同理可使第 3 个指针数组元素指向第 3 小的字符串……直到把 5 个字符串都排好为止。

程序清单如下：

```
#include  <string.h>
#include  <stdio.h>
int main()
{
    char str[5][10],*p[5],*temp;    /* 定义二维字符数组 str、指针数组 p 和指针 temp */
    int i,j;
    printf("请输入 5 个字符串:\n");
    for(i=0;i<5;i++)                             /* 输入 5 个字符串存入字符数组 a */
        gets(str[i]);
    for(i=0;i<5;i++)                   /* 让指针数组元素 p[i]指向字符数组 str 的第 i 行 */
        p[i]=str[i];                   /* 注意 str[i]不是数组元素,而是第 i 行的首地址 */
    for(i=0;i<=3;i++)
        for(j=i+1;j<=4;j++)
        {
            if(strcmp(p[i],p[j])>0)        /* 若 p[i]指向的字符串大于 p[j]指向的串 */
            {
                temp=p[i];                                          /* 则交换指针值 */
                p[i]=p[j];
                p[j]=temp;
            }
        }
    printf("这 5 个字符串按从小到大的顺序排列为:\n");
    for(i=0;i<5;i++)
        puts(p[i]);
    return 0;
}
```

程序的一次运行结果：
请输入 5 个字符串：
acdef
abdef
abcef
abcdf
abcde
这 5 个字符串按从小到大的顺序排列为：
abcde
abcdf
abcef
abdef
acdef

本次运行结果在排序前后的状态如图 6-28 所示。

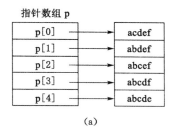 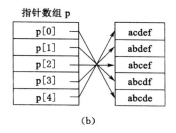

图 6-28　利用指针数组对 5 个字符串排序前后的状态

(a) 排序前；(b) 排序后

3. 指针数组做 main() 函数的形参

指针数组的一个重要应用是作为 main() 函数的形参。在以往的程序中，main() 函数的第一行一般写成以下形式：

```
int main()
```

括号中是空的。实际上，main() 函数首部的括号中是可以带参数的，而且参数主要是采用"指针数组"。下面就详细加以介绍。

在运行程序的命令行中，有时可以在命令名后接一些参数，形如：

命令名　参数 1　参数 2　……　参数 n

例如，某同学编了一个 C 程序 strlink.c，实现将两个字符串连接起来，两个字符串在运行相应的可执行文件 strlink.exe 时作为参数接在命令名 strlink 的后面。如：

```
c:\tc>strlink  First_string  Second_string
```

为了达到这一目的，我们要在源程序 strlink.c 中，通过在 main() 函数中使用参数来说明命令行的参数，main() 函数的参数定义形式为：

```
int main(int argc, char * argv[])
```

其中，argc 表示命令行参数的个数(包括命令名)，指针数组 argv 用于存放参数(包括命令名)。例如，在命令行：strlink First_string Second_string 中相应的指针数组存储如图 6-29 所示，各个参数的值如下：

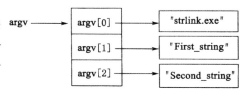

图 6-29　指针数组用做命令行参数

```
argc =3;
argv[0] ="strlink.exe"
argv[1] ="First_string"
argv[2] ="Second_string"
```

注：argv[0] 中存放的执行文件名应包括执行命令时所在的盘符与路径、文件名及其文件扩展名。在上面的示例中，我们只写文件名及其扩展名，若写完整的话，应该是 argv[0] ="c:\tc\strlink.exe"。

例 6-11　用带参数的 main() 函数实现两个字符串的连接。

```
#include  <stdio.h>
#include  <string.h>
int main(int argc, char *argv[])
```

```
    {
        if(argc==3)
        {
            printf("第 0 个参数(命令名)为:%s\n",argv[0]);
            printf("第 1 个参数(字符串 1)为:%s\n",argv[1]);
            printf("第 2 个参数(字符串 2)为:%s\n",argv[2]);
            printf("字符串 1 和字符串 2 相连后的结果为:%s\n",strcat(argv[1],argv[2]));
        }
        else
            printf("错误! 请输入两个参数(字符串)!");
        return 0;
    }
```

将上面的源程序取名为 strlink.c,将其编译连接成可执行文件 strlink.exe 并存放在 d:\xds 目录中,若在 d:\xds 目录下执行命令:

    d:\xds>strlink First_string Second_string

则得到的输出结果如下:

    第 0 个参数(命令名)为:d:\xds\strlink.exe
    第 1 个参数(字符串 1)为:First_string
    第 2 个参数(字符串 2)为:Second_string
    字符串 1 和字符串 2 相连后的结果为:First_stringSecond_string

例 6-11 中的程序要想在 VC 中直接调试运行,可以先在"工程|设置|Debug | Program arguments"项中填入参数"First_string Second_string",然后运行即可得到与上面相同的结果。

一般的函数由主调函数调用,函数的参数值也由主调函数的实参向形参传递。但是 main( )函数由系统调用,它的形参的值只能从外部输入。利用指针数组做 main( )函数的形参,使得从外部向程序传递参数成为可能,但这种参数仅限于字符串(通常是文件名)。另外,这些参数的个数无任何限制,参数字符串的长度也无限制,也无须事先知道。

四、指针与字符串

当字符串存放在数组中,其处理方法与一维数组的处理方法基本一致,可以先定义一个字符类型的指针变量,通过赋初值或赋值的方式让指针变量指向字符数组首元素。然后就可以使用这个指针变量处理单个字符,也可以用它一次性地处理整个字符串,此种方法不再详细讨论。本节主要讨论利用字符类型的指针变量处理字符串常量的方法。

1. 使指针变量指向"字符串"的方法

将字符类型的指针变量指向字符串有以下两种方法:

(1)在定义的同时给指针变量赋初值,例如:

char *p="Gold medal";

(2)给指针变量赋值

例如:

char *p;

p="Gold medal";

上述两种方式,实际上都是把字符串的首字符 G 的地址赋给指针变量 p。如例6-12 和图 6-30 所示。

例 6-12

```
#include  <stdio.h>
int main()
{
    char *p="Gold medal";
    printf("%s", p);
    return 0;
}
```

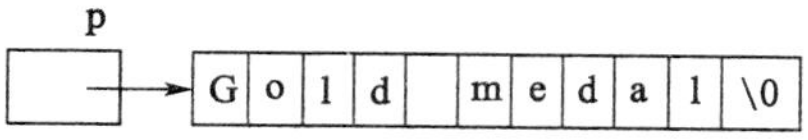

图 6-30　指向字符串的指针变量

C 语言对字符串常量是按字符数组处理的,在内存中开辟了一个字符数组用来存放字符串常量(包括字符串结束符'\0')。程序在定义字符指针变量 p 时只是把字符串"Gold medal"的首地址赋给 p,而不是把"Gold medal"这整个字符串内容赋给 p,这一点千万要搞清楚。为了让读者更清楚这一概念,把例 6-12 的程序稍作修改,如例 6-13 所示。

例 6-13

```
#include  <stdio.h>
int main()
{
    char *p="Gold medal";
    while(*p!='\0')
        printf("%c", *p++);
    return 0;
}
```

例 6-12 和例 6-13 的输出结果都是:

Gold medal

从修改后的程序可以看出,指针变量 p 在定义时的确只是获得字符串"Gold medal"的首地址,而字符串各字符的输出是靠指针的不断向后移动来实现的。

2. 指向字符串常量的指针变量的使用

(1)把字符串当做整体来处理

这种方式通常用在字符串的输入和输出中,格式如下。

① 输入字符串

- scanf("%s",指针变量);
- gets(指针变量);

两个函数使用上有区别:前者用空白符分隔数据(不含空白符),后者按行方式读入数据(含空白符)。

② 输出字符串

- printf("%s",指针变量);
- puts(指针变量);

(2)处理字符串中的单个字符

若指针变量已经指向了字符串常量,则用指针变量表示的第 i 个字符为:

```
*(指针变量+i)
```

例 6-14　利用指针变量输出字符串并统计字符串的长度。

```c
#include  <stdio.h>
int main()
{
    char *p="Gold medal";
    int i,length=0;
    printf("字符串\"");
    for(i=0;*(p+i)!='\0';i++)
    {
        printf("%c", *(p+i));
        length++;
    }
    printf("\"的长度为:%d\n", length);
    return 0;
}
```

程序的运行结果为:

```
字符串"Gold medal"的长度为:10
```

3. 使用字符指针变量与字符数组的区别

用字符数组和字符指针变量都可实现字符串的存储和运算。但是两者是有区别的,在使用时应注意以下几点。

（1）存储内容不同

字符指针变量本身是一个变量,用于存放字符串的首地址。而字符串本身是存放在以该首地址为首的一块连续的内存空间中并以'\0'作为串的结束。字符数组是由若干个数组元素组成的,每个元素中放一个字符。

（2）赋值方式不同

对字符指针变量,可采用下面方法赋值,如:

```c
char *p;
p="Gold medal";
```

而对字符数组只能对各个元素逐个赋值,不能用以下方法对字符数组赋值:

```c
char p[20];
p="Gold medal";
```

（3）指针变量的值是可以改变的,而数组名是不允许通过赋值而改变其值的。

例 6-15

```c
#include  <stdio.h>
int main()
{
    char *p="Gold medal";
    p=p+5;
    printf("%s",p);
```

```
    return 0;
}
```

运行结果如下：

```
medal
```

从例 6-15 可知,指针变量 p 的值是可以变化的,输出字符串时从 p 当时所指向的单元开始输出各个字符,直到遇'\0'为止。而数组一旦定义就会被分配一块存储区,而这块存储区的首地址(即数组的首地址)在数组的生存期内是不会变化的,因此,作为能代表数组首地址的数组名,显然不能通过被赋值而改变其值。例如：

```
char p[]="Gold medal";
p=p+5;
printf("%s",p);
```

是错误的。

（4）输入字符串时有区别

如果定义了一个字符数组,在编译时为它分配内存单元,它有确定的地址。因此,下面语句：

```
char p[10];
scanf("%s",p);
```

是可以的。而对于字符指针变量,下面的语句

```
char *p;
scanf("%s",p);
```

是不宜采用的。因为指针在定义时,若没有使它指向确定的内存单元,则该指针指向的内存位置是不确定的。这里程序的执行就有两种情况:一是指针指向内存空闲区,则程序能正确执行;二是指针指向已存放指令或数据的有用内存段,则会破坏原有程序甚至是系统的正常运行。虽然该程序段在编译时只会出现"指针变量未初始化"之类的警告信息,但程序执行时,基本上都会出现运行错误,所以使用指针变量一定要及时进行初始化。实际编程中,应采用下面语句：

```
char str[20];
char *p=str;
scanf("%s",p);
```

使 p 指向确定的存储区,或采用下面语句：

```
char *p;
p=(char* )malloc(20*sizeof(char));
scanf("%s",p);
```

使 p 指向分配的存储区。

第三节　指针和函数

指针与函数的结合使编程更为灵活。指针可以用作函数的参数(传递地址值),函数也可以返回一个指针类型的值(地址),甚至可以定义指向函数的指针。

一、指针作函数参数

指针可以作为参数在调用函数和被调用函数之间传递数据。它传递的是"地址值"。

1. 函数形参为指针，实参为地址表达式

因为地址表达式的值是一个地址值，所以函数调用时，实参地址表达式传递给形参指针变量的值是地址，故参数传递后实参与对应的形参指向同一个单元，函数体内对形参的任何操作就相当于是对实参的操作。

例 6-16　利用指针作参数，交换两个变量的值。

交换 a 和 b 的值，可以用下列算法：

```
void swap(int p, int q)                    /* 函数 swap( )：交换两个整型变量的值 */
{
    int temp;
    temp=p;
    p=q;
    q=temp;
}
```

但是，在下面的测试程序中，主程序中调用交换函数 swap( )并不能实现 a 和 b 的交换。

```
#include  <stdio.h>
void swap(int p, int q)                    /* 函数 swap( )：交换两个整型变量的值 */
{
    int temp;
    printf("交换函数调用 swap 执行开始时,形参 p=%3d,q=%3d\n",p,q);
    temp=p;
    p=q;
    q=temp;
    printf("交换函数调用 swap 执行结束时,形参 p=%3d,q=%3d\n",p,q);
}
int main()                                 /*--- 测试函数 swap( )用的主函数 --- */
{
    int a=10,b=20;
    printf("交换函数调用 swap(a,b)执行前,实参 a=%3d,b=%3d\n",a,b);
    swap(a,b);
    printf("交换函数调用 swap(a,b)执行后,实参 a=%3d,b=%3d\n",a,b);
    return 0;
}
```

程序运行结果如下：

交换函数调用 swap(a,b)执行前,实参 a=10,b=20
交换函数调用 swap 执行开始时,形参 p=10,q=20
交换函数调用 swap 执行结束时,形参 p=20,q=10
交换函数调用 swap(a,b)执行后,实参 a=10,b=20

这是由于实参 a、b 只是简单地将值传递给函数形参 p、q。值传递以后，它们就互不相干,这样,在函数调用过程中,p 和 q 的值交换了,但 a 和 b 的值仍保持原样。

为解决这一问题,我们将 swap( )函数中参数类型改为指针类型。此时函数为:

```
void swap(int *p, int *q)                                    /* 指针作为函数参数 */
{
    int temp;
    temp=*p;
    *p=*q;
    *q=temp;
}
```

利用指针实现两个数 a 和 b 交换的测试程序如下:

```
#include  <stdio.h>
void swap(int *p, int *q)              /* 函数 swap( ):交换两个指针所指向的变量的值 */
{
    int temp;
    printf("交换函数调用 swap 执行开始时,*p=%3d,*q=%3d\n",*p,*q);
    temp=*p;
    *p=*q;
    *q=temp;
    printf("交换函数调用 swap 执行结束时,*p=%3d,*q=%3d\n",*p,*q);
}
int main()                             /* - - - 测试函数 swap( )用的主函数 - - - */
{
    int a=10,b=20;
    printf("交换函数调用 swap(&a,&b)执行前,a=%3d,b=%3d\n",a,b);
    swap(&a, &b);
    printf("交换函数调用 swap(&a,&b)执行后,a=%3d,b=%3d\n",a,b);
    return 0;
}
```

程序运行结果如下:

交换函数调用 swap(&a,&b)执行前,a=10,b=20
交换函数调用 swap 执行开始时,*p=10,*q=20
交换函数调用 swap 执行结束时,*p=20,*q=10
交换函数调用 swap(&a,&b)执行后,a=20,b=10

此时,由于函数的形参 p 和 q 是指针变量,实参是 a 和 b 的地址,参数传递是将 a 和 b 的地址传递给指针变量 p 和 q,相当于执行 p=&a;q=&b;则*p 和 a,*q 和 b 分别代表同一个内存单元的值,swap( )函数调用结束后,*p 和*q 的值进行了交换,就相当于 a 和 b 的值进行了交换,如图 6-31 所示(图中的地址值是假设的)。

2. 函数形参为指针,实参为数组名

由于数组名代表的是数组的首地址,所以数组名作为实参传递给函数形参的也是一个"地址"值。

例 6-17 用函数调用方式,实现字符串的复制。

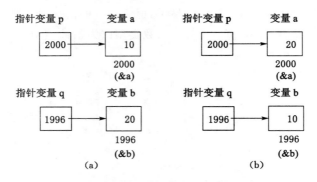

图 6-31　利用指针作为函数参数实现两数的交换

（a）交换前；（b）交换后

```c
#include  <stdio.h>
void string_copy(char *dest,char *source)
{
    int i=0;
    for(;(*(dest+i)=*(source+i))!='\0'; i++) ;              /* 循环体为空语句 */
    printf("函数调用后,[形参]变量的值\n");
    printf("source=\"%s\"\n",source);
    printf("dest=\"%s\"\n",dest);
}
int main()
{
    char str1[20]="I am a student";
    char str2[20];
    string_copy(str2, str1);                               /* 数组名做实参 */
    printf("函数调用后,[实参]变量的值\n");
    printf("str1=\"%s\"\n",str1);
    printf("str2=\"%s\"\n",str2);
    return 0;
}
```

程序运行结果：

函数调用后,[形参]变量的值
source="I am a student"
dest="I am a student"
函数调用后,[实参]变量的值
str1="I am a student"
str2="I am a student"

　　在本例中,当主程序中的调用函数 string_copy( )执行时,实参 str1（数组名）传递给形参 source（指针变量）的是数组首地址,因而 str1 和 source 指向同一个单元。同理,str2 和 dest 也指向同一个单元,如图 6-32 所示。

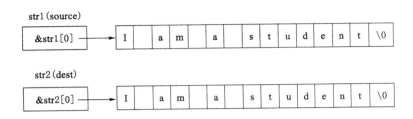

图 6-32　例 6-17 执行后的结果

　　语句 for(;(*(dest+i)＝*(source+i))!＝'\0';i++);的执行过程为:首先将源串中的当前字符复制到目标串中;然后判断该字符(即赋值表达式的值)是否是结束符'\0'。如果不是,则相对位置变量 i 的值增 1,以便复制下一个字符;如果是结束符'\0',则结束循环。其特点是:先复制、后判断,循环结束前,结束标志已经复制。

　　在 C 语言中,用赋值表达式,而不是赋值语句来实现赋值操作,能给某些处理带来很大的灵活性,该语句(实现字符串的复制)的用法就是最好的例证。

　　3. 函数形参为指针,实参也为指针变量

　　函数调用时,实参指针变量传递给形参指针变量的值仍是"地址",故参数传递后实参与形参指针变量指向同一个内存单元,函数体内对形参的任何操作就相当于是对实参的操作。

　　例 6-18　用函数调用方式,求字符串的长度。

```
#include  <stdio.h>
int str_length(char *str)                              /* 形参 str 为指针变量 */
{
    int i;
    printf("参数传递后,[形参]指针指向的字符串为\n");
    for(i=0;str[i]!='\0';i++);                 /* 循环体为空语句,i 统计字符串的长度 */
    printf("str=\"%s\"\n",str);
    return i;                                              /* 返回字符串的长度 */
}
int main()
{
    int x;
    char *string={"I am a student."};
    printf("函数调用时,[实参]指针指向的字符串为\n");
    printf("string=\"%s\"\n",string);
    x=str_length(string);              /* 函数调用时,实参 string 也为指针变量 */
    printf("字符串的长度是:%d\n",x);
    return 0;
}
```

　程序运行结果:

函数调用时,[实参]指针指向的字符串为

string="I am a student."

参数传递后,[形参]指针指向的字符串为

str="I am a student."

字符串的长度是:15

二、返回指针值的函数

一个函数可以返回一个"int"型、"float"型、"char"型的数据,也可以返回一个指针类型的数据(即地址)。返回指针值的函数(简称指针函数)的定义格式如下:

    函数类型 *函数名([形参表])

例如:

    int *max(int x, int y);

就定义了一个函数名为"max"的函数,其返回值为指针类型,且是指向"int"型数据的指针。而

    int max(int x, int y);

是前面介绍的一种常规函数定义,它表示定义了一个函数名为"max"的函数,其返回值为"int"类型。

由此可见,返回值为指针的函数和前面学习的返回值为"int"(或"float"或"char")型的普通函数在定义上是没有根本区别的,只是"返回值的类型"不同而已。

例 6-19　编一指针函数求一字符串的子串,并返回子串的首地址。

```c
#include  <stdio.h>
char *substr(char *s,int i,int j)              /* 函数 substr( )的返回值为指针类型 */
{
    int n,t;
    static char sub[100];                          /* sub 数组存放子串 */
    char *q=sub;
    for (n=0;s[n]!='\0';n++);                       /* 计算 s 数组的长度 */
    if (i>0 && i<=n-j+1 && j>0 && j<=n-i+1)        /* 若输入的 i 和 j 值正确 */
    {
        for (t=0;t<j;t++)
            q[t]=s[i+t-1];                         /* 则求子串,并返回子串首地址 */
        q[t]='\0';
        return(q);
    }
    else return(NULL);                             /* 否则返回空指针 (0 值) */
}
int main()
{
    char str[100];                                 /* 主串放在一维字符数组 str 中 */
    int i,j;
    char *p;
    printf("求主串中从第 i(>0) 个位置开始的长度为 j(>0) 的子串:\n");
    printf("请首先输入主串:");
    gets(str);
```

```
        printf("请输入位置 i 和长度 j 的值:\n");
        printf("i="); scanf("%d",&i);
        printf("j="); scanf("%d",&j);
        p=substr(str,i,j);                    /* 调用函数 substr(),返回值是指针,可以赋给 p */
        if (p)
            printf("求得的子串为: %s\n",p);
        else
            printf("主串中不存在该子串!\n");
        return 0;
    }
```

程序的一次运行结果如下:

求主串中从第 i(>0)个位置开始的长度为 j(>0)的子串:

请首先输入主串:I am a student✓

请输入位置 i 和长度 j 的值:

i=6✓

j=9✓

求得的子串为:a student

例 6-20 输入一行字符,统计其中分别有多少个单词和空格。比如输入:How are you,有 3 个单词和两个空格。

```
#include  <stdio.h>
int number[2]={0,0};      /* 数组元素 number[0]存放单词个数,number[1]存放空格个数 */
int *word_blank_num(char *s)                /* 统计字符串中单词个数和空格个数的函数 */
{
    int is_word=0;                          /* 置单词标记 is_word 初值为 0 */
    for(; (*s)!='\0';s++)                    /* 从第一个字符开始,依次对串中每个字符进行判断 */
        if(*s==' ')                          /* 若当前字符为空格,置单词标记为 0,空格数加 1 */
        {
            is_word=0;
            number[1]++;
        }
        else
            if (is_word==0)
            {                                /* 若当前字符不是空格,且前一字符是空格,单词数加 1 */
                is_word=1;
                number[0]++;
            }
    return(number);                          /* 返回结果的 number 数组的首地址(数组名) */
}
int main()
{
    char string[100];
    int *p;
```

```
    printf("请输入一行字符:\n");
    gets(string);
    p=word_blank_num(string);
    printf("该行字符中的单词个数为:%d\n",p[0]);
    printf("该行字符中的空格个数为:%d\n",p[1]);
    return 0;
}
```

本程序一次运行结果如下：

请输入一行字符：

How are you↙

该行字符中的单词个数为：3

该行字符中的空格个数为：2

三、函数指针

通过前面的学习,我们已经知道,C语言中的指针,既可以指向(普通)变量(如整型、字符型、实型等),也可以指向数组元素或数组。下面我们还要介绍一种指向函数的指针变量——函数指针。

在程序运行时,函数代码是程序的算法指令部分,它们和数组一样也占用存储空间,都有相应的存储地址。数组名代表数组首地址,函数名代表函数代码首地址(即函数的入口地址)。如果一个指针变量存储的是函数的入口地址,则该指针变量称为指向函数的指针变量,简称为函数指针。

1. 函数指针的定义

和其他任何变量一样,在使用指向函数的指针变量之前需要先定义该函数指针,指向函数的指针变量(即函数指针)的一般定义形式为：

函数返回值类型　(*指针变量名)(形参类型);

可以看出,除函数名用(*指针变量名)代替外,函数指针的定义形式与普通函数原型相同,在函数指针定义中加入形参类型是现代程序设计风格。例如：

```
int (*p)(int,int);
```

形参类型一般不要省略。仅当形参类型是 int 时,可以省略。例如：

```
int (*p)( );
```

2. 用函数指针变量调用函数

在定义指向函数的指针变量时,指针变量到底指向哪个函数并没有指明,它可以根据所赋的地址不同而指向不同的函数。一旦定义了指针变量指向某个具体的函数之后,就可以通过该指针变量来调用此函数。

例 6-21 通过函数指针调用函数,求 a 和 b 的和。

```
#include <stdio.h>
int add(int x, int y)                              /* 定义函数 add */
{
    return x+y;
```

```
}
int main()
{
    int (*p)(int,int);                              /* 定义一个指向函数的指针变量 p */
    int a,b,sum;
    p=add;                                               /* 使函数指针 p 指向函数 add */
    scanf("%d,%d", &a, &b);
    sum=(*p)(a,b);                    /* 通过函数指针调用函数 add,相当于 sum=add(a,b) */
    printf("a=%d,b=%d,a+b=%d",a,b,sum);
    return 0;
}
```

① 语句 p=add,把函数 add 的入口地址赋给函数指针 p,则 p 指向函数 add,因此,∗p 就代表函数 add。

② 在给函数指针变量赋值时,只需给出函数名而不必给出参数,如:

```
    p=add;                                     //函数名 add 代表函数的入口地址
```

因为将函数入口地址赋给 p 时,并不牵涉到实参与形参的结合问题,所以不能写成

```
    p=add(a,b);                                  //add(a,b)是对函数进行调用
```

③ 函数可以通过函数名调用,也可以通过函数指针调用,如例 6-21 中的语句:

```
    sum=(*p)(a,b);
```

相当于

```
sum=add(a,b);
```

④ p 是表示一个指向函数的指针变量,它可以先后指向不同的函数。

⑤ 指向函数的指针变量 p,只能指向函数的入口(即函数第一条指令),而不可能指向函数中其他某一条指令,因此像 p++、p--、p+n 等运算是无意义的。

3. 用函数指针做函数参数

前面已经介绍,定义指向函数的指针变量时,并没有指明它到底指向哪个函数,而是在随后的程序运行过程中,根据所赋的地址不同而指向不同的函数。基于这一特点,我们可以把函数指针用做某一函数的形式参数,从而使该函数能根据实际情况调用不同的函数,大大增强该函数的功能。

例 6-22　模拟计算器中的加、减、乘、除运算。

```
#include  <stdio.h>
int add(int x, int y)                          /* 定义实现加法的函数 add */
{
    return x+y;
}
```

```
int sub(int x, int y)                           /* 定义实现减法的函数 sub */
{
    return x-y;
}
int mul(int x, int y)                           /* 定义实现乘法的函数 mul */
{
    return x * y;
}
int div(int x, int y)                           /* 定义实现整除的函数 div */
{
    return x/y;
}
int compute(int x, int y, int (*p)(int,int)) /* 函数指针 p 作为 compute 函数的参数 */
{
    int n;
    n=(*p)(x, y);                               /* 通过函数指针变量 p 调用函数 */
    return n;
}
int main()
{
    int a,b,result;
    char op;
    printf("请连续输入操作数 a,运算符 op 和操作数 b:\n");
    scanf("%d%c%d",&a,&op,&b);
    switch(op)
    {
        case '+': result=compute(a, b, add);break;
        case '-': result=compute(a, b, sub);break;
        case ' * ': result=compute(a, b, mul);break;
        case '/': result=compute(a, b, div);break;
    }
    printf("计算的结果为:%d%c%d=%d\n",a,op,b,result);
    return 0;
}
```

在上面的主程序中,switch 语句根据运算符的不同决定将某函数的入口地址(add 或 sub 或 mul 或 div)传递给 compute 函数中的形式参数(函数指针 p),从而使 compute 函数能够进行加、减、乘、除等多种运算。

例如在执行函数调用语句 compute(a,b,add);时,实参 a 的值传递给形参 x,实参 b 的值传递给形参 y,实参 add(add 函数的入口地址)传递给形参 p(函数指针),然后在函数体中执行(*p)(x,y)就相当于执行 add(x,y)。

习 题

一、选择题

1. 若已定义 int a＝8, *p＝&a; 则下列说法中不正确的是（ ）。

    A. *p=a=8   B. p=&a   C. *&a=*p   D. *&a=&*a

2. 若已定义 short a[2]＝{8,10}, *p＝&a[0]; 假设 a[0] 的地址为 2000，则执行 p++ 后，指针 p 的值为（ ）。

    A. 2000   B. 2001   C. 2002   D. 2003

3. 若已定义 int a[8]＝{0,2,3,4,5,6,7,8 }; *p＝a; 则数组第 2 个元素"2"不可表示为（ ）。

    A. a[1]   B. p[1]   C. *p+1   D. *(p+1)

4. 若已定义 int a, *p=&a, **q=&p; 则不能表示变量 a 的是（ ）。

    A. *&a   B. *p   C. *q   D. **q

5. 设已定义语句 int * p[10],(* q)[10];, 其中的 p 和 q 分别是（ ）。

    ① 10 个指向整型变量的指针

    ② 一个指向具有 10 个元素的一维数组的指针

    ③ 指向具有 10 个整型变量的函数指针

    ④ 具有 10 个指针元素的一维数组

    A. ②、①   B. ①、②   C. ③、④   D. ④、③

6. 若已定义 int a[2][4]＝{{80,81,82,83},{84,85,86,87}},(*p)[4]＝a; 则执行 p++ ; 后，**p 代表的元素是（ ）。

    A. 80   B. 81   C. 84   D. 85

7. 执行语句 char a[10]＝{"abcd"}; *p＝a; 后，*(p+4) 的值是（ ）。

    A. "abcd"   B. '\0'   C. 'd'   D. 不能确定

8. 设已定义 int a[3][2]＝{10,20,30,40,50,60}; 和 int (*p)[2]＝a; 则 *(*(p+2)+1) 的值为（ ）。

    A. 60   B. 30   C. 50   D. 不能确定

9. 以下程序的运行结果是（ ）。

```
# include  <stdio.h>
int main()
{
    int a[4][3]= { 1, 2, 3, 4, 5, 6, 7, 8, 9,10,11,12};
    int *p[4], i;
    for(i=0; i<4; i++)
        p[i]=a[i];
    printf("%2d,%2d,%2d,%2d\n", *p[1], (*p)[1], p[3][2], *(p[3]+1));
    return 0;
}
```

    A. 4, 4, 9, 8   B. 程序出错   C. 4, 2,12,11   D. 1, 1, 7, 5

10. 以下各语句或语句组中,正确的操作是(   )。

    A. `char s[4]="abcde";`

    B. `char *s;gets(s);`

    C. `char *s;s="abcde";`

    D. `char s[5];scanf("%s", &s);`

11. 以下程序的运行结果是(   )。

```c
#include  <stdio.h>
int main()
{
    char *s="xcbc3abcd";
    int a, b, c, d;
    a=b=c=d=0;
    for( ;*s ;s++)
        switch( *s )
        {
            case 'c': c++;
            case 'b': b++;
            default : d++; break;
            case 'a': a++;
        }
    printf("a=%d,b=%d,c=%d,d=%d\n", a, b, c, d);
    return 0;
}
```

    A. `a=1,b=5,c=3,d=8`   B. `a=1,b=2,c=3,d=3`

    C. `a=9,b=5,c=3,d=8`   D. `a=0,b=2,c=3,d=3`

12. 若有以下程序:

```c
#include  <stdio.h>
int main(int argc, char *argv[])
{
    while(--argc)
        printf("%s", argv[argc]);
    printf("\n");
    return 0;
}
```

该程序经编译和连接后生成可执行文件 S. EXE。现在如果在 DOS 提示符下键入 S AA BB CC后回车,则输出结果是(   )。

    A. AABBCC   B. AABBCCS   C. CCBBAA   D. CCBBAAS

13. 若有定义 char *language[ ]={"FORTRAN","BASIC","PASCAL","JAVA", "C"};则 language[2]的值是(   )。

    A. 一个字符   B. 一个地址   C. 一个字符串   D. 不定值

14. 若有以下定义和语句,则对 a 数组元素地址的正确引用是(   )。

```
int a[2][3], (* p)[3];
p=a;
```
　　A. *(p+2)　　　B. p[2]　　　　C. p[1]+1　　　D. (p+1)+2

15. 若有 int max ( ),(*p)( );为使函数指针变量 p 指向函数 max,正确的赋值语句是( )。

　　A. p=max;　　　B. *p=max;　　　C. p=max(a,b);　　D. *p=max(a,b);

16. 若有定义 int a[3][5], i, j; (且 0≤i<3, 0≤j<5),则 a[i][j]不正确的地址表示是( )。

　　A. &a[i][j]　　B. a[i]+j　　　C. *(a+i)+j　　　D. *(*(a+i)+j)

17. 设先有定义:

```
char s[10];
char *p=s;
```
　　则下面不正确的表达式是( )。

　　A. p=s+5　　　B. s=p+s　　　C. s[2]=p[4]　　　D. *p=s[0]

18. 设先有定义:

```
char **s;
```
　　则下面正确的表达式是( )。

　　A. s="computer"　　　　　　　B. *s="computer"

　　C. **s="computer"　　　　　　D. *s='c'

二、程序填空

1. 定义 compare(char *s1,char *s2)函数,实现比较两个字符串大小的功能。以下程序运行结果为－32,请填空。

```
#include <stdio.h>
int main()
{
    printf("%d\n", compare ( "abCd", "abc"));
    return 0;
}
compare( char *s1, char *s2 )
{
    while( *s1 && *s2 &&   [1]   )
    {
        s1++;
        s2++;
    }
    return *s1-*s2;
}
```

　2. 以下程序用来输出字符串。

```
#include <stdio.h>
int main()
{
```

```
    char *a[ ]={"for", "switch", "if", "while"};
    char **p;
    for( p=a; p<a+4; p++)
        printf( "%s\n", __[2]__ );
    return 0;
}
```

3. 以下程序的功能是从键盘上输入若干个字符(以回车键作为结束)组成一个字符数组,然后输出该字符数组中的字符串,请填空。

```
#include  <stdio.h>
int main()
{
    char str[81],*p;   int i;
    for(i=0;i<80;i++)
    {
        str[i]=getchar();
        if(str[i]=='\n') break;
    }
    str[i]='\0';
    __[3]__ ;
    while(*p) putchar(*p __[4]__);
    return 0;
}
```

4. 下面是一个实现把 t 指向的字符串复制到 s 的函数。

```
strcpy( char *s, char *t )
{
    while ( ( __[5]__ ) !='\0' );
}
```

5. 下面 count 函数的功能是统计子串 substr 在母串 str 中出现的次数。

```
count(char *str, char *substr)
{
    int i,j,k,num=0;
    for(i=0; __[6]__ ; i++)
        for( __[7]__ , k=0 ; substr[k]==str[j]; k++, j++)
            if(substr[ __[8]__ ]=='\0')
            {
                num++;  break;
            }
    return(num);
}
```

6. 下面 connect 函数的功能是将两个字符串 s 和 t 连接起来。

```
char *connect (char *s, char *t)
{
```

```
char *p=s;
while(*s)  [9]  ;
while(*t)
{
    *s=  [10]  ;
    s++;
    t++;
}
*s='\0';
  [11]
}
```

三、阅读程序并写出运行结果

1. 运行如下程序并分析其结果。

```
#include  <stdio.h>
int main()
{
    void fun(char *s);
    static char str[]="123";
    fun(str);
    return 0;
}
void fun(char *s)
{
    if(*s)
    {
        fun(++s);
        printf("%s\n", --s);
    }
}
```

2. 运行如下程序并分析其结果。

```
#include  <stdio.h>
void sub(int *x,int y,int z)
{
    *x=y-z;
}
int main()
{
    int a,b,c;
    sub(&a,10,5);
    sub(&b,a,7);
    sub(&c,a,b);
    printf("%d,%d,%d\n",a,b,c);
```

```
        return 0;
    }
```

3. 下列程序的功能是保留给定字符串中小于字母'n'的字母。请写出其结果并分析。

```
#include  <stdio.h>
void abc(char *p)
{
    int i, j;
    for(i=j=0; *(p+i)!='\0'; i++)
        if(*(p+i)<'n')
        {
            *(p+j)=*(p+i);
            j++;
        }
    *(p+j)='\0';
}
int main()
{
    char str[]="morning";
    abc(str);
    puts(str);
    return 0;
}
```

4. 运行如下程序并分析其结果。

```
#include  <stdio.h>
int main()
{
    char *a[4]={"Tokyo","Osaka ","Sapporo " ,"Nagoya "};
    char *pt;
    pt=a;
    printf("%s",*(a+2));
    return 0;
}
```

5. 设如下程序的文件名为 myprogram.c, 编译并连接后在 DOS 提示下键入命令: myprogram one two three, 则执行后其结果是什么。

```
#include  <stdio.h>
int main(int argc, char *argv[ ])
{
    int i;
    for(i=1; i<argc; i++)
        printf("%s%c", argv[i], (i<argc-1)? ' ' : '\n');
    return 0;
}
```

四、编程题

1. 编一程序,求出从键盘输入的字符串的长度。

2. 编一程序,将字符串中的第 m 个字符开始的全部字符复制到另一个字符串。要求在主函数中输入字符串及 m 的值并输出复制结果,在被调用函数中完成复制。

3. 输入一个字符串,按相反次序输出其中的所有字符。

4. 输入 2 个字符串,将其连接后输出。

5. 编写一个密码检测程序,程序执行时,要求用户输入密码(标准密码预先设定),然后通过字符串比较函数比较输入密码和标准密码是否相等。若相等,则显示"口令正确"并转去执行后继程序;若不相等,重新输入,三次都不相等则终止程序的执行。

6. 编写一程序,求出某个二维数组中各行的最大值,并指明其位置。

7. 编写一程序,求某个字符串的子串。

第七章　结构和共用

　　前面介绍的整型、浮点型、字符型等数据类型都是单一数据类型，即便是包含多个元素的数组，也只能存储同一种数据类型的数据。但在实际问题中，常常需要把一些属于不同数据类型的数据作为一个整体来处理。如一个学生的通讯地址（包括姓名、系部、地址、邮编、电话、电子邮件等）或一个学生的成绩表（包括班级、学号、姓名、性别、数学成绩、数据库成绩、英语成绩等），如图 7-1 所示。这些表集合了各种标准类型数据，无法用前面学过的任一种数据类型完全描述，因此，C 语言引入一种能集不同数据类型于一体的数据类型——结构类型。

name	department	address	zip	phone	email
ZhangSan	Computer	School of Computer	411201	58290474	ZhangSan@qq.com

class	number	name	sex	math	database	english
Computer1	30301	ZhangSan	M	87.50	67.80	91.00

图 7-1　结构类型数据示例

第一节　结 构 类 型

一、结构类型变量的定义、初始化与使用

1. 结构类型定义

结构类型定义的一般形式为：

```
struct     结构名
{
        类型说明符 1        成员名 1；
        类型说明符 2        成员名 2；
        ……
        类型说明符 n        成员名 n；
};
```

　　struct 是一个关键字，表示结构类型定义的开始。结构名的命名要求符合标识符命名规则。结构成员可以是 char、int、float、double、数组、指针、结构等各种数据类型。成员名的命名跟普通变量一样，所有成员用花括号括起来，构成一个整体。结构类型定义语句以分号作为结束符。

　　在一个结构类型中，将一些不同类型的数据组合成一个整体，虽然各个成员数据分别有着不同的数据类型，但是它们之间密切相关。下面先看一个联系人的结构类型定义。

```
struct person
{
    char name[20];                                          /* 姓名 */
    char department[30];                                    /* 部门 */
    char address[30];                                       /* 地址 */
    long int zip;                                           /* 邮编 */
    long int phone;                                        /* 电话号码 */
    char email[30];                                         /* Email */
};
```

在联系人的结构类型定义中,将一个联系人的姓名、部门、地址、邮编、电话号码和邮箱等组合成了一个整体,虽然各个成员数据分别有着不同的数据类型,但是各个成员数据都属于同一个联系人。

结构类型定义并没有说明任何实际的变量,它仅仅是定义一种特殊的数据类型,它与系统标准类型(如 int、char、float、long int 等)一样可以用来定义变量。

2.结构类型变量的定义

在定义了一个结构类型后,还需要对相应的变量进行定义,定义一个结构类型变量(简称结构变量)的方法有 3 种方式。

(1)先定义结构类型再定义变量名

先定义结构类型。例如先定义一个成绩表结构类型:

```
struct score
{
    char class[20];                                         /* 班级* /
    long int number;                                        /* 学号* /
    char name[20];                                          /* 姓名* /
    char sex;                                               /* 性别* /
    float math;                                           /* 数学成绩* /
    float database;                                      /* 数据库成绩* /
    float english;                                        /* 英语成绩* /
};
```

然后定义结构类型变量。例如利用结构类型 struct score 定义 2 个结构类型变量 stu1 和 stu2 的定义语句为:

```
struct score stu1,stu2;
```

结构变量 stu1 和 stu2 均为结构类型 struct score 的变量,即它们具有 struct score 定义的结构,如图 7-2 所示。

	class	number	name	sex	math	database	english
stu1	Computer1	30301	ZhangSan	M	87.50	67.80	91.00
stu2	Computer1	30302	ChengHua	F	91.00	87.00	88.50

图 7-2　stu1 和 stu2 结构变量

在 C 语言中,定义结构类型变量时,结构类型名前必须要带 struct。上面的定义语句如果写成

```
score stu1, stu2;
```

则会出现编译错误。

(2) 在定义类型的同时定义变量

这种定义形式同时定义结构类型和结构类型变量,是一种双重定义,其定义的一般形式为:

```
struct 结构名
{
    类型说明符 1      成员名 1;
    类型说明符 2      成员名 2;
    ……
    类型说明符 n      成员名 n;
}结构类型变量名表;
```

下面的定义同时定义了一个结构类型 struct score 和两个结构类型变量 stu1 与 stu2。

```
struct score
{
    char class[20];                          /* 班级 */
    long int number;                         /* 学号 */
    char name[20];                           /* 姓名 */
    char sex;                                /* 性别 */
    float math;                              /* 数学成绩 */
    float database;                          /* 数据库成绩 */
    float english;                           /* 英语成绩 */
} stu1, stu2;
```

(3) 直接定义结构类型变量

若只需定义结构类型变量,则定义时可不出现结构名。其定义的一般形式为:

```
struct
{
    类型说明符 1      成员名 1;
    类型说明符 2      成员名 2;
    ……
    类型说明符 n      成员名 n;
}结构类型变量名表;
```

下面的定义直接定义了两个结构类型变量 stu1 与 stu2。

```
struct
{
    char class[20];                          /* 班级 */
    long int number;                         /* 学号 */
    char name[20];                           /* 姓名 */
    char sex;                                /* 性别 */
    float math;                              /* 数学成绩 */
```

```
        float database;                                    /* 数据库成绩* /
        float english;                                     /* 英语成绩* /
} stu1, stu2;
```

关于结构变量,有几点要说明。

(1) 成员可以与程序中的变量同名,但两者不代表同一对象

(2) 结构类型与结构变量的概念不同

① 对结构变量来说,一般先定义一个结构类型,然后定义该类型的变量。

② 只能对结构变量赋值、存取或运算,不能对一个结构类型赋值、存取或运算。

③ 在编译时,不对结构类型分配空间,只对结构变量分配空间。C 编译器将自动地分配适当的内存区域给结构变量的各个成员变量。

(3) 结构变量的内存分配与编译器有关

表 7-1 是结构变量 stu1 在两种不同编译环境(Turbo C 和 VC6)中的内存分配情况。

表 7-1   结构变量 stu1 在不同编译环境中的内存分配情况

结构变量 stu1 的成员变量	Turbo C 中分配的字节数/Byte	Visual C++ 6.0 中分配的字节数/Byte
char class[20];	20	20
long int number;	4	4
char name[20];	20	20
char sex;	1	4
float math;	4	4
float database;	4	4
float english;	4	4

VC 为结构体变量分配内存与 Turbo C 不同。Turbo C 中是按需分配,即实际需要多大内存就分配多大内存。而 VC 中为结构体变量分配内存是按单位长度分配的,即先分配一单位长度(该单位长度的大小等于结构成员中占内存最多的数据类型长度),然后在该单位长度空间中依次为结构变量中的成员变量分配空间,直至剩余空间不够分配给一个完整的成员变量时为止,就再为该结构变量分配另一个单位长度的存储空间。

3. 结构变量的引用规则

(1) 成员的访问

对结构变量中各个成员的访问,用操作符“.”表示,其格式为:

        结构变量名.成员名

操作符“.”称为成员运算符,具有最高优先级。C 允许直接赋值给一个结构变量成员,而不能将一个结构变量作为一个整体进行输入和输出。例如,若系统已经进行了如图 7-2所示的定义,则将 30301 赋给其结构变量 stu1 中的 number 成员的正确语句是:

```
stu1.number=30301;
```

而以下语句是错误的:

```
scanf("%s,%ld,%s,%c,%f,%f,%f",&stu1);
printf("%s,%ld,%s,%c,%f,%f,%f\n",stu1);
```

（2）对成员变量可以像普通变量一样进行各种运算

下列运算是正确的：

```
stu1.number++;
++stu1.number;
```

 运算 stu1.number++ 是对 stu1 中的 number 进行自加运算，而不是对 stu1 进行自加运算。

（3）可以引用成员的地址，也可以引用结构变量的地址

例如，对于如图 7-2 的结构类型：

```
scanf("%ld",&stu1.number);          /* 键盘输入成员 stu1.number 的值 */
printf("%ld",stu1.number);              /* 输出成员 stu1.number 的值 */
printf("%p",&stu1);                    /* 输出结构变量 stu1 的首地址 */
```

4. 结构类型变量的初始化

可以在定义结构变量的同时，对结构变量中的各个成员进行初始化。初始化时注意数据类型的一致性。

例 7-1 在定义结构类型的同时进行结构变量的定义及初始化。

```
#include  <stdio.h>
struct person
{
    char name[20];
    char department[30];
    char address[30];
    long int zip;
    long int phone;
    char email[30];
}a={"ZhangSan","Computer","School of Computer",411201,58290474,
    "ZhangSan@qq.com"};
int main()
{
    printf("name:%s\ndepartment:%s\naddress:%s\n",a.name,a.department,
        a.address);
    printf("zip:%ld\nphone:%ld\nemail:%s\n",a.zip,a.phone,a.email);
    return 0;
}
```

运行结果为：

```
name:ZhangSan
department:Computer
address:School of Computer
```

zip:411201

phone:58290474

email:ZhangSan@qq.com

例 7-2　先定义结构类型,再进行结构变量的定义及初始化。

```c
#include   <stdio.h>
struct person
{
    char name[20];
    char department[30];
    char address[30];
    long int zip;
    long int phone;
    char email[30];
};
int main()
{
    struct person a={"ZhangSan","Computer","School of Computer",411201,
                     58290474,"ZhangSan@qq.com"};
     printf ( " name:%s \ndepartment:%s \naddress:%s \n", a. name, a.department, a.address);
    printf("zip:%ld\nphone:%ld\nemail:%s\n",a.zip,a.phone,a.email);
    return 0;
}
```

运行结果为:

name:ZhangSan

department:Computer

address:School of Computer

zip:411201

phone:58290474

email:ZhangSan@qq.com

二、结构类型数组

　　一个结构变量只能存放表格中的一个记录(如一个学生的学号、姓名和成绩等数据)。若一个班有数十名学生的记录,则需要有数十个结构变量来存放全部的记录,那样就太麻烦了。最好的方法就是用结构类型数组(简称结构数组)来描述。

　　结构数组在定义结构变量时指定数组下标,下标从 0 开始。结构数组与普通数组区别在于它的每个数组元素都是一个结构类型数据,它们都分别包括各个成员项。

　　1. 结构数组的定义

　　与定义结构变量的方法相似,只需说明其为数组即可。例如,定义一个能保存 35 个同学的通讯录结构数组,格式为:

struct person

```
{
    char name[20];
    char department[30];
    char address[30];
    long int zip;
    long int phone;
    char email[30];
};
struct person stu[35];
```

以上定义了一个有 35 个元素的结构数组 stu,其元素为 struct person 类型数据。数组各元素在内存中连续存放,如图 7-3 所示。也可以直接定义一个结构数组,例如

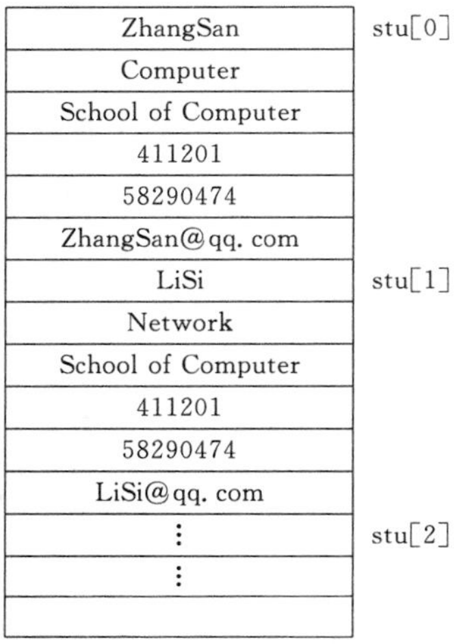

```
struct person
{
    char name[20];
        ⋮
}stu[35];
```

或者写成:

```
struct
{
    char name[20];
        ⋮
}stu[35];
```

ZhangSan	stu[0]
Computer	
School of Computer	
411201	
58290474	
ZhangSan@qq.com	
LiSi	stu[1]
Network	
School of Computer	
411201	
58290474	
LiSi@qq.com	
⋮	stu[2]
⋮	

图 7-3 结构数组

2. 结构数组的初始化

初始化结构数组可以用类似于结构变量初始化方法。其中每个数组元素的值要用花括号"{}"括起来,各数组元素之间以逗号","隔开。一般形式为:

```
struct  结构名  数组名[数组元素数]={初值表列};
```

例如:

```
struct person
{
    char name[20];
    char department[30];
    char address[30];
    long int zip;
    long int phone;
    char email[30];
}stu[2]={{"ZhangSan","Computer","School of Computer",411201,58290474,"ZhangSan@qq.com"},{"LiSi","Network","School of Computer",411201,58290474,"LiSi@qq.com"}};
```

在定义结构数组 stu[ ]时,数组元素的个数可以不指定,即写成以下形式:

```
struct person
```

```
{
    char name[20];
        ⋮
};
struct person stu[]={{…},{…}};
```

编译时,系统根据初值给出的结构类型数据的个数来确定数组元素的个数。

三、结构类型指针

为了方便对结构变量或结构数组进行操作,可以定义结构类型指针变量,用以指向结构变量或指向结构数组。

1. 指向结构变量的指针

结构变量指针要求先定义,后使用。基本步骤如下。

① 首先让我们定义结构:

```
struct 结构名
{
    ⋮
} 结构变量表;
```

② 然后用下面的语句来定义指向结构类型变量的指针变量:

```
struct 结构名 *p;
```

随后可将所定义的指针变量 p 指向结构类型变量(注意:它只能指向一个结构类型变量,而不能指向结构类型变量的某一成员),如:

```
p=& 结构变量;
```

③ 结构指针变量 p 指向某个结构变量后,通过 p 引用结构变量成员的形式如下:

(*指针变量).成员　　或　　指针变量->成员

其中算符"->"称为指向运算符,由一个减号"-"和一个大于号">"组成。下面是与指向运算符相关的几种运算。

表 7-2　　　　　　　　　　　与指向运算符相关的运算

表　达　式	运　算　结　果
p->n	得到 p 指向的结构变量中的成员 n 的值
p->n++	得到 p 指向的结构变量中的成员 n 的值,用完该值后使它加 1
++p->n	得到 p 指向的结构变量中的成员 n 的值使之加 1(先加)

例 7-3 是一指向结构变量的指针变量的应用举例。例中指针指向的示意图如图 7-4 所示。在这段程序中,前两个 printf 函数是输出 stu1 的各个成员的值,后两个 printf 函数使用 p->num 的形式来输出 stu1 各成员的值,而结果是相同的。

例 7-3　输出一个同学的通讯录。

```
#include <stdio.h>
```

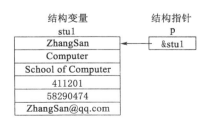

图 7-4　指针指向示意图

```c
#include  <string.h>
int main()
{
    struct person                                      /* 定义结构类型 */
    {
        char name[20];
        char department[30];
        char address[30];
        long int zip;
        long int phone;
        char email[30];
    };
    struct person stu1;                                /* 定义结构变量 stu1 */
    struct person *p;                                  /* 定义指针变量*p */
    p=&stu1;                                           /* 指针指向 stu1 */
    strcpy(stu1.name,"ZhangSan");                      /* 单独给字符数组成员赋值 */
    strcpy(stu1.department,"Computer");
    strcpy(stu1.address,"School of Computer");
    stu1.zip=411201;
    stu1.phone=58290474;
    strcpy(stu1.email,"ZhangSan@qq.com");
    printf("name:%s\ndepartment:%s\naddress:%s\n",stu1.name,stu1.department,stu1.
        address);
    printf("zip:%ld\nphone:%ld\nemail:%s\n", stu1.zip,stu1.phone,stu1.email);
    printf("name:%s\ndepartment:%s\naddress:%s\n",p->name,p->department,p->
        address);
    printf("zip:%ld\nphone:%ld\nemail:%s\n",p->zip,p->phone,p->email);
    return 0;
}
```

程序运行结果如下：

name:ZhangSan
department:Computer
address:School of Computer
zip:411201
phone:58290474
email:ZhangSan@qq.com
name:ZhangSan
department:Computer
address:School of Computer
zip:411201
phone:58290474
email:ZhangSan@qq.com

在 C 语言中,当用一个指针变量 p 指向某个结构变量后,则以下 3 种结构成员的引用是等

价的:

① 结构变量.成员名

② p->成员名

③ (*p).成员名

2. 指向结构数组的指针

可以用指针或指针变量来指向结构数组及其元素,其定义和使用原则与指向结构变量的指针相同。

例7-4 编一程序,要求用指向结构数组的指针来连续输出通讯录中的3条记录。

解题思路 利用循环结构,先使 p 指向数组 stu 的起始地址,如图 7-5 所示。在第一次循环中输出 stu[0]各个成员值,然后执行 p++,使 p 指向 stu[1]的起始地址;在第二次循环中输出 stu[1]的各成员值……直到 p 不小于 stu+3 时,停止循环。

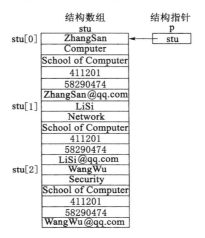

图 7-5 通过指针访问结构数组

```c
#include <stdio.h>
#include <string.h>
struct person
{
    char name[20];
    char department[30];
    char address[30];
    long int zip;
    long int phone;
    char email[30];
};
struct person stu [3] ={{ " ZhangSan", "Computer"," School of  Computer", 411201,
58290474,"ZhangSan @ qq.com"}, { " LiSi", "Network","School of  Computer", 411201,
58290474,"LiSi@ qq. com"}, { " WangWu", "Security"," School  of  Computer", 411201,
58290474,"WangWu@qq.com"}};
int main()
{
    struct person *p;                            /* 定义结构类型数据的指针变量 */
    printf(" Name department address zip phone email \n");
    for(p=stu;p<stu+3;p++)   /* 先使 p 指向数组 stu 的起始地址,然后通过 p 的移动控制输出 */
        printf ("%-10s %-10s %-15s %ld %ld %s\n",p->name,p->department,p->address,
            p->zip,p->phone,p->email);
    return 0;
}
```

运行结果:

```
Name        department      address             zip       phone       email

ZhangSan    Computer        School of Computer   411201    58290474   ZhangSan@qq.com
```

| LiSi | Network | School of Computer | 411201 | 58290474 | LiSi@qq.com |
| WangWu | Security | School of Computer | 411201 | 58290474 | WangWu@qq.com |

要特别注意运算（++p)->name 和(p++)->name 的区别。

① (++p)->name 是先使 p 自加 1,然后得到它指向的元素中的 name 成员值。

② (p++)->name 是先得到 p->name 的值,然后使 p 自加 1,指向stu[1]。

3. 用指向结构的指针做函数参数

当需要将一个结构变量(或结构数组)的值传给另一个函数时,可以有两个方法。

① 用结构变量(或结构数组)做函数形参,同样用结构变量(或结构数组)做函数实参。

② 用指向结构变量(或结构数组)的指针做形参,用结构变量(或结构数组)的首地址做实参。

方法 1 将一个完整的结构变量(或结构数组)做为实参传递给形参,则需要将全部成员值一个一个传递,时间与空间开销大,程序运行效率低;而方法 2 是将结构变量(或结构数组)的地址作为实参传递给形参,减少了时间与空间开销,提高了运行效率。

例 7-5 方法 1 举例。

```c
#include  <stdio.h>
struct my
{
    float a,b;
    char ch;
};
int main()
{
    struct my arg;
    void f1(struct my);
    arg.a=888.88;
    f1(arg);                                    /* 实参 arg */
    return 0;
}
void f1(struct my parm)                         /* 形参 parm */
{
    printf("%6.2f\n",parm.a);
}
```

运行结果为:

```
888.88
```

当用整个结构作为函数参数传递时,必须保证实参与形参的类型相同。例 7-5 中,形参 parm 和实参 arg 被说明为同一结构类型(struct my)。在函数 f1()调用时,形参"parm"需要单独分配空间,且需要将实参 arg 的全部成员值一个一个传递给形参"parm"的各个成员,时间与空间开销大,程序运行效率低。

例 7-6 方法 2 举例。有一个结构变量 stu,内含学生学号、姓名和三门课的成绩。要求编一个程序,在 main 函数中赋以值,在另一函数 print 中将它们输出。

```
#include  <stdio.h>
#include  <string.h>
#define format "%d\n%s\n%5.2f\n%5.2f\n%5.2f\n"
struct student                                    /* 定义一个结构类型 */
{
    int num;
    char name[20];
    float score[3];
};
int main()
{
    void print(struct student* );
    struct student stu;                           /* 定义结构变量 stu */
    stu.num=23;                                    /* 给变量 stu 的各成员赋值 */
    strcpy(stu.name,"Li Ming");
    stu.score[0]=75.5;
    stu.score[1]=91;
    stu.score[2]=76.5;
    print(&stu);            /* 以结构变量 stu 的首地址作为实参传给 print 函数 */
    return 0;
}
void print(struct student *p)  /* print 函数用于输出结构变量中的各成员的值 */
{
    printf(format,p->num,p->name,p->score[0],p->score[1],p->score[2]);
    printf("\n");
}
```

运行结果为:

```
23
Li Ming
75.50
91.00
76.50
```

例 7-6 中的函数 print()在调用时,将结构变量 stu 的首地址传送给形参 p(p 是指针变量),p 指向结构变量 stu 后间接引用 stu 的内存和成员值,由于不需额外分配结构变量的内存并传递各个成员的值,从而减少了时间与空间开销,提高了运行效率。

四、结构类型的嵌套

结构类型的成员也可以是一个结构类型,即允许"嵌套"的结构类型。例如,在下面的程序中先定义了一个 struct subject 结构类型,它代表"科目",包括 3 个成员:math、database 和 english。然后在定义 struct score 类型时,其成员 course 的类型定义为 struct subject 类型。于是结构类型 struct score 的构成如图 7-6 所示。

grade	number	name	sex	course		
				maths	database	english

图 7-6　结构类型 struct score 的构成

```
struct subject
{
    float math;
    float database;
    float english;
};
struct score
{
    char grade[20];
    long int number;
    char name[20];
    char sex;
    struct subject course
}stu1,stu2;
```

由于成员本身又属一个结构类型,在访问成员时,则要用若干个成员运算符,逐级找到最低一级的成员。系统只能对最低的成员进行赋值、存储或运算。例如,对上面定义的 struct score 结构变量 stu1,可以这样访问各成员:

```
stu1.name
stu1.course.math
stu1.course.database
stu1.course.english
```

不能是 stu1. subject,因为".."号是成员访问运算符,只能连接结构变量或成员变量,而 subject 是一个结构类型名。同理,下面语句是正确的:

```
sum=stu1.course.math+stu2.course.math;
stu2.course.math=stu1.course.math;
```

五、用指针处理链表

1. 链表概述

链表是一种常见的重要数据结构。它是一种动态存储分配结构,可避免因无法确定所需长度(即元素个数)而把数组定得较大,导致浪费内存资源的情况。

图 7-7 表示一种单向链表结构。链表有一个"头指针"变量,图中以"head"表示,它存放一个地址,该地址指向一个结构元素。链表中每一个元素称为"结点",每个结点都应包括两个部分:第一部分为用户需要用的实际数据,第二部分为下一个结点的地址。"head"指向第一个元素,第一个元素又指向第二个元素……直到最后一个元素,该元素不再指向其他元素,它称为"表尾",它的地址部分放一个"NULL"(表示"空地址")。链表到此结束。

图 7-7 的另一层含义是:链表中的各结点在内存中的存储地址可以不连续。其各结点的地址在需要时向系统申请分配,系统根据内存的当前情况,既可以连续分配地址,也可以

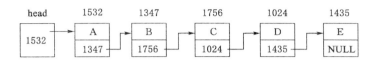

图 7-7　单向链表结构

跳跃式分配地址。无论在表中访问哪一个结点,都需要从链表的头指针开始,顺序向后查找。

利用在结构变量中所包含的指针类型成员,用它来指向其他结构类型数据,或指向与自身所在结构类型相同的结构类型数据,以这种方法来定义一个链表。例如:

```
struct person
{
    char name[20];
    char department[30];
    char address[30];
    long int zip;
    long int phone;
    char email[30];
    struct person *next;
};
```

其中 next 是指针类型的成员名,它指向 struct person 类型数据(即 next 所在的结构类型数据)。在该结构类型的定义中,非常特殊的一点就是结构类型为递归结构类型,构成的链表结构如图 7-8 所示。该链表中每一个结点都属于 struct person 类型,其成员 next 存放下一结点的首地址。图 7-8 的存储形式与图 7-5 用结构体数组存储的形式相比,主要的不同是各个结点之间并不需要连续存储。

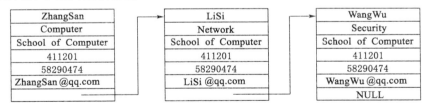

图 7-8　递归结构类型的链表结构

2. 建立与输出链表

在定义结构类型时,系统并未实际分配存储空间。为能让链表在需要时动态地开辟和释放一个结点的存储单元,我们可以使用 C 语言编译系统提供的以下库函数。

void *malloc(unsigned size) 在内存的动态存储区中分配一长度为 size 的连续空间。分配空间成功,则返回指向被分配内存的无类型指针,否则返回 NULL。在实际编程时,无类型指针(void *)可以通过类型转换强制转换为任何其它类型的指针。

void *calloc(unsigned n, unsigned size) 在内存的动态存储区中分配 n 个长度为 size 的连续空间。分配空间成功,则返回指向被分配内存的无类型指针,否则返回 NULL。

void free(void *ptr) 释放由 ptr 指向的内存空间。ptr 是调用 malloc 或 calloc 函数时的返回值。

（1）链表的建立

链表建立的程序流程图如图 7-9 所示，主要有以下几个步骤。

① 定义链表数据结构。

② 创建一个空表 head＝NULL。

③ 输入数据有效，重复以下操作。

- 利用 malloc( )函数向系统申请分配一个结点 p1，并初始化 p1 的数据项和指针项。
- 若是空表，将新结点置为头结点；若是非空表，将新结点接到表尾。

 链表的头指针是非常重要的参数，因为对链表的输出和查找都要从链表的头指针开始，所以链表创建成功后，要返回一个链表头结点的地址，即头指针。

（2）链表的输出

首先找到链表头指针 head，若是空表则立即退出输出过程；若是非空链表，则通过指针的不断向后移动逐个输出链表中各个结点的值，直到链表尾。算法流程图如图 7-10 所示，即：

① 找到表头 p=head。

② 当链表非空 p!=NULL 时，重复以下操作。

- 输出结点 p 数据 p->num。
- 跟踪 p 下一结点 p=p->next。

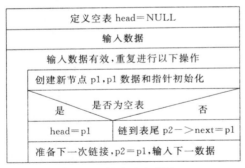

图 7-9 链表建立算法

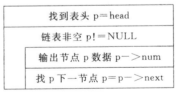

图 7-10 链表的输出算法

例 7-7 创建一个存放正整数（以－1 作为结束标志）的单向链表，并打印输出。

解题思路 如图 7-9 和图 7-10 所示。

```c
#include <stdlib.h>                          /* 包含 malloc( )的头文件 */
#include <stdio.h>
struct node                                  /* 链表结点的结构 */
{
    int num;
    struct node *next;
};
```

```
int main()
{
    struct node *creat(struct node* );                              /* 函数声明 */
    void print(struct node* );
    struct node *head;                                              /* 定义头指针 */
    head=NULL;                                                      /* 建一个空表 */
    head=creat(head);                                              /* 创建单链表 */
    print(head);                                                    /* 打印单链表 */
    return 0;
}
struct node *creat(struct node *head)        /* 函数返回的是与结点相同类型的指针 */
{
    int n;
    struct node *p1=NULL,*p2=NULL;                                 /* 定义两个指针 */
    printf("Please input a integer(>0), if input  -1 then exit:\n");
    scanf("%d",&n);                                          /* 从键盘输入结点的值 */
    while(n>0)                                              /* 输入结点的数值大于 0 */
    {
        p1=(struct node* ) malloc(sizeof(struct node));    /* p1 指向申请的新结点 */
        p1->num=n;
        p1->next=NULL;                                      /* 将新结点的指针置为空 */
        if (head==NULL)
            head=p1;                                          /* 空表,接入表头 */
        else
            p2->next=p1;                                      /* 非空表,接到表尾 */
        p2=p1;
        scanf("%d",&n);                                        /* 输入结点的值 */
    }
    return head;                                              /* 返回链表的头指针 */
}
void print(struct node *head)            /* 输出以 head 为头的链表各结点的值 */
{
    struct node *temp;
    temp=head;                                               /* 取得链表的头指针 */
    while(temp!=NULL)                                      /* temp 所指结点不为空 */
    {
        printf("%6d",temp->num );                          /* 输出 temp 所指结点的值 */
        temp=temp->next;                                  /* temp 后移,指向下一个结点 */
    }
}
```

运行结果：

```
Please input a integer(>0), if input -1 then exit:
1 2 3 4 5 6 7 8 9 -1↙
```

1 2 3 4 5 6 7 8 9

3. 链表的删除与插入操作

从链表中删除一个结点有 3 种情况：删除链表头结点，删除链表中间的某一结点和删除链表的尾结点，如图 7-11 中虚线所示的操作。由于删除的结点可能是链表的头，会对链表的头指针进行修改，所以删除结点函数的返回值定义为返回结构类型的指针（用于返回头指针）。

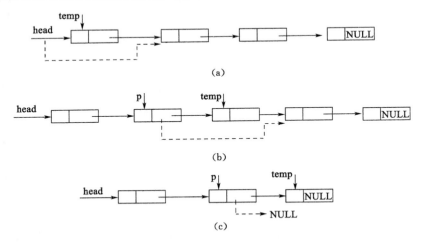

图 7-11 删除结点的 3 种情况（p 为被删除结点 temp 的前驱）

(a) 删除表头结点 temp:head=head->next;free(temp);

(b) 删除表中结点 temp:p->next=temp->next;free(temp);

(c) 删除表尾结点 temp:p->next=temp->next;free(temp);

将一个结点插入到一个已有的链表中也有 3 种情况，如图 7-12 中虚线所示的操作。插入的结点可以在表头、表中或表尾。在插入时，插入的结点依次与链表中结点相比较，找到插入位置。若插入结点在链表的头部，则要对链表的头指针进行修改，所以定义插入结点函数的返回值为结构类型指针（用于返回头指针）。

例 7-8 创建一个单链表。结点信息包括学号与姓名，结点数不限，表以学号为序，低学号的在前，高学号的在后，若输入姓名为空则结束。在此链表中，要求删除一个给定姓名的结点，并插入一个给定学号和姓名的结点。

解题思路 链表定义与输出函数可以参见前例。对于插入函数，利用 malloc( ) 函数向系统申请分配一个结点存放输入的姓名和学号，并让新的学号与各结点的学号比较，以确定插入的结点位于表头、表中或表尾。对于删除函数，应根据指定的学生姓名，在链表中从头到尾依此查找各结点，并与各结点的学生姓名比较，若查找成功（相同）则修改指针并释放内存空间，否则提示找不到结点后退出。

```c
#include <stdlib.h>
#include <stdio.h>
#include <malloc.h>
struct node                              /* 结点的数据结构 */
{
    int num;
```

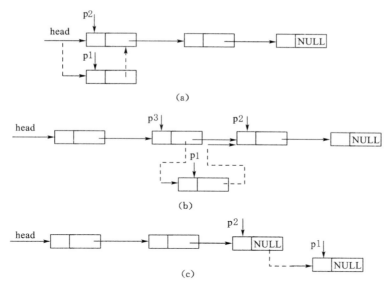

图 7-12　插入结点的 3 种情况

（a）在表头插入结点 p1:p1->next=p2;head=p1;

（b）在表中插入结点 p1:p1->next=p2;p3->next=p1;

（c）在表尾插入结点 p1:p2-> next=p1;p1->next=NULL

```
    char str[20];
    struct node *next;
};
/* * * * * * * * * * 主函数 * * * * * * * * * * * * * * */
int main()
{
    struct node *creat(struct node* );                      /* 函数声明 */
    struct node *insert(struct node* ,char* ,int);          /* 函数声明 */
    struct node *Delete();                                  /* 函数声明 */
    void print(struct node* );                              /* 函数声明 */
    struct node *head;
    char str[20];
    int n;
    head=NULL;
    head=creat(head);                       /* 调用函数创建以 head 为头的链表 */
    print(head);                                    /* 调用函数输出结点 */
    printf("\n input inserted num,name:\n");
    gets(str);                                              /* 输入学号 */
    n=atoi(str);
    gets(str);                                              /* 输入姓名 */
    head=insert(head,str,n);                        /* 将结点插入链表 */
    print(head);                                    /* 调用函数输出结点 */
    printf("\n input deleted name:\n");
```

```c
        gets(str);                                        /* 输入被删姓名 */
        head=Delete(head,str);                            /* 调用函数删除结点 */
        print(head);                                      /* 调用函数输出结点 */
        return 0;
}
/* * * * * * * * * 创建链表函数* * * * * * * * * * * * * */
struct node *creat(struct node * head)
{
    char temp[30];
    struct node *p1,*p2;
    p1=p2=(struct node* )malloc(sizeof(struct node));
    printf("input num, name: \n") ;
    printf("exit:double times Enter! \n");
    gets(temp);
    gets(p1->str);
    p1->num=atoi(temp);
    p1->next=NULL;
    while(strlen(p1->str)>0)
    {
        if (head==NULL)
            head=p1;
        else
            p2->next=p1;
        p2=p1;
        p1=(struct node * )malloc(sizeof(struct node));
        printf("input num, name: \n");
        printf("exit:double times Enter! \n");
        gets(temp);
        gets(p1->str);
        p1->num=atoi(temp);
        p1->next=NULL;
    }
    return head;
}
/* * * * * * * * * 插入结点函数* * * * * * * * * * * * */
struct node *insert(struct node *head,char *pstr,int n)
/* 插入学号为 n、姓名为 pstr 的结点 */
{
    struct node *p1,*p2,*p3;
    p1=(struct node* )malloc(sizeof(struct node));        /* 分配一个新结点 */
    strcpy (p1->str,pstr);                                /* 写入结点的姓名字串 */
    p1->num=n;                                            /* 指向学号 */
    p2=head;
```

```
    if(head==NULL)                                                  /* 空表 */
    {
        head=p1;
        p1->next=NULL;                                          /* 新结点插入表头 */
    }
    else
    {
        while (n>p2->num && p2->next!=NULL)                          /* 非空表 */
        {
            p3=p2;
            p2=p2->next;                                        /* 跟踪链表增长 */
        }
        if (n<=p2->num)                                        /* 找到插入位置 */
            if (head==p2)                                      /* 插入位置在表头 */
            {
                p1->next=p2 ;
                head=p1;
            }
            else                                               /* 插入位置在表中 */
            {
                p1->next=p2;
                p3->next=p1;
            }
        else                                                   /* 插入位置在表尾 */
        {
            p2->next=p1;
            p1->next=NULL;
        }
    }
    return(head);                                         /* 返回链表的头指针 */
}
/* * * * * * * * * * 删除结点函数* * * * * * * * * * * /
struct node *Delete(struct node *head,char *pstr)
/* 以 head 为头指针,删除 pstr 所在结点 * /
{
    struct node *temp,*p;
    temp=head;                                              /* 链表的头指针 */
    if(head==NULL)                                          /* 链表为空 */
        printf("\nList is null! \n");
    else                                                   /* 非空表 */
    {
        temp=head;
        while (strcmp(temp->str,pstr)!=0 && temp->next!=NULL)
```

```
                                        /*  若结点的字符串与输入字符串不同,并且未到链表尾 */
            p=temp;
            temp=temp->next;                        /* 指针后移,即跟踪链表的增长 */
        }
        if (strcmp(temp->str,pstr)==0)                      /* 找到字符串 */
        {
            if (temp==head)
            {
                head=head->next;                       /* 删除表头结点 */
                free(temp);                            /* 释放被删结点 */
            }
            else
            {
                p->next=temp->next;                    /* 删除表中或表尾结点 */
                printf("delete string :%s\n",temp->str);
                free(temp);                            /* 释放被删结点 */
            }
        }
        else printf("cannot find string! \n");          /* 没找到要删除的字符串 */
    }
    return(head);                                   /* 返回表头指针 */
}
/* * * * * * * * * * 链表输出函数 * * * * * * * * * * / 
void print(struct node * head)
{
    struct node *temp;
    temp=head;
    printf("\n output strings:\n");
    while (temp!=NULL)
    {
        printf("\n%d - - - - %s\n ",temp->num,temp->str);
        temp=temp->next;
    }
    return;
}
```

　　运行该程序时,结点输入(学号及姓名)采用单个输入并回车的方式,连续两次回车则退出结点输入;插入结点函数要求先输入学号,再输入姓名;删除结点函数则要求输入被删结点对应的姓名。

　　上面所介绍的单向链表只是链表家族中的一个成员,链表这个大家庭中还有循环链表、双向链表等。此外,计算机技术中涉及的队列、树、图等数据结构均是指针应用的主要领域,相关的算法将在"数据结构"课程中介绍。

第二节　共　用　类　型

一、共用类型的定义

所谓共用类型是指将不同类型的数据项组织成一个整体,它们在内存中占用同一段存储单元。例如,可把一个整型变量、一个字符型变量、一个实型变量放在同一个地址开始的内存单元中(如图 7-13 所示)。也就是使用覆盖技术,将几个变量互相重叠,共用内存空间,其定义形式为:

```
union 共用类型名
{
    成员表列;
}变量表列;
```

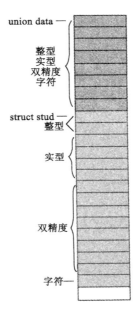

图 7-13　共用类型在内存中的存储形式

例如,下面语句先定义一个 union data 类型,再将 a、b、c 定义为 union data 类型变量。

```
union data
{
    short i;
    char ch;
    float f;
}a,b,c;
```

同结构类型一样,共用类型也可以允许将类型定义与变量定义分开:

```
union data
{
    short i;
    char ch;
    float f;
};
union data a,b,c;
```

当然也可以直接定义共用变量,例如:

```
union
{
    short i;
    char ch;
    float f;
}a,b,c;
```

由此可见,共用类型与结构类型在形式上非常相似,但其表示的含义及存储是完全不同的,结构变量所占内存长度大于或等于(VC 中是大于或等于,Turbo C 中是等于)各成员所占的内存长度之和,每个成员分别占有其自己的内存单元。共用变量所占的内存长度等于最长的成员的长度,其各数据成员共用低地址空间。例如,上面定义的共用变量 a,b,c 共占

4 个字节(实型变量占 4 个字节),而不是共占 2+1+4＝7 个字节。

例 7-9 一个利用共用类型的实例。

```c
#include  <stdio.h>
union data                                        /* 定义共用类型 */
{
    short a;
    long b;
    double c;
    char d;
} y;                                              /* 定义共用类型变量 y */
struct stud                                       /* 定义结构类型 */
{
    short i;
    long j;
    double k;
    char m;
}stu;                                             /* 定义结构类型变量 */
int main()
{
    printf("%d,%d",sizeof(union data),sizeof(struct stud));
    y.b=0x12345678;
    printf("\n%x, %lx", y.a, y.b);
    return 0;
}
```

运行结果为:

```
8,24
5678,12345678
```

程序在 VC 中的运行结果证明了例中的结构类型的存储空间(24)"大于"其各成员字节数之和(15);而共用类型的存储空间为其最长的成员所占的字节数(8)。

例 7-9 在 Turbo C 中运行时,其结构类型大小为 15,这说明 VC 和 Turbo C 对结构体分配内存的处理有差别,其原因已经在本章第一节中作了阐述。

二、共用类型变量的引用

共用类型变量成员的引用方法与结构类型完全相同。若定义共用类型为:

```c
union data                                        /* 共用类型 */
{
    int a;
    float b;
    double c;
    char d;
} x;
```

其各成员引用格式为:x.a, x.b, x.c, x.d。下面的例子说明了共用类型变量的正确引用方法。

```
#include   <stdio.h>
int main()
{
    union data
    {
        int a;
        float b;
        double c;
        char d;
    } yy ;
    yy.a =6 ;                               /* 引用一个成员 yy.a */
    printf("%d\n",yy.a);
    yy.c =67.2;                             /* 引用另一个成员 yy.c */
    printf("%5.1f\n", yy.c ) ;
    yy.d='W';                               /* 引用二个成员 yy.d 和 yy.b */
    yy.b=34.2;
    printf("%5.1f, %c\n", yy.b, yy.d) ;     /* 会出现不可靠的输出 */
    return 0;
}
```

该程序最后一行的输出是不可靠的。原因是连续进行了 yy.d='W' 和 yy.b=34.2 的赋值语句后,使共用变量占据的 4 字节被写入成员 yy.b(34.2),而之前写入的字符'W'被覆盖了。因此在引用共用变量时应十分注意当前存放在共用变量中的究竟是哪个成员。这也就是说共用类型变量的地址和它的各成员的地址是同一地址:&yy、&yy.a、&yy.b、&yy.c 及 &yy.d 都是同一地址值。

例 7-10　通过共用类型成员显示其在内存的存储情况。

解题思路　定义一个名为 time 的结构体,再定义共用类型 dig。

```
#include   <stdio.h>
struct time
{
    short year;
    short month;
    short day;
};
union dig
{
    struct time data;                       /* 嵌套的结构体类型 */
    char byte[6];
};
int main()
{
    union dig unit;
```

```
    int i;
    printf("enter year:\n");
    scanf("%d",&unit.data.year);                                    /* 输入年 */
    printf("enter month:\n");
    scanf("%d",&unit.data.month);                                   /* 输入月 */
    printf("enter day:\n");
    scanf("%d",&unit.data.day);                                     /* 输入日 */
    printf ("year=%d month=%d day=%d\n", unit.data.year,unit.data.month,
            unit.data.day);
    for(i=0;i<6;i++)
        printf("%d,",unit.byte[i]);                                 /* 按字节以十进制输出 */
    printf("\n");
    return 0;
}
```

运行程序：

```
    enter year:
    2003↙
    enter month:
    4↙
    enter day:
    25↙
    year=2003 month=4 day=25
    - 45,7,4,0,25,0
```

分析一下最后一行的输出结果。2003、4 和 25 分别占 2 个字节，总共占 6 个字节，现在若将这 6 个字节以字节为单位单独输出，则需要分析一下存储状态。2003、4 和 25 这三个数对应的十六进制数为 0x07d3、0x0004 和 0x0019。由于多字节数的存储顺序是低位优先，6 个字节中依次存储的十六进制数为 0xd3、0x07、0x04、0x00、0x19、0x00，转换成对应的有符号单字节十进制数依次便是－45、7、4、0、25、0。

第三节　枚 举 类 型

如果一个变量只有几种可能的值，可以定义为枚举类型。所谓"枚举"是指将变量的值一一列举出来，变量的取值只限于列举出来的那些值。

定义枚举类型用 enum 开头。其格式为：

　　enum 枚举类型名{枚举值表}；

枚举值表中的各值称为枚举元素或枚举常量，是用户定义的标识符。例如，定义一个枚举类型 enum weekday 可以是：

```
enum weekday {sun,mon,tue,wed,thu,fri,sat};
```

其中 sun、mon、……sat 是枚举元素。然后可以用此类型来定义枚举类型变量，如：

```
enum weekday   workday, week_end;
```

workday 和 week_end 被定义为枚举变量，其值只能是 sun～sat 之中的某个值。例如：

```
workday=mon;
week_end=sun;
```

是正确的。当然,也可以直接定义枚举变量,如:

```
enum {sun,mon,tue,wed,thu,fri,sat}workday,week_end;
```

枚举类型在使用中有以下规定。

① 枚举元素是常量,不是变量,不能在程序中用赋值语句再对它赋值。例如,对枚举 weekday 的元素再作以下赋值:sun=5;mon=2;sun=mon;都是错误的。

② 枚举元素本身由系统定义了一个表示序号的数值,从 0 开始顺序定义为 0,1,2,…如在 weekday 中,sun 值为 0,mon 值为 1……sat 值为 6。可以从下面的程序得到证明:

```
#include  <stdio.h>
int main()
{
    enum weekday { sun,mon,tue,wed,thu,fri,sat } a,b,c;
    a=sun;
    b=mon;
    c=tue;
    printf("%d,%d,%d",a,b,c);
    return 0;
}
```

该段程序运行的结果为:

```
0,1,2
```

③ 只能把枚举元素赋予枚举变量,不能把元素的数值直接赋予枚举变量。例如, a=sum;b=mon;是正确的,而 a=0;b=1;是错误的。如一定要把数值赋予枚举变量,则必须用强制类型转换,例如,语句 a=(enum weekday)2;的意义是将顺序号为 2 的枚举元素赋予枚举变量 a,相当于 a=tue;语句,这个顺序号甚至还可以用表达式,如等价语句为 a=(enum weekday)(5-3);。还应该说明的是:枚举元素不是字符常量也不是字符串常量,使用时不要加单、双引号。请仔细分析程序例 7-11。

例 7-11 枚举类型应用。

```
#include  <stdio.h>
int main()
{
    enum body{a,b,c,d} month[31];
    int i;
    int k=0;
    for(i=1;i<=30;i++)
    {
        month[i]=(enum body)k;
        k++;
        if (k>3) k=0;
    }
    for(i=1;i<=30;i++)
```

```
    {
        switch(month[i])
        {
            case a: printf(" %2d %c\t",i,'a'); break;
            case b: printf(" %2d %c\t",i,'b'); break;
            case c: printf(" %2d %c\t",i,'c'); break;
            case d: printf(" %2d %c\t",i,'d'); break;
            default: break;
        }
    }
    printf("\n");
    return 0;
}
```
运行结果：
```
 1  a   2  b   3  c   4  d   5  a   6  b   7  c   8  d   9  a  10  b
11  c  12  d  13  a  14  b  15  c  16  d  17  a  18  b  19  c  20  d
21  a  22  b  23  c  24  d  25  a  26  b  27  c  28  d  29  a  30  b
```
④ 可以改变枚举元素的值，在定义时由程序员指定，例如：
```
enum weekday {sun=7,mon=1,tue,wed,thu,fri.sat} workday,week_end;
```
定义了 sun 为 7，mon 为 1，以后顺序加 1，至 sat 为 6。

⑤ 枚举值可以用来作判断比较，例如：
```
if(workday==mon)...
if(workday>sun)...
```
枚举值的比较规则是按其在定义的顺序号比较。如果定义时没有人为指定，则第一个枚举元素的值认做 0。故 mon 大于 sun，而 sat 大于 fri。

第四节 位 域

在很多系统接口程序中常要求在位(bit)一级进行运算或处理。C 语言提供了位运算的功能，这使得 C 语言也能像汇编语言一样用来编写系统程序。

一、位运算符与位运算

C 语言提供了 6 种基本位运算符和 5 种由位运算符与赋值符组成的复合赋值符，如表 7-3 和表 7-4 所示。

表 7-3　　　　　　　　　　基本位运算符

位运算符	功　能	位运算符	功　能
&（按位与）	两数各对应的二进位相与	|（按位或）	两数各对应的二进位相或
^（按位异或）	两数各对应的二进位相异或	~（按位取反）	数的各二进位按位求反

1. 按位与运算

按位与运算符"&"是双目运算符。其功能是参与运算的两数各对应的二进位相与。只有对应的两个二进位均为 1 时,结果位才为 1,否则为 0。参与运算的数以补码方式出现。例如,9&5 的二进制算式为:00001001&00000101,其结果为 00000001,即 9&5=1。

表 7-4   **复合赋值运算符**

组 合 算 符	功　　能	组 合 算 符	功　　能
<<(左移)	数的各位全部左移若干位	>>(右移)	数的各位全部右移若干位
&=	先按位与,后赋给算符左变量	|=	先按位或,后赋给算符左变量
ˆ=	按位异或,后赋给算符左变量	>>=	先右移,后赋给算符左变量
<<=	先左移,后赋给算符左变量		

2. 按位或运算

按位或运算符"|"是双目运算符。其功能是参加运算的两数各对应的二进位相或。只要对应的 2 个二进位有一个为 1 时,结果位就为 1。参与运算的两个数均以补码出现。

3. 按位异或运算

按位异或运算符"ˆ"是双目运算符。其功能是参与运算的两数各对应的二进位相异或,当两对应的二进位相异时,结果为 1,否则为 0。参与运算的两个数以补码出现。

4. 按位取反运算

按位取反运算符"~"为单目运算符,具有右结合性。其功能是对参与运算的数的各二进位按位求反。

5. 左移运算

左移运算符"<<"是双目运算符。其功能把"<<"左边的运算数的各二进位全部左移若干位,由"<<"右边的数指定移动的位数。高位丢弃,低位补 0。

6. 右移运算

右移运算符">>"是双目运算符。其功能是把">>"左边的运算数的各二进位全部右移若干位,">>"右边的数指定移动的位数。符号位将随同移动,当为正数时,最高位补 0。而为负数时,符号位为 1,最高位是补 0 或是补 1 取决于编译系统的规定,Turbo C 和很多系统规定为补 1。

例 7-12 位运算符与位运算举例。

```
#include <stdio.h>
int main()
{
    int a=9,b=5,c,d,e,f,g,h,p,r;
    char q='a',w='b';
    c=a&b;
    d=a|b;
    e=a^15;
```

```
        f=~9;
        g=f<<4;
        h=b>>2;
        p=q;
        p=(p<<8)|w;
        r=(p&0xff00)>>8;
        printf("a=%d,b=%d,c=%d,d=%d,e=%d,f=%d\n",a,b,c,d,e,f);
        printf("g=%d,h=%d,p=%d,r=%d\n",g,h,p,r);
        return 0;
    }
```

运行结果为：

```
a=9,b=5,c=1,d=13,e=6,f=-10
g=-160,h=1,p=24930,r=97
```

二、位域

所谓"位域"，是把一个字节中的二进位划分为几个不同的区域，用于存放不需要占用一个完整的字节的二进位。每个域有一个域名，允许在程序中按域名进行操作，每个区域的位数也要求说明。这样就可以把多个不同的对象用一个字节的二进制位域来表示。

1. 位域的定义和位域变量的说明

位域的定义与结构类型定义相似，其形式为：

```
struct 位域结构名
{
    类型说明符 位域名 1:位域长度 1;
    类型说明符 位域名 2:位域长度 2;
        ⋮
};
```

例如：

```
struct bs
{
    int a:4;
    int b:4;
    int c:2;
    int d:6;
};
```

位域变量说明与结构变量说明的方式相同。也有 3 种方式：先定义后说明、同时定义说明或者直接说明。例如，以下定义 data 为位域 bs 变量，共占两个字节。

```
struct bs
{
    int a:4;                                          /* 位域 a 占 4 位 */
    int b:4;                                          /* 位域 b 占 4 位 */
    int c:2;                                          /* 位域 c 占 2 位 */
```

```
        int d:6;                                    /* 位域 d 占 6 位 */
}data;
```

对于位域的定义尚有以下几点说明。

① 位域在本质上就是一种结构类型，只不过其成员是按二进位分配的。

② 位域可以无位域名，它只用做填充或调整位置，不能用于其他操作。例如：

```
struct bs
{
    unsigned a:4;
    unsigned :0;                                /* 表示 b 从下一字节开始存放 */
    unsigned b:5;                                      /* 从下一字节开始存放 */
    unsigned c:3;
};
```

2. 位域的使用

位域的使用和结构成员的使用相同，其一般形式为：

位域变量名.位域名

位域允许用各种格式输出。例如：

```
#include   <stdio.h>
int main()
{
    struct bs                                      /* 定义位域结构 bs */
    {
        unsigned a:1;                              /* 三个位域为 a,b,c */
        unsigned b:3;
        unsigned c:4;
    } bit, *pbit;                 /* 说明了位域类型变量 bit 及位域类型指针变量 pbit */
    bit.a=1;
    bit.b=7;                                         /* 二进制形式为 111 */
    bit.c=15;                                       /* 二进制形式为 1111 */
    printf("%d,%d,%d\n",bit.a,bit.b,bit.c);
    pbit=&bit;                          /* 位域变量 bit 的地址送给指针变量 pbit */
    pbit->a=0;                                            /* 位域置 0 */
    pbit->b&=3;                                  /* pbit->b=pbit->b&3 */
    pbit->c|=1;                                  /* pbit->c=pbit->c|1 */
    printf("%d,%d,%d\n",pbit->a,pbit->b,pbit->c);
    return 0;
}
```

运行结果为：

```
1,7,15
0,3,15
```

第五节　自定义类型

除了可以直接使用 C 提供的标准类型名(如 int、char、float、double、long 等)和前面介绍的结构类型、共用类型、指针、枚举类型外,C 语言允许由用户自定义类型说明符,也就是说允许用户为数据类型取"别名"。这一功能要求用类型定义符 typedef 来完成。

例如,整型变量说明符 int 取自单词 integer 的前 3 个字母,为了增加程序的可读性,可把整型说明符用 typedef 定义为:

```
typedef int INTEGER;
```

以后就可用 INTEGER 来代替 int 作整型变量的类型说明。同样地,也可以用语句:

```
typedef float REAL;
```

来使 REAL 代替 float 作为实型变量的类型说明。经过用 typedef 说明后,语句:

```
INTEGER a,b;
```

就等效于语句:

```
int a,b;
```

而语句:

```
REAL x,y
```

等效于语句:

```
float x,y;
```

typedef 定义的一般形式为:

```
typedef 原类型名 新类型名;
```

其中原类型名中含有定义部分,新类型名一般用大写表示,以便于区别。具体说来,定义一个新的类型名的方法如下。

① 先按定义变量的方法写出定义体(如 int i;);

② 将变量名换成新类型名(如将 i 换成 COUNT);

③ 在最前面加 typedef(如 typedef int COUNT);

④ 然后可以用新类型定义变量(如 COUNT X)。

另外,用 typedef 定义数组、指针、结构等类型将带来很大的方便,不仅使程序书写简单,而且使意义更为明确,因而增强了可读性。

例如:

```
typedef int NUM[100];              /* 定义 NUM 为整型数组,该数组元素有 100 个 */
NUM a, b, c;                       /* 定义了 3 个数组元素为 100 的整型数组 */
typedef char *STRING;              /* 定义 STRING 为字符指针类型 */
STRING p,s[10];                    /* p 为字符指针变量,s 为指针数组 */
typedef int (*POINTER)()    /* 定义 POINTER 为指向函数的指针类型,函数返回整型值 */
POINTER p1,p2;                     /* p1 和 p2 为指向函数的指针变量    */
```

又例如语句:

```
typedef struct
{
    int month;
```

```
    int day;
    int year;
}DATE;
```

定义了一个新类型名 DATE,它代表所定义的一个结构类型。这时就可以用 DATE 定义变量:

```
DATE birthday;              /* birthday 是结构变量,注意不要写成 struct DATE birthday; */
DATE *p;                                      /* p 为指向此结构类型数据的指针 */
```

类型定义符 typedef 的几点说明。

① 用 typedef 可以定义各种类型名,但不能用来定义变量。

② 用 typedef 只是对已经存在的类型增加一个类型名,而没有创造新的类型。

③ typedef 与#define 有相似之处,如:typedef int COUNT;和#define COUNT int 的作用都是用 COUNT 代表 int。但事实上,它们两者是不同的。#define 是在预编译时处理的,它只能作简单的字符串替换,而 typedef 是在编译时处理的。实际上它并不是作简单的字符串替换,例如:

```
typedef int NUM[10];
```

并不是用 NUM[10]去代替 int,而是采用如同定义变量的方法那样来定义一个类型。当用 typedef 定义一些数据类型(尤其是像数组、指针、结构、共用类型等类型数据)时,可把它们单独放在一个头文件中,然后在需要用到它们的文件中用#include 命令把它们包含进来。

④ 使用 typedef 有利于程序的通用与移植。有时程序会依赖于硬件特性,用 typedef 便于移植。例如,有些计算机系统 int 型数据用两个字节,数值范围为-32 768~32 767;而另外一些机器则以 4 个字节存放一个整数,相当于前一种机型的 long int 型。若要把一个 C 程序从一个以 4 个字节存放整数的计算机系统移植到以 2 个字节存放整数的系统,一般需要将程序中的每个 int 变量都改为 long int 变量,即把"int a,b,c;"改为"long int a,b,c;"。现在可只加一行"typedef int INTEGER;"语句,而在程序中用 INTEGER 定义变量。当对程序进行移植时,只需将 typedef 定义体改为"typedef long INTEGER;"即可。

习　　题

一、选择题

1. 下面正确的叙述的是(　　　)。

　　A. 结构一经定义,系统就给它分配了所需的内存单元

　　B. 结构体变量和共用体变量所占内存长度是各成员所占内存长度之和

　　C. 可以对结构类型和结构类型变量赋值、存取和运算

　　D. 定义共用体变量后,不能引用共用体变量,只能引用共用体变量中的成员

2. 结构体类型变量在程序执行期间(　　　)。

　　A. 所有成员驻留在内存中

　　B. 只有一个成员驻留在内存中

　　C. 部分成员驻留在内存中

　　D. 没有成员驻留在内存中

3. 设有以下定义

```
struct date
{
    int cat;
    char c;
    int a[4];
    long m;
}mydate;
```

则在 Visual C++ 6.0 中执行语句:`printf("%d", sizeof(struct date));`的结果是(　　)。

 A. 25   B. 28   C. 15   D. 18

4. 在说明一个共用体变量时系统分配给它的存储空间是(　　)。

 A. 该共用体中第一个成员所需存储空间

 B. 该共用体中最后一个成员所需存储空间

 C. 该共用体中占用最大存储空间的成员所需存储空间

 D. 该共用体中所有成员所需存储空间的总和

5. 共用体类型变量在程序执行期间的某一时刻(　　)。

 A. 所有成员驻留在内存中   B. 只有一个成员驻留在内存中

 C. 部分成员驻留在内存中   D. 没有成员驻留在内存中

6. 对于下面有关结构体的定义或引用,正确的是(　　)。

```
struct student
{
    int no;
    int score;
}student1;
```

 A. student. score＝99;

 B. student LiMing; LiMing. score＝99;

 C. stuct LiMing; LiMing. score＝99;

 D. stuct student LiMing; LiMing. score＝99;

7. 以下说法错误的是(　　)。

 A. 结构体变量名代表该结构体变量的存储首地址

 B. 共用体占用空间大小为其成员项中占用空间最大的成员项所需存储空间大小

 C. 结构体定义时不分配存储空间,只有在结构体变量说明时,系统才分配存储空间

 D. 结构体数组中不同元素的同名成员项具有相同的数据类型

8. 若有以下说明和语句

```
struct teacher
{
    int no;
    char *name;
}xiang, *p=&xiang;
```

则以下引用方式不正确的是（　　）。

  A. `xiang.no`　　 B. `(*p).no`　　 C. `p->no`　　 D. `xiang->no`

二、程序填空

1. 以下程序段的作用是统计链表中结点的个数，其中 first 为指向首结点的指针。

```
struct node
{
    char data;
    struct node *next;
} *p, *first;
    ⋮
int c=0;
p=first;
while(  [1]  )
{
    [2]  ;
    p=  [3]  ;
}
```

2. 以下程序中使用一个结构体变量表示一个复数，然后进行复数加法和乘法运算。

```
#include  <stdio.h>
struct complex_number
{
    float real, virtual;
};
int main()
{
    struct complex_number a,b,sum,mul;
    printf("输入 a.real、a.virtual、b.real 和 b.virtual:");
    scanf("%f%f%f%f",&a.real,&a.virtual,&b.real,&b.virtual);
    sum.real=  [4]  ;
    sum.virtual=  [5]  ;
    mul.real=  [6]  ;
    mul.virtual=  [7]  ;
    printf ("sum.real=%f,sum.virtual=%f\n", sum.real, sum.virtual);
    printf ("mul.real=%f, mul.virtual=%f\n", mul.real, mul.virtual);
    return 0;
}
```

3. 以下程序用于在结构体数组中查找分数最高和最低的同学姓名和成绩。请在程序中的空白处填入一条语句或一个表达式。

```
#include<stdio.h>
int main()
{
    int max,min,i,j;
```

```
static struct
{
    char name[10];
    int score;
}stud[6]={"李明",99,"张三",88,"吴大",90,"钟六",80,"向杰",92,"齐伟",78};
max=min=1;
for (i=0;i<6;i++)
    if(stud[i].score> stud[max].score)
       [8]  ;
    else
       if(stud[i].score<stud[min].score)
          [9]  ;
printf("最高分获得者为:%s,分数为:%d\n",  [10]  );
printf("最低分获得者为:%s,分数为:%d\n",  [11]  );
return 0;
}
```

三、阅读程序并写出运行结果

1. 运行下列程序写出其结果并分析。

```
#include  <stdio.h>
#include  "process.h"
typedef struct person
{
    char   name[31];
    int    age;
    char   address[101];
} Person;
int main(void)
{
    Person per[2]={
            {"Qian", 25, "west street 31"},
            {"Qian", 25, "west street 31"} };
    Person *p1=per;
    char *p2=per[0].name;
    printf("per=%u\n", per);
    printf("&per[0]=%u\n", &per[0]);
    printf("per[0].name=%u\n", per[0].name);
    printf("p1=%u\n", p1);
    printf("p2=%u\n\n", p2);
    printf("&p1=%u\n", &p1);
    printf("&p2=%u\n\n", &p2);
    printf("&per=%u\n", &per);
    return 0;
}
```

2. 下面是一个学生综合评估的源程序,写出程序运行的结果。

```c
#include  <stdio.h>
#define ScoreTable_TY struct ScoreTable
ScoreTable_TY
{
    char name[31];
    int score[5];
    int sum;
    float avg;
};
void SumAndAvg(ScoreTable_TY *pt);
char *Remak(float avg);
int main()
{
    int i;
    ScoreTable_TY stu[5]={
            {"zhang", {68, 79, 80, 76, 92}, 0, 0},
            {"wang", {88, 89, 90, 96, 92}, 0, 0},
            {"li", {85, 73, 82, 66, 82}, 0, 0},
            {"zhao", {98, 99, 90, 96, 92}, 0, 0},
            {"qian", {68, 79, 72, 71, 62}, 0, 0}
            };
    ScoreTable_TY *pt=stu;
    for(i=0; i<5; i++, pt++)
    {
        SumAndAvg(pt);
    }
    for(i=0; i<5; i++)
    {
        printf("%10s: %s\n", stu[i].name, Remak(stu[i].avg));
    }
    return 0;
}
void SumAndAvg(ScoreTable_TY *pt)
{
    int i;
    for(i=0; i<5; i++)
        pt->sum +=pt->score[i];
    pt->avg =pt->sum/5.0;
}
char *Remak(float avg)
{
    if(avg >90.0)
```

```
            return "best";
        else
            if(avg >75)
                return "better";
            else
                return "good";
}
```

3. 输入下列源程序，按提示输入相应的数据，写出运行结果，并分析源程序。

```
#include  <stdio.h>
#include  <malloc.h>
struct Person
{
    char          name[31];
    int           age;
    char          address[101];
    struct Person *next;
};
struct Person *createLink();
void printLink(struct Person *pt);
void distroyLink(struct Person *LinkHead);
int main()
{
    struct Person *LinkHead;
    LinkHead=createLink();
    printLink(LinkHead);
    distroyLink(LinkHead);
    return 0;
}
struct Person *createLink()
{
    struct Person *LinkHead, *LinkEnd, *pt;
    int i;
    printf("input name age address:\n");
    for(i=0; i<3; i++)
    {
        pt=(struct Person *)malloc(sizeof(struct Person));
        scanf("%s %d %s", pt->name, &pt->age, pt->address);
        if(0==i)
        {
            LinkHead =pt;
            LinkEnd =pt;
        }
        else
```

```
        {
            LinkEnd->next =pt;
            LinkEnd=pt;
        }
    }
    LinkEnd->next =NULL;
    return LinkHead;
}
void printLink(struct Person *pt)
{
    while(NULL!=pt)
    {
      printf("%-20s,%4d,%s\n",pt->name,pt->age,pt->address);
      pt =pt->next;
    }
}
void distroyLink(struct Person *LinkHead)
{
    struct Person *pt;   int i=0;
    pt=LinkHead;
    while(NULL !=pt)
    {
        LinkHead =LinkHead->next;
        free(pt);
        printf("free node:%d\n", i++);
        pt =LinkHead;
    }
}
```

4. 试分析下列源程序的功能,写出其运行结果。

```
#include  <stdio.h>
#define Person_1 struct person_1
struct person_1
{
    char name[31];
    int  age;
    char address[101];
};
typedef struct person_2
{
    char name[31];
    int  age;
    char address[101];
} Person_2;
```

```
int main(void)
{
    Person_1   a={"zhao", 31, "east street 49"};
    Person_1   b=a;
    Person_2   c={"Qian", 25, "west street 31"};
    Person_2   d=c;
    printf("%s, %d, %s\n", b.name, b.age, b.address);
    printf("%s, %d, %s\n", d.name, d.age, d.address);
    return 0;
}
```

5. 试分析下列源程序的功能，写出其运行结果。

```
#include  <stdio.h>
int main()
{
    union cif_ty
    {
        char c;
        int i;
        float f;
    } cif;
    cif.c ='a';
    printf("c=%c\n", cif.c);
    cif.f =101.1;
    printf("c=%c, f=%f\n",cif.c, cif.f);
    cif.i =0x2341;
    printf("c=%c, i=%d, f=%f", cif.c, cif.i, cif.f);
    return 0;
}
```

6. 这是一个结构体变量传递的程序，试问结果是什么？

```
#include  <stdio.h>
struct student
{
    int x;
    char c;
} a;
int main()
{
    a.x=3;
    a.c='a';
    f(a);
    printf("%d,%c",a.x,a.c);
    return 0;
}
```

```
f(struct student b)
{
    b.x=20;
    b.c='y';
}
```

7. 写出下列源程序运行的结果,并分析。

```
#include  <stdio.h>
int main()
{
    struct BitField
    {
        unsigned a:1;
        unsigned b:3;
        unsigned c:4;
        unsigned d:8;
    } bit,*pbit;
    printf("size of bit:%d bytes\n",sizeof(bit));
    bit.a=1;
    bit.b=7;
    bit.c=15;
    bit.d=255;
    printf("%d,%d,%d,%d\n",bit.a,bit.b,bit.c,bit.d);
    pbit=&bit;
    pbit->a=0;
    pbit->b&=1;
    pbit->c|=0;
    pbit->d^=0X0F;
    printf("%d,%d,%d,%d\n",pbit->a,pbit->b,pbit->c,pbit->d);
    return 0;
}
```

8. 写出下列源程序运行的结果,并分析。

```
#include  <stdio.h>
int main()
{
    int a=60, b, c;
    b=a>>2;
    c=a/4;
    printf("a=%d\nb=%d\nc=%d\n",a,b,c);
    return 0;
}
```

9. 写出下列源程序运行的结果,并分析。

```
#include  <stdio.h>
```

```
int main()
{
    int a=15, b, c;
    b=a<<2;
    c=a * 4;
    printf("a=%d\nb=%d\nc=%d\n",a,b,c);
    return 0;
}
```

10. 写出下列源程序运行的结果,并分析。

```
#include  <stdio.h>
int main()
{
    int a,b;
    a=98;
    b=0x83;
    printf("a AND b:%d\n",a&b);
    printf("a OR b:%d\n",a|b);
    printf("a NOR b:%d\n",a^b);
    return 0;
}
```

11. 运行下列程序,键盘输入一个八进制数,然后写出下列源程序运行的结果,并分析。

```
#include  <stdio.h>
int main()
{
    unsigned a,b,c,d;
    scanf("%o",&a);
    b=a>>4;
    c=~(~0<<4);                                          /* 0x000F */
    d=b&c;
    printf("%o,%d\n%o,%d\n",a,a,d,d);
    return 0;
}
```

四、编程题

1. 编写 input( )和 output( )函数输入/输出 5 个学生的数据记录。每个学生的数据包括学号(num[6])、姓名(name[8])和 4 门课的成绩(score[4])。要求在 main( )函数中只有 input( )和 output( )两个函数调用语句即可实现。

2. 创建一个链表,结点数目从键盘输入,每个结点包括:学号、姓名和年龄。链表建立完毕,请将链表按记录逐行显示出来。

3. 假设某链表的结点结构同上面的第 2 题,链表头指针为 head,请你设计一个显示链表的函数。

4. 假设某链表的结点结构同上面的第 2 题,链表头指针为 head,请你设计一个在链表删除一个指定结点的函数。

第八章 文 件

在编写实用的应用程序时,如果涉及的输入输出数据较多,为避免运行时重复且频繁地输入输出,则一般会将数据保存在文件中并可方便读写。计算机可以处理任何保存在磁盘上的文件,如源程序文件、数据文件、图像文件等。本章主要介绍 C 语言程序员如何对文件进行操作,并重点介绍了一些文件读写函数。

第一节 文件概述和文件类型指针

一、文件概述

在计算机系统中,文件是指存储在外部介质上的一组相关数据的有序集合。该数据集称为文件,文件的名称称为文件名。文件类型按其内容划分为源程序文件、目标文件、可执行文件和库文件(头文件)等。在前面章节中,已采用了标准输入(键盘输入)和标准输出(显示器输出)模式处理信息,但我们常把磁盘作为信息载体,用于长期保存中间结果或最终数据。C 语言将这些输入/输出设备也当做文件来处理。利用"读操作"将文件数据输入到内存,"写操作"将数据输出到文件,文件系统中,将输入/输出文件作为输入/输出流对象进行处理。文件可以从不同的角度来进行分类。

① 按文件所依附的介质分类:有卡片文件、纸带文件、磁带文件和磁盘文件等。

② 按文件内容来分类:有源文件、目标文件和数据文件等。

③ 按文件中数据组织形式分类:有字符文件和二进制文件。

④ 按文件操作分类有:输入文件、输出文件和输入/输出文件。

字符文件又称为 ASCII 文件或文本文件,按字符方式存储,可用文本编辑器(如windows 系统中的记事本 notepad.exe、写字板 wordpad.exe 等)进行直接读写,但占存储空间较多;二进制文件是以二进制方式存储,占存储空间少,用文本编辑器不便进行直接读写。图 8-1 显示了十进制整数 12345 以文本文件存储和以二进制存储的区别,在 C 语言系统中,一个文件就是一个字符(字节)流。

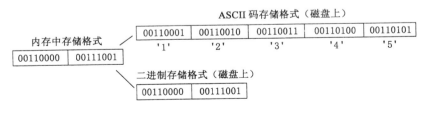

图 8-1 文本文件和二进制文件的存储区别

C语言文件系统有两种:缓冲文件系统(标准 I/O)和非缓冲文件系统(系统 I/O)。缓冲文件系统的特点是:系统在内存为正在使用的每一个文件开辟一个固定容量的"缓冲区",当执行读文件的操作时,从磁盘上将指定的文件数据先读入缓冲区,装满后再从缓冲区逐个将数据送到程序数据区;当执行写文件的操作时,先将程序数据写入缓冲区,待缓冲区装满后再送到磁盘,如图8-2所示。由此可以看出,缓冲区越大,则对外设访问的次数就越少,执行速度就越快、效率越高。一般来说,文件缓冲区的大小与编程环境有关,一般为512 字节。

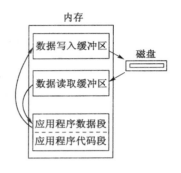

图 8-2　读写文件操作示意图

非缓冲文件系统的特点是系统不自动为正在使用的每一个文件开辟一个固定容量"缓冲区",而由程序根据自身的需要及系统的存储资源情况来为每一个文件设定缓冲区。目前仍有许多 C 版本支持非缓冲文件系统,但 1983 年 ANSI C 标准决定不采用非缓冲区文件系统,因此建议不要采用不符合 ANSI C 标准的那些部分,以免降低程序的可移植性。

二、文件类型指针

文件类型指针是缓冲文件系统中最重要的概念。对缓冲文件系统来说,ANSI C 在内存中为每个被使用的文件开辟一小块固定大小的区域,用于存放文件的属性状态(如文件名、缓冲区的位置与大小等信息),该区域利用一个结构类型变量存放。该变量的结构体类型是由系统定义的,取名为 FILE,其定义包含在头文件 stdio. h 中,格式如下:

```
struct _iobuf
{
    char *_ptr;
    int _cnt;
    char *_base;
    int _flag;
    int _file;
    int _charbuf;
    int _bufsiz;
    char *_tmpfname;
};
typedef struct _iobuf FILE;
```

在 C 语言中,允许用类型 FILE 定义文件指针。每当要对某个文件进行操作时,应先定义一个 FILE 类型文件指针指向该文件,然后就可通过该文件指针对文件进行操作。文件指针的定义格式为:

```
FILE *文件指针名;
```

例如:

```
FILE *fp;
```

定义了一个 FILE 类型文件指针,指针名为 fp。

第二节 文件的打开和关闭

一、文件的打开

C 语言提供了打开文件的函数 fopen( )。该函数原型在 stdio.h 文件中,其调用格式为:

```
FILE *fp;
fp=fopen("文件名", "文件操作模式");
```

或者将上述两句合并为一句:

```
FILE  *fp=fopen("文件名","文件操作模式");
```

其功能是打开一个由"文件名"指向的外部文件,返回指向该文件的文件指针。在文件名中可以指明盘符及文件路经。若文件打开成功,则 fp 为一非空指针,否则 fp 值为 NULL,"文件操作模式"由表 8-1 给出。

表 8-1   文件操作模式

文件操作模式	含 义
r	以只读方式,为输入打开一个文本文件,只允许读数据
w	以只写方式,为输出打开或建立一个文本文件,只允许写数据
a	以追加方式,打开一个文本文件,并在文件末尾写数据
rb	以只读方式,为输入打开一个二进制文件,只允许读数据
wb	以只写方式,为输出打开或建立一个二进制文件,只允许写数据
ab	以追加方式,打开一个二进制文件,并在文件末尾写数据
r+	以读写方式,打开一个文本文件,允许读和写(文件已存在,否则出错)
w+	以读写方式,打开或创建一个新的文本文件,允许读和写
a+	以读写方式,打开一个文本文件,允许读,或在文件末追加数据
rb+	以读写方式,打开一个二进制文件,允许读和写
wb+	以读写方式,打开或创建一个二进制文件,允许读和写
ab	以读写方式,打开一个二进制文件,允许读,或在文件末追加数据

例如:

```
FILE  *fp;
fp=fopen("d:\\abc.txt", "r");
```

其功能是以"只读"方式在 D:盘根目录下打开名为"abc.txt"的文本文件,允许进行"读"操作,并使 fp 指向该文件。两个反斜线"\\"属于转义字符,代表反斜杠字符"\",又如:

```
FILE  *fp;
fp=fopen("c:\\test.txt", "rb");
```

其意义是打开 C 盘根目录下的文件"test.txt",只允许按二进制方式进行读操作。对于文件操作模式有几点说明:

① 凡用"r"打开一个文件时,该文件必须已经存在,且只能从该文件读出。

② 用"w"打开的文件只能向该文件写入。若打开的文件不存在,则以指定的文件名建立该文件,若打开的文件已经存在,则将该文件删去,重建一个新文件。

③ 若要向一个已存在的文件追加新的信息,只能用"a"方式打开文件。但此时该文件必须是存在的,否则将会出错。

④ 在打开一个文件时,如果出错,fopen( )将返回一个空指针值 NULL。在程序中可以用这一信息来判别是否完成打开文件的工作,并作相应的处理。

⑤ 把一个文本文件读入内存时,系统将 ASCII 码转换成二进制码,而把文件以文本方式写入磁盘时,系统也要把二进制码转换成 ASCII 码,因此文本文件的读写要花费较多的转换时间。对二进制文件的读写不存在这种转换。

⑥ 标准输入文件(键盘),标准输出文件(显示器)和标准出错输出(显示器)是在程序运行时由系统自动打开的,可直接使用而无需打开与它们相连的终端文件。

例 8-1 打开一个文件的操作。

```
#include  <stdio.h>
#include  <stdlib.h>                              /* 包含 exit()函数所在的头文件 */
int main()
{
    FILE *fp;
    if((fp=fopen("c:\\test.txt","rb"))==NULL)
    {
        printf("Error on open c:\\test.txt file!");
        exit(0);
    }
    else
        printf("File open OK! \n");
    return 0;
}
```

这段程序的意义是:如果返回的指针为空,表示不能打开 C 盘根目录下的 test. txt 文件,则给出提示信息"Error on open c:\test. txt file!"。exit(0)表示终止程序执行并返回值0,exit(0)在 main()函数中调用相当于 return 0。

二、文件的关闭

文件一旦使用完毕,要用关闭文件函数把文件关闭,以避免出现文件数据丢失等错误。所谓"关闭文件",就是使文件指针变量不再指向该文件,即让文件指针变量与被关闭的文件"脱钩"。另一个重要作用是将未满的输出缓冲区数据写入文件,将未满的输入缓冲区数据取出,以避免数据丢失。C 语言提供了关闭文件的 fclose 函数,该函数原型也在stdio.h文件中,其调用格式为:

```
fclose(文件指针);
```

若关闭文件操作成功,fclose()函数返回值为 0,否则返回 EOF(-1)。

例 8-2 以读方式打开和关闭一个名为 test. dat 的二进制文件的基本模式。

```
#include  <stdio.h>
```

```
#include  <stdlib.h>
int main()
{
    FILE *fp;
    if((fp=fopen("test.dat","rb"))==NULL)
    {
        printf("cannot open file\n");
        exit(0);
    }
                 ⋮                          /* 对文件执行读操作,这里暂略 */
    if(fclose(fp))
        printf("file close error! \n");
    return 0;
}
```

第三节　文件的读写

当文件按指定的工作方式打开以后,就可以执行对文件的读和写。针对文本文件和二进制文件的不同性质,对文本文件来说,可按字符读写或按字符串读写;对二进制文件来说,可进行成块的读写或格式化的读写。

C 语言提供多种文本文件读写函数,如表 8-2 所示,这些函数原型都包含在头文件 stdio.h 中。

表 8-2　　　　　　　　　　　　C 语言提供的主要文件读写函数

函　数　名	功　　能
fgetc/fputc	字符读/写函数,用于以字符为单位的文件读/写操作
fgets/fputs	字符串读/写函数,用于以字符串为单位的文件读/写操作
fread/fwrite	数据块读/写函数,用于对文件中的数据块进行读/写操作
fscanf/fprintf	格式化读/写函数,用于按一定格式进行文件的读/写操作

一、字符读写函数 fgetc( )和 fputc( )

fgetc 和 fputc 函数用于对文本文件进行单个字符的读写。调用格式为:
```
ch=fgetc(fp);                                        /* fp 为文件指针 */
fputc( ch, fp);
```
其功能是:

① fgetc(fp)函数从指定文件的当前位置返回一个字符,并将文件指针指示器移到下一个字符位置,如果已到文件尾,函数返回一个 EOF(EOF 是一个符号常量,值为－1,定义在 stdio.h 文件中),表示读入的不是正常的字符而是文件结束符。若读写文件完成,则应关闭文件。

② fputc(ch, fp)函数完成将字符 ch 的值写入 fp 所指向的文件的当前位置(文件内部

指针指向)处,并将文件内部指针后移一位。fputc()函数的返回值是所写入字符的值,出错时返回 EOF。

例 8-3 从键盘输入一行字符,存到磁盘文件 test.txt 中。

```
#include  <stdio.h>
#include  <stdlib.h>
int main()
{
    FILE *fp;                                    /* 定义文件变量指针 */
    char ch;
    if((fp=fopen("test.txt","w"))==NULL)         /* 以只写方式打开文件 */
    {
        printf("cannot open file! \n");
        exit(0);
    }
    while((ch=getchar())!='\n')                   /* 当输入字符为非回车符 */
    {
        putchar(ch);                             /* 显示输入的字符 */
        fputc(ch,fp);                            /* 将字符写入文件 */
    }
    fclose(fp);
    return 0;
}
```

该程序把从键盘输入的一行字符串,写入到指定的文本文件"test.txt"中,该文件以只写方式打开,文件写操作完成后,可采用各种文本编辑器进行访问。例如,我们可以通过 Windows 系统中的记事本来显示文件内容。

程序的一次运行过程如下:

I love china! ↙

I love china!

程序运行完成后,用记事本打开文本文件 test.txt 查看,其内容也为"I love china!"

例 8-4 将存放于磁盘的指定文本文件的内容按只读方式读出,然后再将其显示到屏幕上。要求采用带参数的 main( ),指定的磁盘文件名由命令行方式通过键盘输入。

```
#include  <stdio.h>
#include  <stdlib.h>
int main(int argc, char *argv[])                 /* 含参数的主函数 */
{
    char ch;
    FILE *fp;
    int i;
    if(argc==1)                                  /* 参数只有一个 */
    {
        printf("No file name!");
    }
```

```
    else
        if((fp=fopen(argv[1],"r"))==NULL)
        {
            printf("cannot open file\n");
            exit(0);
        }
    while((ch=fgetc(fp))!=EOF)              /* 从文件逐个读字符并显示,直至文件结束 */
        putchar(ch);
    fclose(fp);                                                    /* 关闭文件 */
    return 0;
}
```

将上述程序取名为 display. c,经过编译和连接生成可执行的文件 display. exe。在 windows 系统的命令提示符窗口,进入可执行文件 display. exe 所在文件夹(假设为 d:\ jqm),打开同一文件夹下的 diplay. c 文件的命令行格式如下:

```
d:\jqm>display display.c↙
```

上述命令行输入了两个字符串参数,即 argv[0]="d:\jqm\display. exe" 和 argv[1]= "display. c",则 argc=2,打开的文件是 display. c。在执行过程中,程序对 fgetc( ) 函数的返回值不断进行测试,若读到文件尾部或读文件出错,都将返回整型常量 EOF。正确的显示结果为 display. c 的源程序。若打开一个当前目录没有的文本文件,提示不能打开文件。

例 8-4 程序要想在 VC 中直接调试运行,可以先在"工程 | 设置 | Debug | Program arguments"项中填入参数"d:\jqm\display. c",然后运行即可。

对于 fgetc/fputc 函数的使用有以下几点说明:

① 在 fgetc 函数调用中,读取的文件必须是以读或读写方式打开的;而 fputc 函数调用,被写入的文件可用写、读写和追加方式打开。

② 读取字符的结果也可用字符变量保存。例如,ch=fgetc(fp)。

③ 在文件内部用位置指针来指向文件的当前读写位置,每读写一次该指针均向后移动。在文件打开时,该指针总是指向文件的首字节,由系统自动设置。

④ 在 fputc 函数调用中,用写方式打开一个文件时,如果原来不存在该文件,则在打开时新建立一个以指定名字命名的文件;如果原来已存在一个以该文件名命名的文件,则在打开时将该文件删去,然后重新建立一个新文件。

二、字符串读写函数 fgets( ) 和 fputs( )

C 语言提供 fgets( ) 和 fputs( ) 函数用于实现对文本文件的字符串读写操作。这两个函数的调用格式为:

```
fgets(字符数组,n,fp);
fputs(字符串,fp);
```

其功能如下。

① fgets(字符数组,n,fp)的功能是从指定的文件中读长度不超过 n-1 的字符串到字符数组中,在最后一个读入字符后加串结束标志'\0'。若在读出 n-1 个字符之前遇到了换行符或 EOF,则读结束。fgets 函数也有返回值,若读入数据成功,则返回字符数组的首地

址,否则返回空。

② fputs(字符串,fp)的功能是向指定文件写入一字符串,其中字符串可以是字符串常量、字符数组名或字符型指针变量。字符串结束符'\0'不写入。若写入成功,函数值为 0,失败时,为 EOF。

例 8-5 从例 8-4 的 display.c 文件中读入长度为 10 个字符的字符串并显示。

```c
#include <stdio.h>
#include <stdlib.h>
int main()
{
    FILE *fp;
    char string[11];
    if((fp=fopen("d:\\jqm\\display.c","r+"))==NULL)
    {
        printf("Cannot open file!");
        exit(0);
    }
    fgets(string,11,fp);
    printf("%s",string);
    fclose(fp);
    return 0;
}
```

该程序先定义一个 11 个字节的字符数组 string,并以读写方式打开文本文件 display.c,读出 10 个字符送入 string 数组(在数组最后一个单元内将加上'\0'),然后在屏幕上显示 string 数组。

例 8-6 向例 8-3 建立的文件 test.txt 末尾追加一个字符串,并显示 test.txt 文件内容。

```c
#include <stdio.h>
#include <stdlib.h>
#include <string.h>
int main()
{
    FILE *fp;
    char ch, str[128];
    if((fp=fopen("test.txt","a+"))==NULL)      /* 以追加读写文本文件的方式打开文件 */
    {
        printf("cannot open file!");
        exit(0);
    }
    if((strlen(gets(str)))!=0)                 /* 若串长度为零,则结束 */
    {
        fputs(str,fp);                         /* 写入串 */
        fputs("\n",fp);                        /* 写入回车符 */
    }
```

```
    rewind(fp);                                    /* 把文件内部位置指针移到文件首 */
    ch=fgetc(fp);
    while(ch!=EOF)                                        /* 显示文本文件的全部内容 */
    {
        putchar(ch);
        ch=fgetc(fp);
    }
    printf("\n");
    fclose(fp);                                                        /* 关闭文件 */
    return 0;
}
```

例 8-7　从文件 test. txt 中读出字符串,再写入另一文件 test1. txt,并显示 test1. txt 的内容。

```
#include  <stdio.h>
#include  <stdlib.h>
#include  <string.h>
int main()
{
    FILE *fp1,*fp2;
    char str[128];
    if((fp1=fopen("test.txt","r"))==NULL)      /* 以只读方式打开源文件 test.txt */
    {
        printf("cannot open file\n");
        exit(0);
    }
    if((fp2=fopen("test1.txt","w"))==NULL)  /* 以只写方式打开目标文件 test1.txt */
    {
        printf("cannot open file\n");
        exit(0);
    }
    while(fgets(str,128,fp1)!=NULL)                /* 从文件中读取字符串,直到文件结束 */
    {
        fputs(str,fp2 );                          /* 将读入的字符串 str 写入文件 test1.txt */
        printf("%s",str);                                              /* 在屏幕显示 */
    }
    fclose(fp1);
    fclose(fp2);
    return 0;
}
```

程序对两个文件操作,需定义两个文件变量指针。在操作文件以前,应将两个文件以不同的工作方式打开(不分先后),读写完成后再关闭文件。程序写入文件的同时在屏幕上显示,故程序运行结束后,可在屏幕上看到目标文件 test1. txt 的内容。

三、格式化读写函数 fscanf( )和 fprintf( )

在前面的章节中,我们介绍过利用 scanf()和 printf()函数从标准输入设备——键盘上进行格式化输入及在标准输出设备——显示器上进行格式化输出。C 语言提供了对磁盘文件进行格式化读写的函数 fscanf()和 fprintf(),这两个函数的调用格式为:

```
fscanf(文件指针,格式字符串,输入表列);
fprintf(文件指针,格式字符串,输出表列);
```

其中的参数除文件指针外,其余两个参数与 scanf()和 printf()用法完全相同。其功能如下。

① fscanf( )函数的功能是按指定的格式从"文件指针"指向的磁盘文件上将数据读入至"输入表列"指定的数据缓存区中。

② fprintf( )函数功能是将"输出表列"数据按指定的格式输出到"文件指针"指向的磁盘文件上。

由于引入了这两个格式化输入/输出函数,使得文件在存储格式上满足某种指定格式。例如:

```
fscanf(fp,"%d%s",&i,s);
fprintf(fp,"%d%s",i,s);
```

一般情况下是用什么格式写入文件,就用什么格式从文件读入数据,否则,读出的数据就会与写入的数据不一致。

例 8-8 将两个学生记录,包括姓名、学号、两科成绩的数据,以格式化的数据格式写入到文本文件 test3. txt 中,再从该文件中以格式化方法读出显示到屏幕上。

```
#include  <stdio.h>
#include  <stdlib.h>
int main()
{
    FILE *fp;
    int i;
    struct stu1                                     /* 定义结构体类型 */
    {
        char name[15];
        char num[6];
        float score[2];
    }stu;                                           /* 说明结构体变量 */
    if((fp=fopen("test3.txt","w"))==NULL)
    {                           /* 第一次以文本只写方式打开文件,写入格式化数据 */
        printf("cannot open file");
        exit(0);
    }
    printf("input data:\n");
```

```
    for(i=0;i<2;i++)
    {                                     /* 循环写全部数组元素,每次向文件写入一个结构数组元素 */
        scanf("%s %s %f %f",stu.name,stu.num,&stu.score[0],&stu.score[1]);
                                                                  /* 键盘输入 */
        fprintf (fp,"%s %s %7.2f %7.2f\n",stu.name,stu.num,stu.score[0],stu.
            score[1]);
    }
    fclose(fp);                                                   /* 关闭文件 */
    if ((fp=fopen("test3.txt","r"))==NULL) /* 重新以只读方式打开 test3.txt 文件 */
    {                               /* 第二次以文本只读方式重新打开文件,读出格式化数据 */
        printf("cannot open file");
        exit(0);
    }
    printf("output from file:\n");
    while (fscanf(fp,"%s %s %f %f\n",stu.name,stu.num,&stu.score[0],
        &stu.score[1]) !=EOF)
        printf ("%s %s %7.2f %7.2f\n",stu.name,stu.num,stu.score[0],stu.score
            [1]);
    fclose(fp);                                                   /* 关闭文件 */
    return 0;
}
```

程序运行如下:

```
    input data:
    chengwan j0202 87.5 83.5↙
    zhoumeili j0203 76.5 86.5↙
    output from file:
    chengwan j0202 87.5 83.5
    zhoumeili j0203 76.5 86.5
```

四、数据块读写函数 fread( )和 fwrite( )

前面介绍的几种读写文件的方法,对于复杂的数据类型无法以整体形式向文件写入或从文件读出。为了解决这个问题,C 语言提供成块的读写方式来操作文件,使数组或结构体等类型可以进行一次性读写。

C 语言提供的数据块读写函数 fread( )和 fwrite( ),可用来读写一组数据(一个数据块)。读写数据块函数调用的一般形式为:

```
fread(buffer, size, n, fp);
fwrite(buffer, size, n, fp);
```

其中,buffer 是一个缓冲区指针,在 fread 函数中它表示存放读入数据的首地址;在fwrite 函数中它表示写入数据的首地址;size 表示每次读写的数据项的字节数;n 表示要连续读写的数据项个数;fp 表示文件指针;每调用一次数据块读写函数所传输的总字节数等于 n×size。

其功能是:

① fread()函数从打开的文件 fp 中读取 n 项数据,每一项数据的长度为 size 字节,放入指定的缓冲区 buffer 中,所读的字节长度为 n×size。函数调用成功后,返回实际读取的数据项个数,若遇文件结束或出错则返回 0。

② fwrite()函数把 buffer 所指向的 n 个数据项(每个数据项的长度为 size 个字节)写入到已经打开的文件 fp 中。函数返回值为写到文件中的数据项个数。

例 8-9 从键盘输入两个学生数据,写入一个文件中,再读出这两个学生的数据显示在屏幕上。

```c
#include <stdio.h>
#include <stdlib.h>
struct stu                                  /* 定义了一个结构 stu */
{
    char name[10];
    int num;  int age;
    char addr[15];
}stu1[2],stu2[2],*p,*q;      /* 说明两个结构数组 stu1 和 stu2 及两个指针变量 p 和 q */
int main()
{
    FILE *fp;
    char ch;
    int i;
    p=stu1;                           /* 结构指针变量 p 指向结构数组 stu1 */
    q=stu2;                           /* 结构指针变量 q 指向结构数组 stu2 */
    if((fp=fopen("stu_list","wb+"))==NULL)     /* 以二进制读写方式打开文件 */
    {
        printf("Cannot open file!");
        exit(0);
    }
    printf("Please input data:\n");                   /* 输入二个学生数据 */
    for(i=0;i<2;i++,p++)
      scanf("%s%d%d%s",p->name,&p->num,&p->age,p->addr);
    p=stu1;
    fwrite(p,sizeof(struct stu),2,fp);       /* 输入的数据写入 fp 指向的文件中 */
    rewind(fp);                              /* 文件内部位置指针移到文件首 */
    fread(q,sizeof(struct stu),2,fp);           /* 读出两块学生数据 */
    printf("\n\nname\tnumber age addr\n");
    for(i=0;i<2;i++,q++)                      /* 在屏幕上显示,两块学生数据 */
      printf("%s\t%5d%4d %s\n",q->name,q->num,q->age,q->addr);
    fclose(fp);                                       /* 关闭文件 */
    return 0;
}
```

运行结果如下:

```
Please input data:
```

```
Liming 1001 22 hunan_xiangtan↙
Liuhua 1002 23 hunan_changsha↙
name number age addr
Liming 1001 22 hunan_xiangtan
Liuhua 1002 23 hunan_changsha
```

通常,若输入数据的格式较为复杂,可采取将各种格式的数据全部当做字符串来输入,然后将字符串转换为所需的格式。C 语言提供如下格式转换函数来实现这种操作:

```
int atoi(char *ptr);
float atof(char *ptr);
long int atol(char *ptr);
```

它们分别将字符串转换为整型、实型和长整型。在程序中加入这些转换函数后,在程序运行输入数据时,操作者不必记住每种数据的类型,增强了程序的易用性。使用这些函数时须将其包含的头文件 math. h 或 stdlib. h 写在程序的前面。

例 8-10 将输入的不同格式数据以字符串输入,然后将其转换进行文件的成块读写。

```
#include  <stdio.h>
#include  <stdlib.h>
int main()
{
    FILE *fp1;
    char temp[5];
    int i;
    struct stu                                          /* 定义结构体类型 */
    {
        char name[15];                                      /* 姓名 */
        char num[6];                                        /* 学号 */
        float score[4];                     /* 包括两科成绩、总成绩和平均成绩 */
    }stud;
    if((fp1=fopen("test.txt","wb"))==NULL)                  /* 打开文件 */
    {
        printf("cannot open file");
        exit(0);
    }
    for(i=0;i<2;i++)
    {
        printf("input name:");
        gets(stud.name);                                    /* 输入姓名 */
        printf("input num:");
        gets(stud.num);                                     /* 输入学号 */
        printf("input score1:");
        gets(temp);                                         /* 输入成绩 */
        stud.score[0]=atof(temp);
        printf("input score2:");
```

```
        gets(temp);
        stud.score[1]=atof(temp);
        stud.score[2]=stud.score[0]+stud.score[1];
        stud.score[3]=stud.score[2]/2;
        fwrite(&stud,sizeof(stud),1,fp1);                    /* 成块写入到文件 */
    }
    fclose(fp1);                                             /* 关闭文件 */
    if((fp1=fopen("test.txt","rb"))==NULL)        /* 重新以二进制只读方式打开文件 */
    {
        printf("cannot open file");
        exit(0);
    }
    printf(" - - - - - - - - - - - - - - - - - - - - - \n ");
    printf ("%-15s%-7s%-7s%-7s%-7s%-7s\n","name","num","score1","score2","
            sum","average");
    printf(" - - - - - - - - - - - - - - - - - - - - - \n");
    for(i=0;i<2;i++)
    {
        fread(&stud, sizeof(stud),1,fp1);                    /* 成块读取格式化数据 */
        printf ("%-15s%-7s%7.2f%7.2f%7.2f%7.2f\n",stud.name,stud.num,stud.
                score[0],stud.score[1], stud.score[2], stud.score[3]);
    }
    fclose(fp1);                                             /* 关闭文件 */
    return 0;
}
```

第四节　文件的定位

　　前面介绍的对文件的读写方式都是顺序读写,即读写文件只能从头开始,顺序读写各个数据。在实际问题中常要求读写文件中某一指定的部分,为了解决这个问题,可以将文件内部的位置指针移动到需要读写的位置,再进行读写操作。这种读写操作称为随机读写。按要求移动文件内部位置指针的操作称为文件的定位。

　　C语言提供的文件内部位置指针移动函数主要有 rewind( )函数和 fseek( )函数:rewind( )函数的功能是把文件内部的位置指针移到文件首,这个函数在前面已多次使用过;fseek( )函数用来移动文件内部位置指针到某一指定位置。这两个函数的调用形式为:

```
int rewind(FILE *fp);
int fseek(FILE *fp,long offset,int origin);
```

其中,"文件指针 fp"指向打开欲移动的文件。"位移量 offset"表示移动的字节数且为 long型数据,以便在被打开的文件的长度大于 64 KB 时不会出错(即文件内部的位置指针的移动范围>64 KB),当用常量表示位移量时,要求加后缀"L",表示是长整型数。位移量为正值表示从起始点向文件尾方向移动,位移量为负值表示从起始点向文件首方向移动。"起始点 origin"表示从何处开始计算位移量,规定的起始点有 3 种:文件首、当前位置和文件尾。其表示方法如表 8-3 所示。函数的返回值若操作成功为 0,操作失败为非零。例如:

```
fseek(fp,100L,0);        /* 将文件内部的位置指针从文件首向文件尾方向移动 100 个字节 */
fseek(fp,-10L,1);        /* 将文件内部的位置指针从当前位置向文件首方向移动 10 个字节 */
```

需要说明的是 fseek() 函数一般用于二进制文件。在文本文件中由于要进行转换而产生误差,故往往容易出现因计算误差导致位置指针指向错误的问题。当文件内部的位置指针按要求进行了移动之后,对文件的随机读写即可用前面介绍的任一种读写函数进行读写。常用 fread() 和 fwrite() 函数与 fseek() 函数配合使用来对一个数据块进行读写操作。

表 8-3   origin 的表示方法

起 始 点	表 示 符 号	值
文件首	SEEK_SET	0
当前位置	SEEK_CUR	1
文件尾	SEEK_END	2

例 8-11 在学生文件 stu_list 中读出第二个学生的数据。

```
#include  <stdio.h>
#include  <stdlib.h>
struct stu
{
    char name[10];
    int num;  int age;
    char addr[15];
}stu1,*q;
int main()
{
    FILE *fp;
    char ch;
    int i=1;
    q=&stu1;
    if((fp=fopen("stu_list","rb"))==NULL)        /* 文件 stu_list 在例 8-9 建立 */
    {
        printf("Cannot open file!");
        exit(0);
    }
    rewind(fp);                                  /* 指针重新指向文件首 */
    fseek(fp,i * sizeof(struct stu),0);
                                        /* 从文件首向文件尾方向移动 1 个结构体长度 */
    fread(q,sizeof(struct stu),1,fp);            /* 从当前位置读取第二个学生的数据 */
    printf("\n\nname\tnumber age addr\n");
    printf("%s\t%5d %7d %s\n",q->name,q->num,q->age,q->addr);
    fclose(fp);
```

```
    return 0;
}
```

例 8-12 从键盘输入字符串到 test4 文件中，重新取出时将所有的小写字母转换为大写字母显示。

```
#include  <stdio.h>
int main()
{
    int i,flag;
    char str[128],c;  FILE *fp;
    fp=fopen("test4","wb+");              /* 以读写方式,打开或创建一个二进制文件 test4 */
    for(flag=1;flag;)                     /* 至少循环一次,是否继续循环则由变量 flag 来决定 */
    {
        printf("Please input string:\n");
        gets(str);                        /* 键盘输入的字符串存入 str 字符串数组,以回车结束输入 */
        fprintf(fp, "%s",str);            /* 将 str 按字符串格式输出到 test4 文件 */
        printf("continue? Y/N? ");
        if(((c=getchar())=='N')||(c=='n'))    /* 键盘输入字符是否为'N'或'n' */
            flag=0;                       /* 是"N"或"n"则终止循环 */
        getchar();                        /* 接受键盘输入的一个字符 */
    }
    fseek(fp,0,0);                        /* 将文件内部的位置指针指向 test4 文件的起始位置 */
    while(fscanf(fp, "%s",str)!=EOF)      /* 按指定的格式从磁盘文件中读入全部字符串 */
    {
        for(i=0;str[i]!='\0';i++)         /* 逐个将字符串中的小写字母转换为大写 */
            if((str[i]>='a')&&(str[i]<='z'))
                str[i]- =32;
        printf("%s\n",str);               /* 屏幕显示转换后的字符串 */
    }
    fclose(fp);                           /* 关闭 test4 文件 */
    return 0;
}
```

第五节 文件的检测

除了上述的文件操作函数外,C 语言提供了一组专门的文件检测函数,以方便程序设计者在文件操作过程中对所操作文件的工作状态进行监测和控制,常用的有以下几个。

1. 文件结束检测函数 feof( )

调用格式:feof(文件指针);

函数功能:判断文件是否处于文件结束位置,如文件结束,则返回值为 1,否则为 0。

2. 读写文件出错检测函数 ferror( )

调用格式:ferror(文件指针);

函数功能:检查文件在用各种输入/输出函数进行读写时是否出错。如 ferror() 返回值为 0 表示未出错,否则表示有错。

3. 文件出错标志清除函数 clearerr()

调用格式:clearerr(文件指针);

函数功能:用于清除出错标志和文件结束标志,使它们为 0 值。

在 C 程序中,只要文件操作出错,就会出现错误标志。该标志将一直保留,直到对同一文件调用 clearerr() 函数或 rewind() 或其他任一个输入输出函数。例如:

```
err=ferror(fp);
if(err!=0)
{
    printf("error\n");
    clearer(fp);                                    /* 使 ferror(fp)=0 */
}
```

4. 检测文件内部的位置指针的当前位置函数 ftell()

调用格式:ftell(FILE * fp);

函数功能:ftell 函数返回文件指针的当前位置。若函数调用出错(如文件不存在),则函数返回值为 −1L。例如

```
err=ftell(fp);
if(err==-1L)
    printf("error\n");
```

习　　题

一、选择题

1. 以下可作为函数 fopen() 中第 1 个参数的正确格式是(　　)。

    A. `"c:\myfile\1.text"`　　　　　　B. `"c:\myfile\1.txt"`

    C. `"c:\myfile\1"`　　　　　　　　D. `"c:\\myfile\\1.txt"`

2. 为写而打开文本 my.dat 的正确写法是(　　)。

    A. `fopen("my.dat","rb")`　　　　B. `fp=fopen("my.dat","r")`

    C. `fopen("my.dat","wb")`　　　　D. `fp=fopen("my.dat","w")`

3. 若执行 fopen 函数时发生错误,则函数的返回值是(　　)。

    A. 地址值　　　　B. 0　　　　　　C. 1　　　　　　D. NULL

4. 已知函数的调用形式为 `fread(buffer,size,count,fp);`,其中 buffer 代表的是(　　)。

    A. 一个整型变量,代表要读入的数据项总数

    B. 一个文件指针,指向要读的文件

    C. 一个指针,指向存储读入数据的存储区

    D. 一个存储区,存放要读的数据项

5. 设有以下结构体类型

```
struct student
{
    char name[10];
    float score[5];
}stu[20];
```

并且结构体数组 stu 中的元素都已有值,若要将这些元素写到硬盘文件 fp 中,以下不正确的形式是(　　)。

  A. fwrite(stu,sizeof(stuct student),20,fp)

  B. fwrite(stu,20 * sizeof(stuct student),1,fp)

  C. fwrite(stu,20 * sizeof(stuct student),2,fp)

  D. for(i=0;i<20;i++) fwrite(stu+i,sizeof(stuct student),1,fp)

6. 以下不能将文件位置指针重新移到文件开头位置的函数是(　　)。

  A. rewind(fp);

  B. fseek(fp,0,SEEK_SET);

  C. fseek(fp,-(long)ftell(fp),SEEK_CUR);

  D. fseek(fp,0,SEEK_END);

7. 若有以下程序,使用命令:myfile file1 file2 的功能是(　　)。

```
/* 文件名为:myfile.c */
int main(int argc,char *argv[])
{
    FILE *fp1,*fp2;
    if(argc<3)
    {
        printf("Usage: myfile filename1 filename2\n");
        exit(0);
    }
    fp1=fopen(argv[1],"r");
    fp2=fopen(argv[2],"w");
    while(!feof(fp1))
        fputc(fgetc(fp1),fp2);
    fclose(fp1);
    fclose(fp2);
    return 0;
}
```

  A. 将 file1 文件复制到 file2 文件

  B. 将 file2 文件复制到 file1 文件

  C. 读取 file1 文件的内容并在屏幕上显示出来

  D. 读取 file2 文件的内容并在屏幕上显示出来

8. 下面程序的功能是(　　)。

```
#include  <stdio.h>
```

```
int main()
{
    FILE *fp;
    fp=fopen("myfile","r+");
    while(!feof(fp))
    if(fgetc(fp)=='*')
    {
        fseek(fp,-1L,SEEK_CUR);
        fputc('$',fp);
        fseek(fp,ftell(fp),SEEK_SET);
    }
    fclose(fp);
    return 0;
}
```

A. 将 myfile 文件中所有'*'均替换成'$'

B. 查找 myfile 文件中所有'*'

C. 查找 myfile 文件中所有'$'

D. 将 myfile 文件中所有字符均替换成'$'

9. 以下程序的运行结果是(   )。

```
#include <stdio.h>
#include <stdlib.h>
int main()
{
    FILE *fp; char *str1="first",*str2="second";
    if((fp=fopen("myfile","w+"))==NULL)
    {
        printf("Can't open file! \n");
        exit(0);
    }
    fwrite(str2,6,1,fp);
    fseek(fp,0L,SEEK_SET);
    fwrite(str1,5,1,fp);
    fclose(fp);
    return 0;
}
```

A. first   B. second   C. firstd   D. 为空

二、程序填空

1. 下面程序用于从键盘输入一个以'?'为结束标志的字符串,将它存入指定的文件 my. txt中。

```
#include <stdio.h>
#include <stdlib.h>
int main()
```

```
{
    FILE *fp;   char ch;
    if((  [1]  )==NULL)
    {
        printf("不能打开文件\n");
        exit(0);
    }
    ch=getchar();
    while(  [2]  )
    {
        fputc(ch,fp);
          [3]  ;
    }
    fclose(fp);
    return 0;
}
```

2. 下面的程序实现统计 C 盘根目录下的 my.txt 文件中字符的个数。

```
#include  <stdio.h>
#include  <stdlib.h>
int main()
{
    FILE *fp;   char ch;
    long num=0;
    if(  [4]  )
    {
        printf("Cant't open file! \n");
        exit(0);
    }
    while(  [5]  )
    {
        fgetc(fp);
          [6]  ;
    }
    printf("%ld",num);
    fclose(fp);
    return 0;
}
```

3. 下面的程序读取并显示一个字符文件的内容。

```
#include  <stdio.h>
#include  <stdlib.h>
int main(int argc, char *argv[])
{
    FILE *fp;   char ch;
```

```
    if((fp=fopen(argv[1], "r"))==  [7]  )
    {
        puts("Can't open file!");
        exit(0);
    }
    while((ch=fgetc(  [8]  ))!=  [9]  )
        printf("%c",  [10]  );
    fclose(fp);
    return 0;
}
```

4. 下面程序把从终端读入的 10 个整数以二进制方式写到一个名为 bi. dat 的新文件中。

```
#include  <stdio.h>
#include  <stdlib.h>
FILE *fp;
int main()
{
    int i,j;
    if((fp=fopen(  [11]  ,"wb"))==NULL)  exit(0);
    for(i=0;i<10;i++)
    {
        scanf("%d",&j);
        fwrite(&j,sizeof(int),1,  [12]  );
    }
    fclose(fp);
    return 0;
}
```

三、阅读程序并写出运行结果

1. 阅读下列程序并写出运行结果。

```
#include  <stdio.h>
#include  <stdlib.h>
int main()
{
    int i,n;  FILE *fp;
    if((fp=fopen("temp","w+"))==NULL)
    {
        printf("不能建立 temp 文件\n");
        exit(0);
    }
    for(i=1;i<=10;i++)
        fprintf(fp,"%3d",i);
    for(i=0;i<10;i++)
```

```
    {
        fseek(fp,i * 3L,SEEK_SET);
        fscanf(fp,"%d",&n);
        printf("%3d",n);
    }
    fclose(fp);
    return 0;
}
```

2. 阅读下列程序并写出运行结果。

```
#include  <stdio.h>
#include  <stdlib.h>
int main()
{
    int i,n;  FILE *fp;
    if((fp=fopen("temp","w+"))==NULL)
    {
        printf("不能建立 temp 文件\n");
        exit(0);
    }
    for(i=1;i<=10;i++)
        fprintf(fp,"%3d",i);
    for(i=0;i<10;i++)
    {
        fseek(fp,i * 3L,SEEK_SET);
        fscanf(fp,"%d",&n);
        fseek(fp,i * 3L,SEEK_SET);
        printf("%3d",n+10);
    }
    for(i=0;i<5;i++)
    {
        fseek(fp,i * 6L,SEEK_SET);
        fscanf(fp,"%d",&n);
        printf("%3d",n);
    }
    fclose(fp);
    return 0;
}
```

3. 假设在 D:盘根目录下有一文件 student.txt,存入的是学生的成绩,内容如下: zhao 82 qian 86 sun 99 li 98 zhou 78,阅读下列程序并写出运行结果。

```
#include  <stdio.h>
#include  <stdlib.h>
int main()
```

```
{
    int i,SCORE;
    char NAME[10];  FILE *fp;
    if((fp=fopen("d:\\student.txt","rb"))==NULL)
    {
        printf("Can't read file:student.txt\n");
        exit(0);
    }
    printf("        NAME        SCORE\n");
    while(!feof(fp))
    {
        fscanf(fp,"%s %d", NAME,&SCORE);
        printf("%10s%10d\n", NAME, SCORE);
    }
    fclose(fp);
    return 0;
}
```

四、编程题

1. 编程打开一个文本文件 temp.txt,将其全部内容显示在屏幕上。

2. 从键盘输入一些字符,逐个把它们存入磁盘文件,直到输入一个"#"为止。

3. 从键盘输入一个字符串,将小写字母全部转换成大写字母,然后输出到一个磁盘文件"test"中保存。输入的字符串以"!"结束。

4. 有两个磁盘文件 A 和 B,各存放一行字母,要求把这两个文件中的信息合并(按字母顺序排列),输出到一个新文件 C 中。

5. 有 5 个学生,每个学生有 3 门课的成绩,从键盘输入以上数据(包括学生号,姓名和 3 门课成绩),计算出平均成绩,将原有的数据和计算出的平均分数存放在磁盘文件"stud"中。

6. 编写一个 display.c 程序实现文件的 ASCII 码和对应字符的显示。例如:display example.c 的部分结果如下所示。

```
000000:  2f  2a  65  78  61  6d  70  6c  65  2e  63  2a  2f  0a  23  69   /*example.c*/.#i
000010:  6e  63  6c  75  64  65  20  3c  73  74  64  69  6f  2e  68  3e   nclude <stdio.h>
000020:  0a  23  69  6e  63  6c  75  64  65  20  3c  73  74  64  6c  69   .#include <stdli
000030:  62  2e  68  3e  0a  23  69  6e  63  6c  75  64  65  20  3c  63   b.h>.#include <c
000040:  6f  6e  69  6f  2e  68  3e  0a  6d  61  69  6e  28  69  6e  74   onio.h>.main(int
000050:  20  61  72  67  63  2c  20  63  68  61  72  20  2a  61  72  67    argc, char *arg
000060:  76  5b  5d  29  0a  7b  0a  09  63  68  61  72  20  6c  65  74   v[]).{..char let
000070:  74  65  72  5b  31  37  5d  3b  0a  09  69  6e  74  20  63  2c   ter[17];..int c,
000080:  69  2c  63  6f  75  6e  74  3b  0a  09  46  49  4c  45  20  2a   i,count;..FILE *
000090:  66  70  3b  0a  09  66  72  65  6f  70  65  6e  28  22  64  3a   fp;..freopen("d:
0000a0:  5c  5c  64  2e  6f  75  74  22  2c  22  77  22  2c  73  74  64   \\d.out","w",std
0000b0:  6f  75  74  29  3b  0a  09  69  66  28  61  72  67  63  3c  32   out);..if(argc<2
0000c0:  29  0a  09  7b  0a  09  09  70  72  69  6e  74  66  28  22  55   )..{...printf("U
```

7. 编写一个程序实现文件的复制。

第九章　程序设计实例

　　程序设计的关键是算法,算法是实际问题求解步骤的描述。第三章中已经介绍了如何用自然语言、流程图或 N-S 图来描述算法,但没有介绍算法设计方法。在实际编程中,肯定是先要设计算法,然后描述算法并实现。因此,本章首先通过实例介绍常用的算法设计方法,如迭代法、穷举法、递推法、递归法、回溯法、贪婪法、查找算法、排序算法等,然后介绍一个综合的模块化程序设计实例。

第一节　常用算法实例

一、迭代法

　　迭代法也称辗转法,是一种不断用变量的旧值递推新值的过程。迭代算法是用计算机解决问题的一种基本方法。它利用计算机运算速度快、适合做重复性操作的特点,让计算机对一组指令重复执行,在每次执行这组指令时,都从变量的原值推出它的一个新值。

　　迭代法的特点是:把一个复杂问题的求解过程转化为相对简单的迭代算式,然后重复执行这个简单的算式,直到得到最终解。迭代法分为精确迭代和近似迭代。精确迭代是指迭代算法本身提供了问题的精确解。如 N 个数求和、求均值、求方差等问题都适合使用精确迭代法解决。而近似迭代是指迭代算法不能得到精确解,而只能通过控制迭代次数或精度无限接近精确解。如求解方程根常用的"二分法"和"牛顿迭代法"就属于近似迭代法。

　　例 9-1　计算 $s=1+2+3+4+\cdots+100$。

　　用精确迭代法求解,迭代方法如下:

　　① 首先确定迭代变量 s 的初始值为 0;

　　② 其次确定迭代公式 $s+i \to s$;

　　③ 当 i 分别取值 $1,2,3,4,\cdots,100$ 时,重复计算迭代公式 $s+i \to s$,迭代 100 次后,即可求出 s 的精确值。i 的取值是一个有序数列,所以可以由计数器产生,即使 i 的初始值为 1,然后每迭代一次就对 i 加 1。

　　完整的 C 语言程序及运行结果如下:

```c
#include  <stdio.h>
int main()
{
    int i=1,s=0;
    while(i<=100)
    {
        s=s+i;                              /* 迭代计算 */
        i++;
```

```
    }
    printf("和为:%d,迭代次数为:%d\n",s,i-1);
    return 0;
}
```

运行结果为:

和为:5050,迭代次数为:100

迭代法的应用更主要的是数值的近似求解,它既可以用来求解代数方程,又可以用来求解微分方程。在科学计算领域,人们常会遇到求微分方程的数值解或解方程 f(x)＝0 等计算问题。这些问题无法用像求和或求均值那样的精确求解方法。例如,一般的一元五次或更高次方程、几乎所有的超越方程以及描述电磁波运动规律的麦克斯韦方程等,它们的解都无法用解析方法表达出来。为此,人们只能用数值计算的方法求出问题的近似解,而解的误差是人们可以估计和控制的。

我们以求解方程 f(x)＝0 为例说明近似迭代法的基本方法。

首先把求解方程变换成为迭代算式 x＝g(x),然后由估计的一个根的初始近似值 x0 出发,应用迭代计算公式 xk＝g(xk)求出另一个近似值 x1,再由 x1 确定 x2…最终构造出一个序列 x0,x1,x2,…,xn,…就可逐次逼近方程的根。

例 9-2　用迭代法求方程 $x^3 - x - 1 = 0$ 在 x＝1.5 附近的一个根。

迭代方法如下:

① 首先将方程改写成迭代算式:

$$x = \sqrt[3]{x+1}$$

② 用给定的初始近似值 x0＝1.5 代入迭代算式的右端,得到:

$$x1 = \sqrt[3]{1.5+1} = 1.357\ 209$$

③ 再用 x1 作为近似值代入迭代算式的右端,又得到:

$$x2 = \sqrt[3]{1.357\ 209+1} = 1.330\ 861$$

按这种方法重复以上步骤,可以逐次求得更精确的值,这一过程即为迭代过程。显然,迭代过程就是通过重复执行一系列计算来获得问题近似答案,且每一次重复计算将产生一个更精确的答案。

用计算机算法实现这一计算过程,不可能让迭代无限制循环进行,因此只能通过控制迭代次数或精度无限接近精确解。下面介绍计算机算法的设计。

设方程为 f(x)＝0,用某种数学方法导出等价的形式 x＝g(x),然后按以下步骤执行。

① 选一个方程的近似根,赋给变量 x0;

② 将 x0 的值保存于变量 x1,然后计算 g(x1),并将结果存于变量 x0;

③ 当 x0 与 x1 的差的绝对值还不满足指定的精度要求时,重复步骤②的计算。

若方程有根,并且用上述方法计算出来的近似根序列收敛,则按上述方法求得的 x0 就认为是方程的根。上述算法用 C 程序的形式表示为:

```
{   x0=初始近似根;
    do {
        x1=x0;
        x0=g(x1);                            /* 迭代公式 */
```

```
    } while(fabs(x0-x1)>Epsilon);                          /* Epsilon 是精度 */
    printf("方程的近似根是%f\n",x0);
}
```

例 9-3 编写求解例 9-2 问题的 C 语言程序。

```
#include  <stdio.h>
#include <math.h>
int main()
{
    float x0=1.5,x1;
    int n=0;
    do
    {   n++;
        x1=x0;
        x0=pow(x1+1,1.0/3);                               /* 迭代计算 */
        printf("第%d 次迭代后,近似根 x0=%f\n",n,x0);
    }while(fabs(x1-x0)>=1e-5);
    printf("满足精度要求的根为:%f,迭代次数为:%d\n",x0,n);
    return 0;
}
```

程序运行结果为:

第 1 次迭代后,近似根 x0=1.357209

第 2 次迭代后,近似根 x0=1.330861

第 3 次迭代后,近似根 x0=1.325884

第 4 次迭代后,近似根 x0=1.324939

第 5 次迭代后,近似根 x0=1.324760

第 6 次迭代后,近似根 x0=1.324726

第 7 次迭代后,近似根 x0=1.324719

满足精度要求的根为:1.324719,迭代次数为:7

本书第三章的例 3-25 也是用迭代法求方程根的一个典型例子。

由以上介绍可知,使用近似迭代法构造算法的基本方法是:首先确定一个合适的迭代公式,选取一个初始近似值以及解的误差,然后用循环处理实现迭代过程。终止循环过程的条件是前后两次得到的近似值之差的绝对值小于或等于预先给定的误差,并认为最后一次迭代得到的近似值为问题的解。

具体使用迭代法求根时应注意以下两种可能发生的情况。

① 如果方程无解,算法求出的近似根序列就不会收敛,迭代过程会变成死循环,因此在使用迭代算法前应先考察方程是否有解,并在程序中对迭代的次数给予限制。

② 方程虽然有解,但迭代公式选择不当,或迭代的初始近似根选择不合理,也会导致迭代失败。

二、穷举法

穷举法是对可能是解的众多候选解按某种顺序进行逐一枚举和检验,并从中找出那些符合要求的候选解作为问题的解。穷举法的基本思想是,首先根据问题的部分条件预估答案的范围,然后在此范围内对所有可能的情况进行逐一验证,直到全部情况均通过了验证为止。若某个情况使验证符合题目的全部条件,则该情况为本题的一个答案;若全部情况验证结果均不符合题目的全部条件,则说明该题无答案。

穷举法由于会进行大量的重复计算,自然会用到程序的循环结构,因此灵活运用循环结构进行程序设计是穷举法程序设计的关键。

例 9-4　将一张面值为 100 元的人民币换成面值为 20 元、10 元和 5 元的人民币,且各种面值人民币至少要有一张,请列出所有可能的换法。

解题思路　这是一个典型的穷举问题。如果用 x、y、z 分别代表 20 元、10 元、5 元的数量,根据题意可列出方程:$20x+10y+5z=100$。最简单的解题方法是:假设一组 x、y、z 的值,直接代入方程求解,若满足方程则是一组解。那么,通过循环在变量的取值范围内不断变化 x、y、z 的值,穷举 x、y、z 全部可能的组合,即可得到问题的全部解。程序如下:

```
#include  <stdio.h>
int main()
{
    int x,y,z,n=0;
    for(x=1;x<=5;x++)                       /* 变量 x 为 20 元面值人民币的张数 */
        for(y=1;y<=10;y++)                  /* 变量 y 为 10 元面值人民币的张数 */
            for(z=1;z<=20;z++)              /* 变量 z 为 5 元面值人民币的张数 */
            {
                if(20*x+10*y+5*z==100)
                {
                    n++;
                    printf("第%d种换法:x=%d,y=%d,z=%d\n",n,x,y,z);
                }
            }
    printf("穷举所有可能,共有%d种换法。\n",n);
    return 0;
}
```

程序运行结果为:

第 1 种换法:x=1,y=1,z=14
第 2 种换法:x=1,y=2,z=12
第 3 种换法:x=1,y=3,z=10
第 4 种换法:x=1,y=4,z=8
第 5 种换法:x=1,y=5,z=6
第 6 种换法:x=1,y=6,z=4
第 7 种换法:x=1,y=7,z=2
第 8 种换法:x=2,y=1,z=10

第 9 种换法:x=2,y=2,z=8

第 10 种换法:x=2,y=3,z=6

第 11 种换法:x=2,y=4,z=4

第 12 种换法:x=2,y=5,z=2

第 13 种换法:x=3,y=1,z=6

第 14 种换法:x=3,y=2,z=4

第 15 种换法:x=3,y=3,z=2

第 16 种换法:x=4,y=1,z=2

穷举所有可能,共有 16 种换法。

例 9-5　判断真假问题。张三说李四说谎,李四说王五说谎,王五说张三和李四都在说谎。这三个人中谁说的是真话,谁说的是假话?

解题思路　本题用穷举法求解。假设三个人所说话的真假用变量 zhang、li、wang 表示,相应变量的值等于"1"表示该人说的是真话;等于"0"表示该人说的是假话。则可根据题意列出求解的条件。

① 题意 1:张三说"李四说谎"

a. 若张三说"真话",则李四说"假话"(zhang==1&&li==0)

b. 若张三说"假话",则李四说"真话"(zhang==0&&li==1)

所以题意 1 可以表示为条件 1:(zhang==1&&li==0)||(zhang==0&&li==1)

② 题意 2:李四说"王五说谎"

a. 若李四说"真话",则王五说"假话"(li==1&&wang==0)

b. 若李四说"假话",则王五说"真话"(li==0&&wang==1)

所以题意 2 可以表示为条件 2:(li==1&&wang==0)||(li==0&&wang==1)

③ 题意 3:王五说"张三和李四都在说谎"

a. 若王五说"真话",则张三和李四都在说"假话"(wang==1&&(zhang==0&&li==0))

b. 若王五说"假话",则张三和李四不都在说"假话"(wang==0&&(zhang==1||li==1))

所以题意 3 可以表示为条件 3:(wang==1&&(zhang==0&&li==0))||((wang==0&&(zhang==1||li==1))

上述 3 个条件之间是"与"的关系。将表达式进行整理就可得到问题求解的完整的条件:

((zhang&&!li)||(!zhang&&li)) && ((li&&!wang)||(!li&&wang)) && ((wang&&!zhang&&!li)||(!wang&&(zhang||li)))

用一个三重循环穷举 zhang、li、wang 所有可能的取值组合,代入上述条件进行判断,使上述条件为"真"的情况即为所求。程序如下:

```c
#include <stdio.h>
int main()
{
    int zhang,li,wang;
    for(zhang=0; zhang<2; ++zhang)
      for(li=0; li<2; ++li)
        for(wang=0; wang<2; ++wang)
```

```
        {
            if (((zhang&&! li)||(! zhang&&li)) && ((li&&! wang)||(! li&&wang))
                && ((wang&&! zhang&&! li)||(! wang&&(zhang||li))))
            {
                printf("张三说的是%s\n",zhang?"真话":"假话");
                printf("李四说的是%s\n",li?"真话":"假话");
                printf("王五说的是%s\n",wang?"真话":"假话");
            }
        }
    }
}
```

程序运行结果为：

张三说的是假话

李四说的是真话

王五说的是假话

穷举法的特点是算法简单,容易理解,但运算量较大。对于可确定取值范围但又找不到其他更好的算法时,就可以采用穷举法。通常穷举法用来解决“有几种组合”、“是否存在”、“求解不定方程”等类型的问题。利用穷举法设计算法大多以循环控制结构实现。

三、递推法

递推是通过数学推导,将复杂的运算化解为若干重复的简单运算,而每一次简单运算的结果将作为下一次简单运算的输入,这样便能逐级计算出最终结果。

能采用递推法构造算法的问题有重要的递推性质,即当得到问题规模为 n—1 的解后,由问题的递推性质,能从已求得的规模为 1,2,…,n—1 的一系列解,构造出问题规模为 n 的解。这样,程序可从 n=0 或 n=1 出发,通过递推,获得规模为 n 的解。

例 9-6　采用递推法求 5 的阶乘值。

递推过程:初始条件为 fact(1)=1,然后可逐次推得。

fact(2)=fact(1) * 2=1 * 2=2

fact(3)=fact(2) * 3=2 * 3=6

fact(4)=fact(3) * 4=6 * 4=24

fact(5)=fact(4) * 5=24 * 5=120

递推求阶乘的参考程序如下:

```c
#include  <stdio.h>
int main()
{
    int fact=1,i=0;
    for(i=2;i<=5;i++)
        fact =fact * i;
    printf("5!=%d\n",fact);
    return 0;
}
```

例 9-7　斐波那契数列为:1,1,2,3,5,8,13,21,34,55,…即满足

$$fib(n) = \begin{cases} 1 & (n=1 \text{ 或 } 2 \text{ 时}) \\ fib(n-1)+fib(n-2) & (n>2 \text{ 时}) \end{cases}$$

请编写求斐波那契(Fibonacci)数列的第 n 项的函数 fib(n)。

用递推法编写 fib(n)函数如下:

```c
int fib(int n)
{
    int i,f1=1,f2=1,f3;
    if(n==1||n==2)
        return 1;
    if(n>2)
    {
        for(i=3;i<=n;i++)
        {
            f3=f1+f2;
            f1=f2;
            f2=f3;
        }
        return f3;
    }
}
```

四、递归法

递归是设计和描述算法的一种有力的工具,由于它在复杂算法的描述中被经常采用,为此在进一步介绍其他算法设计方法之前先讨论它。

能采用递归描述的算法通常有这样的特征:为求解规模为 N 的问题,设法将它分解成规模较小的问题,然后从这些小问题的解构造出大问题的解,并且这些规模较小的问题也能采用同样的分解和综合方法,分解成规模更小的问题,并从这些更小问题的解构造出规模较大问题的解。特别地,当规模 N=1 时,能直接得解。

例 9-8 用递归法编写例 9-7 所需函数 fib(n)。

用递归法编写 fib(n)函数如下:

```c
int fib(int n)
{
    if(n==1||n==2) return 1;
    if(n>2) return fib(n-1)+fib(n-2);
}
```

递归算法的执行过程分递推和回归两个阶段。在递推阶段,把较复杂的问题(规模为 n)的求解推到比原问题简单一些的问题(规模小于 n)的求解。例如上例中,求解 fib(n),把它推到求解 fib(n-1)和 fib(n-2)。也就是说,为计算 fib(n),必须先计算 fib(n-1)和 fib(n-2),而计算 fib(n-1)和 fib(n-2),又必须先计算 fib(n-3)和 fib(n-4)。依次类推,直至计算 fib(2)和 fib(1),分别能立即得到结果 1。在递推阶段,必须要有终止递推的情况,例如在 fib 函数中,当 n 为 2 或 1 时终止递推。

在回归阶段,当获得最简单情况的解后,逐级返回,依次得到稍复杂问题的解,例如得到 fib(2) 和 fib(1) 后,返回得到 fib(3) 的结果……在得到了 fib(n−1) 和 fib(n−2) 的结果后,返回得到 fib(n) 的结果。

在编写递归函数时要注意,函数中的局部变量和参数只是局限于当前调用层,当递推进入"简单问题"层时,原来层次上的参数和局部变量便被隐蔽起来。在一系列"简单问题"层,它们各自有自己的参数和局部变量。

由于递归引起一系列的函数调用,并且可能会有一系列的重复计算,递归算法的执行效率相对较低。当某个递归算法能较方便地转换为递推算法时,通常按递推算法编写程序。例如上例计算斐波那契数列的第 n 项的函数 fib(n) 应采用例 9-7 所示的递推算法,即从斐波那契数列的前两项出发,逐次由前两项计算出下一项,直至计算出第 n 项。

本书第四章第三节详细介绍了递归方法。

五、回溯法

回溯法也称为试探法,该方法首先暂时放弃关于问题规模大小的限制,并将问题的候选解按某种顺序逐一枚举和检验。当发现当前候选解不可能是解时,就选择下一个候选解;若当前候选解除了不满足问题规模要求外,满足所有其他要求时,继续扩大当前候选解的规模,并继续试探。如果当前候选解满足包括问题规模在内的所有要求时,该候选解就是问题的一个解。在回溯法中,扩大当前候选解的规模,以继续试探的过程称为向前试探。放弃当前候选解,寻找下一个候选解的过程称为回溯。

回溯法是一种选优搜索法,按选优条件向前搜索,以达到目标。但当探索到某一步时,发现原先选择并不优或达不到目标,就退回一步重新选择,这种走不通就退回再走的技术称为回溯法。例 9-9 就是一个典型的利用回溯法求解的例子。

例 9-9 迷宫问题。在指定的迷宫中找一条从入口到出口的可通路径。

解题思路 图 9-1 所示的方块图表示迷宫,其中空白方块表示通道,黑色方块表示墙,在迷宫数组中分别用 0 和 1 表示。现要在迷宫中找一条从入口到出口的可通路径,基本的算法思想是:从入口处开始向前探路(探的方向有右、下、左和上),当沿着某个方向往前探一步时,若可通则继续往前探,若不通则换个方向后再探。若 4 个方向上均不通(四个方向上的相邻方块要么是墙块,要么是已探过的通道块),则按原路回退一步后换个方向再探。在探路的过程中,用一个二维数组记录迷宫的可通路径。

下面对程序做一些说明。

1. 程序中使用的函数

① 输出迷宫数组的函数 printMaze( )。

② 在迷宫中探寻可通路径的函数 findOnePath( )。

2. 函数 findOnePath( )中使用的数组

① maze[N1][N2] ——迷宫数组。数组元素值为 0 代表通(通道),为 1 代表不通(墙)。

② stack[N1 * N2][2] ——可通路径数组。在程序中表现为堆栈,记录走迷宫的路径,第 1 个下标表示是当前正在试探的可通路径上的第几步,第 2 个下标表示该步所在位置的

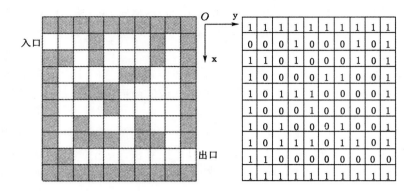

图 9-1　迷宫问题示意图

坐标是行坐标 x 还是列坐标 y。例如,第 0 步(入口处)的 x 坐标为 1,即 stack [0][0]＝1,第 0 步(入口处)的 y 坐标为 0,即 stack[0][1]＝0,若记入口处坐标为(1,0),则本例执行后输出的可通路径上各点的坐标依次为:(1,0)→(1,1)→(1,2)→(2,2)→(3,2)→(3,1)→(4,1)→(5,1)→(5,2)→(5,3)→(6,3)→(6,4)→(6,5)→(7,5)→(8,5)→(8,6)→(8,7)→(8,8)→(8,9)。

下面是程序清单:

```c
#include  <stdio.h>
#define N1 10
#define N2 10
#define SHOW
int findOnePath(int maze[N1][N2])          /* 在迷宫中用回溯法探寻一条可通路径的函数 */
{
    int stack[N1 * N2][2],top=0;
    int i,x=1,y=0,ok;
    stack[top][0]=x;                 /* 当前位置(x,y)为入口位置(1,0),存入路径数组 stack */
    stack[top][1]=y;
    maze[1][0]=2;                                              /* 入口作上标记 2 */

    while(1)                                  /* 回溯法探路。top 指向路径上的最新点 */
    {
        ok=0;                                        /* ok 标志表示能否前探一步 */
        if (y+1<=N2-1 && maze[x][y+1]==0) {y=y+1;ok=1;}            /* 往右试探 */
          else if (x+1<=N1-1 && maze[x+1][y]==0) {x=x+1;ok=1;}     /* 往下试探 */
            else if (y-1>=0 && maze[x][y-1]==0) {y=y-1;ok=1;}       /* 往左试探 */
              else if (x-1>=0 && maze[x-1][y]==0) {x=x-1;ok=1;}     /* 往上试探 */
        if(!ok)             /* 若在当前位置沿 4 个方向都不能前探,则回退一个位置后再探 */
        {
            if (x==1 && y==0)
            {
                printf ("很遗憾! 您回退到了入口或还在入口未动,迷宫无可通路径! \n");
```

```
            return 0;
        }
        printf("回退一步!");
        top--;                                    /* 回退一步,并修改当前位置(x,y) */
        x=stack[top][0];
        y=stack[top][1];
    }
    else
        /* 若沿某一方向可以前探,则将该点坐标存入路径数组 stack,并将该点作上标记 2 */
    {
        printf("前探一步!");
        top++;                                    /* 添加新点的位置(x,y)到可通路径数组 stack */
        stack[top][0]=x;
        stack[top][1]=y;
        if (x==N1-2 && y==N2-1)                   /* 到达出口,输出可通路径,并返回 */
        {
            printf("\n* * * * * * * * 恭喜* * * * * * * \n");
            printf("您已经探到了迷宫出口! 探得的一条迷宫可通路径为:\n");
            for (i=0;i<top;i++)
                printf("(%d,%d)->",stack[i][0],stack[i][1]);
            printf("(%d,%d)\n",stack[top][0],stack[top][1]);
            return 1;
        }
        maze[x][y]=2;                             /* 将刚探得的点(x,y)的值标为 2 */
    }
    #ifdef SHOW        /* 条件编译语句旨在输出在探路径,若不要,可将前面的#define SHOW
                         注释掉 */
    printf("正在探寻的可通路径为:\n");
    for (i=0;i<top;i++)
        printf("(%d,%d)->",stack[i][0],stack[i][1]);
    printf("(%d,%d)\n",stack[top][0],stack[top][1]);
    #endif
    }
}
void printMaze(int maze[N1][N2])                  /* 输出迷宫数组的函数 */
{
    int i,j;
    printf("迷宫数组为:\n");
    for(i=0;i<N1;i++)
    {
        for(j=0;j<N2;j++)
            printf("%2d",maze[i][j]);
        printf("\n");
```

```
        }
    }
    int main()
    {
        int    A[N1][N2]={ 1,1,1,1,1,1,1,1,1,1,
                           0,0,0,1,0,0,0,1,0,1,
                           1,1,0,1,0,0,0,1,0,1,
                           1,0,0,0,0,1,1,0,0,1,
                           1,0,1,1,1,0,0,0,0,1,
                           1,0,0,0,1,0,0,0,0,1,
                           1,0,1,0,0,0,1,0,0,1,
                           1,0,1,1,1,0,1,1,0,1,
                           1,1,0,0,0,0,0,0,0,0,
                           1,1,1,1,1,1,1,1,1,1 };
        printMaze(A);
        findOnePath(A);
        return 0;
    }
```

在本程序中,所设置的条件编译语句可以将每一步前探或回退后的可通路径显示出来,用以对回溯过程进行跟踪。整个过程可以通过图9-2形象地描绘出来。图9-2(a)演示从入口连续向前探寻12步后到达b位置。图9-2(b)演示从b位置开始,连续回退8步后到达a位置。图9-2(c)演示从a位置开始,连续前探14步后到达迷宫出口。最终,根据本程序探寻到的从入口到出口的一条迷宫可通路径如图9-2(c)中的实线箭头所示。

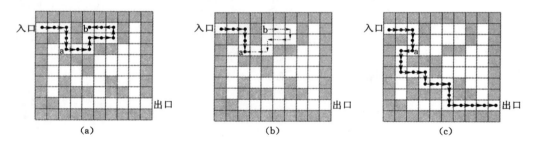

图 9-2　例 9-9 程序实现的前探与回退过程
(a) 前探 12 步至 b 位置;(b) 回退 8 步至 a 位置;(c) 继续前探 14 步至出口

六、贪婪法

贪婪法是一种不追求最优解,只希望得到较为满意解的方法。贪婪法一般可以快速得到满意的解,因为它省去了为找最优解要穷举所有可能而必须耗费的大量时间。贪婪法常以当前情况为基础作最优选择,而不考虑各种可能的整体情况,所以贪婪法不需要回溯。

例 9-10　找零钱问题。当前使用的货币面额分别是 100、50、20、10、5、2、1 元。在购物找钱时,怎样找钱才能使找零的张数最少?请根据找零的金额输出找零的方案。

解题思路　用贪婪法解决这个问题,在找钱时,为使找回的零钱的张数最少,不考虑找零钱的所有可能方案,而是从最大面值的币种开始,按递减的顺序考虑各币种,先尽量用大面值的币种,当不足大面值币种的金额时才去考虑下一种较小面值的币种。实现程序如下:

```
#include  <stdio.h>
int main()
{
    int money,k,i,change[20],total;    /* money:将被找零的总额;change:零钱数组 */
    int denomination[7] ={100,50,20,10,5,2,1};   /* denomination:纸币面额数组 */
    printf("输入欲找零钱的总额[1-99]:");
    scanf("%d",&money);
    for(i=0;i<7;i++)
        if(money>=denomination[i])
            break;                              /* 跳过面额比总额大的纸币单位 */
    k=0;
    total=money;
    while(i<7&&total!=0)
    {
        if(total>=denomination[i])
        {
            change[k]=denomination[i];
            total=total- change[k];
            k++;
        }
        else
        {
            i++;
        }
    }
    printf("总额为%d 元的找零钱方案为:",money);
    printf("%d=%d",money,change[0]);
    for(i =1;i <k;i++)
        printf("+%d",change[i]);
    printf("\n 此贪婪法求得的最少找零张数为%d 张。\n",k);
    return 0;
}
```

本程序的一次运行结果如下:

输入欲找零钱的总额[1-99]:98✓
总额为 98 元的找零钱方案为:98= 50+20+20+5+2+1
此贪婪法求得的最少找零张数为 6 张。

七、查找算法

本节主要介绍最简单的 2 种查找方法:顺序查找和二分查找。顺序查找用于一般的数据查找,二分查找用于有序数组的查找。

1. 顺序查找

顺序查找一般用于在数组(或链表)中查找指定的元素(或结点)。要查找的数一般称为关键字,顺序查找就是将给定的关键字逐个与数组元素(或链表结点)进行比较,如果有与关键字相等的数组元素(或链表结点),则查找成功并输出有关信息,否则查找失败并提示没有匹配值。例 9-11 是一个简单的顺序查找算法实例。

例 9-11　在数组中查找指定的元素并输出其位置。

```c
#include <stdio.h>
int search(int a[],int n,int key)
{
    int i;
    for(i=0;i<n;i++)
        if(a[i]==key)
            return i;
    return -1;
}
int main()
{
    int position,Key;
    int A[10]={2,8,13,27,55,89,73,4,11,36};
    printf("请输入要查找的关键字:");
    scanf("%d",&Key);
    position=search(A,10,Key);
    if(position!=-1)
        printf("关键字是数组中的元素 A[%d]\n",position);
    else
        printf("关键字不是数组中的元素! \n");
    return 0;
}
```

本程序的一次运行结果如下:

请输入要查找的关键字:11↙

关键字是数组中的元素 A[8]

2. 二分查找

二分查找要求数组是有序数组,如果不是有序数组,必须先排序,然后才能使用二分查找法。二分查找的算法思想如下:

① 把查找范围对分为两部分,看要查找的值是否属于中点。

② 如果要查找的值不属于中点,则看这个值落在哪一部分。

③ 因为已经判断过中点,所以可在该部分中排除中点,然后对剩余部分继续使用二分法。

④ 逐步缩小查找范围,如果查找到要求的值,则输出相关信息,否则输出查找失败信息。

例 9-12　在一个有序的数列中查找指定的数。

解题思路　采用的是二分查找法:假设有序数列按递增的顺序存放在一个数组中。查找时,先查找中间的数,若待查的数与中间数相等,则查找成功;若待查的数比中间数小,则到数组的前半部分查找;否则待查数比中间数大,则到数组的后半部分查找。这样一直查下去,如果找到了要查的数,则查找成功,否则查找失败,表明有序数列中不存在要查找的数。

此法要用到 3 变量:front、tail 和 mid。分别指示被查的那一部分有序数列的头、尾和中间位置。如在有序数列(11,22,33,44,55,66,77,88,99)中查找 66,则二分查找过程如图 9-3 所示。

二分查找的算法流程如图 9-4 所示。根据该算法流程编写的二分查找程序如下。

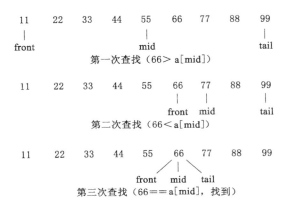

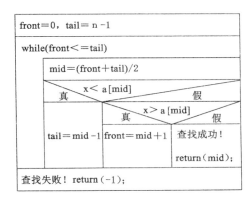

图 9-3　二分查找 66 的过程　　　　图 9-4　二分查找法流程图

```c
#include <stdio.h>
int bisearch(int a[],int n,int key)
            /*二分法查找函数:在数组 a 中查找 key,找到则返回其位置,n 是 a 数组长度 */
{
    int front=0,tail=n-1,mid;
    while(front<=tail)
    {
        mid=(front+tail)/2;
        if (key<a[mid])
            tail=mid-1;
        else
            if (key>a[mid])
                front=mid+1;
            else
                return(mid);
    }
    return(-1);
}
```

```
int main()
{
    int position,Key;
    int A[9]={11,22,33,44,55,66,77,88,99};
    printf("请输入要查找的关键字:");
    scanf("%d",&Key);
    position=bisearch(A,9,Key);
    if(position!=-1)
        printf("关键字是数组中的元素 A[%d]\n",position);
    else
        printf("关键字不是数组中的元素! \n");
    return 0;
}
```

本程序的一次运行结果如下：

请输入要查找的关键字:66✓
关键字是数组中的元素 A[5]

八、排序算法

排序算法有直接插入排序、折半插入排序、希尔排序、冒泡排序、快速排序、简单选择排序、堆排序、归并排序等，在数据结构课程中将会详细阐述。本节主要介绍最简单的 2 种排序方法：冒泡排序和简单选择排序。

1. 冒泡排序

对 n 个数进行升序排列，冒泡排序的算法思想如下：

① 从第 1 个数开始，第 1 个数与第 2 个数进行比较，若为逆序，则交换。然后比较第 2 个数与第 3 个数，若为逆序，则交换。依此类推，直至第 n-1 个数与第 n 个数比较并处理后为止，则完成第一趟冒泡排序。此时，最大的数已经排好在第 n 个位置上。

② 对前 n-1 个数按上述同样的方法进行第二趟冒泡排序。这样，次大的数将排好在第 n-1 个位置上。

③ 对前 n-2 个数按上述同样的方法进行第三趟冒泡排序。这样，倒数第三大的数将排好在第 n-2 个位置上。

④ 重复上述过程，总共进行 n-1 趟排序，则排序结束。

例 9-13 输入 5 个数，用冒泡排序方法将 5 个数按升序排列。

图 9-5 形象地描述了 5 个数进行 4 趟排序的过程。从图 9-5 可以看出，每相邻两个数进行比较，轻（小）的往上冒（像水中的气泡），重（大）的往下沉（像落水的石头）。"冒泡"法估计是因为这个特点而得名。

从图 9-6 中的统计数据可以推出：对于 N 个数的排序，需进行 N-1 趟排序，第 i 趟排序需进行 N-i 次两两比较。

冒泡排序算法的流程图如图 9-7 所示（用两层嵌套循环实现）。根据冒泡排序算法流程图，编写例 9-13 的程序如下：

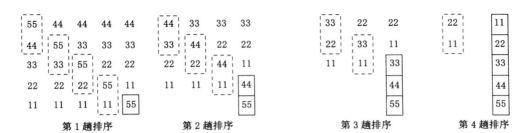

图 9-5　"气泡法"排序示意图

5 个数排序	两两比较次数	未排序数个数	已排序数个数
第 1 趟排序	4	4	1
第 2 趟排序	3	3	2
第 3 趟排序	2	2	3
第 4 趟排序	1	0	5

图 9-6　对应于图 9-5 的统计数据

```
#include   <stdio.h>
#define N 5
void bubbleSort(int a[],int n)                    /* 冒泡排序函数 */
{   int i,j,t;                       /* i,j 做循环变量,t 做交换用的临时变量 */
    for(i=1;i<N;i++)                              /* 第 i 趟比较,共 N-1 趟 */
        for(j=0;j<N-i;j++)                     /* 第 i 趟中两两比较 N-i 次 */
            if (a[j]>a[j+1])                   /* 两相邻数若为逆序则交换 */
            {
                t =a[j];
                a[j] =a[j+1];
                a[j+1] =t;
            }
}
int main()
{
    int i,A[N];
    printf("请输入%d 个整数:\n",N);
    for(i=0;i<N;i++)
        scanf("%d",&A[i]);                            /* 输入 N 个整数 */
    bubbleSort(A,N);
    printf("这%d 个整数按从小到大的顺序排列为:\n",N);
    for(i=0;i<N;i++)
        printf("%5d",A[i]);
    return 0;
}
```

图 9-7　冒泡排序算法流程图

（流程图内容）
输入 N 个数给 a[0]~a[N-1]
for(i=1;i<N;i++)
for(j=0;j<N-i;j++)
a[j]>a[j+1]
真　　　　假
a[j]⇔a[j+1]
输出 a[0]~a[N-1]

2. 简单选择排序

对 n 个数进行升序排列,简单选择排序的算法思想如下:

① 首先通过 n−1 次比较,从 n 个元素中找出值最小的元素,将它与第一个元素交换(第一趟排序)。

② 再通过 n−2 次比较,从剩余的 n−1 个元素中找出值次小的元素,将它与第二个元素交换(第二趟排序)。

③ 重复上述操作,共进行 n−1 趟排序后,排序结束。

例 9-14 输入 10 个数,用简单选择排序方法将 10 个数按升序排列。

解题思路 对 n 个数进行排序的过程为:首先从 n 个整数中选出值最小的整数,将它交换到第一个元素位置,再从剩余的 n−1 个整数中选出值次小的整数,将它交换到第二个元素位置,重复上述操作 n−1 次后,排序结束。

程序如下:

```c
#include  <stdio.h>
#define N 10
void smp_seleSort(int a[], int n)                          /* 简单选择排序 */
{
    int i,j,k,temp;
    for(i=0;i<n-1;i++)                                      /* 共 n-1 趟排序 */
    {
        k=i;
        for(j=i+1;j<n;j++)                                 /* 找出关键字最小的元素的位置 */
            if(a[j]<a[k])
                k=j;
        if(i!=k)                                           /* 交换 */
        {
            temp=a[i];
            a[i]=a[k];
            a[k]=temp;
        }
    }
}
int main()
{
    int i,A[N];
    printf("请输入%d 个整数:\n",N);
    for(i=0;i<N;i++)
        scanf("%d",&A[i]);
    smp_seleSort(A,N);                                     /* 调用简单选择排序函数 */
    printf("排序后的输出为:\n");
    for(i=0;i<N;i++)
        printf("%5d",A[i]);
```

```
    return 0;
}
```

　该程序的一次运行结果如下:

请输入 10 个整数:

23　43　8　5　46　13　4　32　57　88

排序后的输出为:

　　4　　5　　8　13　23　32　43　46　57　88

第二节　模块化程序设计实例

一、模块化程序设计基础

C 语言是结构化程序设计语言,它的程序设计特点就是以函数为主要模块的模块化程序设计。

1. 函数和模块

用 C 语言这种结构化程序设计语言进行程序设计,一般把逻辑功能完全独立或相对独立的程序部分设计成函数,且每个函数只完成一个功能。这样,一个函数就是程序的一个功能模块。函数的使用既符合只有一个入口和出口的结构化程序设计原则,也特别适合开发多功能大型程序。

函数实际上就是封装起来的一段有名字的程序代码,这种封装将函数的内部与外部分开。从外部看,函数的调用者关心的是函数能实现什么样的功能,而不必关心函数体的实现。这样,函数的定义者和调用者可以不是同一个人,这种特点适合多人共同开发多功能大型程序。

2. 文件

C 程序分为后缀为".c"和".h"文件的两类文件。".c"文件为包含实际程序代码的基本程序文件,".h"文件是为基本程序文件提供必要信息的辅助性文件。

".h"文件称为头文件,头文件内容的安排可遵循如下原则:

① 头文件中只写那些不实际生成代码,不导致实际分配存储空间的描述。例如,可写函数原型声明、不写函数定义;可以包含标准库头文件;可用 extern 声明外部变量,但不定义变量。

② 可以包括各种公用的类型定义。例如,公用的结构和联合类型。

③ 可以包括各种公用的宏定义。

④ 只用文件包含命令(#include)包含".h"头文件,不用它包含".c"程序文件。

一个实用的系统一般都会由多个文件组成,文件的组织可遵循如下原则:

① 首先根据程序的规模和实现的功能模块,将整个程序规划成一个或多个".c"文件。一般一个文件可以包含一个或多个函数模块。例如,主函数通常单独建立一个文件,其中也可以包含相关的菜单选择函数;与输入和输出有关的功能可以放在一个文件中,但如果输入和输出都比较复杂,则可各自放在一个文件中。

② 然后根据源程序的文件数量和功能,设计相应的头文件。如果源文件比较复杂,完全可能需要为每个源文件设计一个头文件。

头文件编写的注意事项：

① 把所有公用的类型定义、公用的结构、联合和枚举声明、公用的宏定义放在适当的头文件中，提供给各个文件参考。

② 如果只有一个文件需要某个标准头文件，则不要将它放在公用的头文件中，应让这个源程序文件直接包含它，以提高编译效率。

③ 对于在一个源程序文件中定义，而在其他文件中使用的东西，需要在相应头文件中声明（函数原型或变量的外部声明）。

④ 要避免对头文件的重复编译。头文件中可以包含其他头文件，或一个程序文件中包含多个头文件，都可能引起对同一个头文件的重复包含问题。因此，要使用预处理命令来避免。

二、模块化程序设计实例

上一节介绍了模块化程序设计的基础知识，本节将以一个学生成绩管理系统为例，说明多文件模块化程序设计。

例 9-15 编写一个小型学生成绩管理系统，主要实现如下功能：

① 用结构数组存储记录。每一条记录包括一个学生的学号、姓名、3 门课成绩等。

② 输入功能：可以一次完成若干条记录的输入。

③ 显示功能：完成全部学生记录的显示。

④ 查找功能：完成按姓名查找学生记录，并显示。

⑤ 排序功能：能按平均分排序或按学号排序。

⑥ 插入功能：在指定位置插入一条学生记录。

⑦ 删除功能：能删除指定记录。

⑧ 能将学生成绩信息存在文件中，或能将文件中的成绩信息导入。

要实现题目要求的所有功能，必须编写多个函数模块，如果按本章第一节中介绍的基础知识组织成多文件工程，则适合多人进行合作开发。下面就具体介绍设计过程。

1. 菜单设计

设计如下所示的"主菜单"：

```
* * * * * * * * * * * * *主菜单* * * * * * * * * * * * *
            1. 输入记录
            2. 显示所有记录
            3. 对所有记录进行排序
            4. 按姓名查找记录并显示
            5. 插入记录
            6. 删除记录
            7. 将所有记录保存到文件
            8. 从文件中读入所有记录
            9. 退出

    * * * * * * * * * * * * * * * * * * * * * * * * * * * * *
```

请选择操作(1~9):

2. 数据存储方式及定义

学生的成绩等信息用结构数组进行存储。建立学生信息数据结构 struct student,结构包括学号、姓名、成绩、总分、平均分、名次。结构类型及结构类型数组定义如下。

```
/* 定义结构类型 */
typedef struct student
{
    char no[11];
    char name[15];
    float score[N];
    float sum;
    float average;
    int order;
}STUDENT;
/* 定义结构数组 */
STUDENT stu[30];
```

3. 函数设计

(1) 输入函数

函数原型:int input(STUDENT *stud,int n),

功能:利用 for 循环语句和 scanf、gets、getchar 函数完成对结构数组的输入,存放 n 个学生的信息(包括学号、姓名、性别、成绩等)。

参数说明:

STUDENT *stud:接收主函数传过来的数组首地址。

int n :整型形参变量,接收 main()传过来的数组长度。

(2) 显示函数

函数原型:void print(STUDENT *stud,int n);

功能:将 stud 指向的 n 条学生记录显示出来。

(3) 排序函数

函数原型:void sort(STUDENT *stud,int n);

功能:将 stud 指向的 n 条学生记录按照学号或者总分进行排序。

(4) 查找函数

函数原型:void search(STUDENT *stud,int n);

功能:在 stud 指向的 n 条学生记录中查找指定的学生记录。

(5) 插入函数

函数原型:int insert(STUDENT *stud,int n);

功能:在 stud 指向的 n 条学生记录中插入一条新的记录。

(6) 删除函数

函数原型:int Delete(STUDENT *stud,int n);

功能:在 stud 指向的 n 条学生记录中删除一条记录。

（7）保存数据到文件

函数原型：void fileWrite(STUDENT *stud,int n);

功能：将 stud 指向的 n 条学生记录存入指定的文件。

（8）从文件导入数据

函数原型：int fileRead(STUDENT *stud);

功能：将文件中的数据导入 stud 指向的结构体数组中，并返回读入记录的条数。

4. 文件设计

表 9-1 给出了程序的文件和函数组成。

表 9-1 　　　　　　　　　　　　　　　　**文件及函数组成**

文件名	函数原型或其他定义	功能说明
sms_struct. h	系统头文件	引用系统库函数
	常量定义	学生的成绩门数
	结构体定义	定义存储学生信息的结构类型
	声明全部函数原型	以便让工程中文件引用相关函数
sms_main. c	int main( )	总控函数
	int menu_select( )	主菜单选择函数
sms_input. c	int input(STUDENT *stud,int n)	输入一条或多条记录
sms_print. c	void print(STUDENT *stud,int n)	显示所有记录
sms_sort. c	void sort(STUDENT *stud,int n)	排序总控函数
	void sort_sum(STUDENT *stud,int n)	根据总分 sum 的值按降序排列
	void sort_no(STUDENT *stud,int n)	根据学号 no 的值按升序排列
	void swap(STUDENT *stud1,STUDENT *stud2)	交换 2 条记录
sms_search. c	void search(STUDENT *stud,int n)	按姓名查找记录
sms_insert. c	int insert(STUDENT *stud,int n)	在指定位置插入一条记录
sms_Delete. c	int Delete(STUDENT *stud,int n)	按姓名删除相应记录
sms_fileRW. c	void fileWrite(STUDENT *stud,int n)	将所有记录全部存入指定文件
	int fileRead(STUDENT *stud)	将文件中所有记录全部导入结构数组

（1）头文件 sms_struct. h

成绩管理系统中公共接口的头文件内容如下：

```
/* sms_struct.h */
#ifndef sms_stuct_INCLUDED          /* 防止下面的内容被重复包含 */
#define sms_stuct_INCLUDED
#include<stdio.h>                   /* 包含 printf()、scanf()等函数 */
#include<string.h>                  /* 包含 strlen()、strcpy()等函数 */
#include<stdlib.h>                  /* 包含 atoi()函数 */
#define N 3                         /* 定义常数,表示成绩门数 */
typedef struct student              /* 定义结构体类型 */
```

```
{
    char no[11];
    char name[15];
    float score[N];
    float sum;
    float average;
    int order;
}STUDENT;
/* 函数声明 */
int input(STUDENT *stud,int n);                                  /* 输入记录 */
void print(STUDENT *stud,int n);                                 /* 显示记录 */
void sort(STUDENT *stud,int n);                                  /* 排序记录 */
void search(STUDENT *stud,int n);                                /* 查找记录 */
int insert(STUDENT *stud,int n);                                 /* 插入记录 */
int Delete(STUDENT *stud,int n);                                 /* 删除记录 */
void fileWrite(STUDENT *stud,int n);                             /* 存储记录 */
int fileRead(STUDENT *stud);                                     /* 导入记录 */
#endif
```

（2）主函数文件 sms_main.c

```
/* sms_main.c */
#include "sms_struct.h"
int menu_select()                                               /* 菜单选择模块 */
{
    char s[3];  int c;
    printf("\n      * * * * * * * 主菜单* * * * * * * \n");
    printf("              1.输入记录\n");
    printf("              2.显示所有记录\n");
    printf("              3.对所有记录进行排序\n");
    printf("              4.按姓名查找记录并显示\n");
    printf("              5.插入记录\n");
    printf("              6.删除记录\n");
    printf("              7.将所有记录保存到文件\n");
    printf("              8.从文件中读入所有记录\n");
    printf("              9.退出\n");
    printf("      * * * * * * * * * * * * * * * \n\n");
    do
    {
        printf("      请选择操作(1- 9):");
        scanf("%s",s);
        c=atoi(s);
    }while(c<0||c>9);                        /* 选择项不在 0- 9 之间,则重输 */
    return(c);                          /* 返回选择项,主程序根据该值调用相应的函数 */
}
```

```c
int main()                                    /* * * * * * 主函数 * * * * * * */
{
    int n=0;
    STUDENT student[20];                                      /* 定义结构数组 */
    for(;;)                                                   /* 无限循环 */
    {
        switch(menu_select())           /* 调用主菜单函数, 返回值整数作开关语句的条件 */
        {
            case 1: n=input(student,n);break;                /* 新建记录 */
            case 2: print(student,n);break;                  /* 显示记录 */
            case 3: sort(student,n);break;                   /* 排序记录 */
            case 4: search(student,n);break;                 /* 查找记录 */
            case 5: n=insert(student,n);break;               /* 插入记录 */
            case 6: n=Delete(student,n);break;               /* 删除记录 */
            case 7: fileWrite(student,n);break;          /* 记录保存到文件 */
            case 8: n=fileRead(student);break;               /* 读文件 */
            case 9: exit(0);                                 /* 程序结束 */
        }
    }
    return 0;
}
```

（3）输入记录文件 sms_input.c

```c
/* sms_input.c */
#include "sms_struct.h"
int input(STUDENT *stud,int n)                          /* 录入学生记录的模块 */
{
    int i,j;
    float s;
    char sign;
    i=0;
    while(sign!='n'&&sign!='N')
    {
        printf("\n 请按如下提示输入相关信息 .\n\n");
        printf("输入学号:");
        scanf("%s",stud[n+i].no);                            /* 输入学号 */
        printf("输入姓名:");
        scanf("%s",stud[n+i].name);                          /* 输入姓名 */
        printf("输入%d 个成绩:\n",N);                      /* 提示开始输入成绩 */
        s=0;                                          /* 总分 s, 初值为 0 */
        for(j=0;j<N;j++)                          /* 输入 N 门成绩, 需要循环 N 次 */
        {
            do {
                printf("score[%d]:",j);                  /* 提示输入第几门成绩 */
```

```
                scanf("%f",&stud[n+i].score[j]);                    /* 输入成绩 */
                if(stud[n+i].score[j]>100||stud[n+i].score[j]<0)
                    printf("非法数据,请重新输入! \n");           /* 确保成绩在 0-100 之间 */
            }while(stud[n+i].score[j]>100||stud[n+i].score[j]<0);
                s=s+stud[n+i].score[j];                              /* 累加各门成绩 */
        }
        stud[n+i].sum=s;                                            /* 将总分保存 */
        stud[n+i].average=(float)s/N;                               /* 求出平均值 */
        stud[n+i].order=0;                                          /* 未排名次前此值为 0 */
        printf ("该学生的总分为:%4.2f\n\t 平均分为:%4.2f\n", stud[n+i].sum,
                stud[n+i].average);
        printf("=====>提示:继续添加记录? (Y/N)");
        getchar();/* 把键盘缓冲区前面输入的回车键给读掉,不然后面 sign 读的是回车符 */
        scanf("%c",&sign);
        i++;
    }
    return(n+i);
}
```

（4）显示记录文件 sms_print.c

```
/* sms_print.c */
#include "sms_struct.h"
void print(STUDENT *stud,int n)                                    /* 显示记录模块 */
{
    int i=0;                                                       /* 统计记录条数 */
    if(n==0)
    {
        printf("\n 很遗憾,空表中没有任何记录可供显示! \n");
    }
    else
    {
    printf("* * * * * * * * *   STUDENT  * * * * * * * * * * * \n");
    printf("记录号  学号  姓名  成绩 1  成绩 2  成绩 3  总分  平均分  名次\n");
    printf("- - - - - - - - - - - - - - - - - - - - - - - - - \n");
    while(i<n)
    {
        printf ("%-4d %-11s%-15s%5.2f%7.2f%7.2f %9.2f %6.2f %3d \n", i+1,
                stud[i].no,stud[i].name,stud[i].score[0],stud[i].score
                [1],stud[i].score[2],stud[i].sum,stud[i].average,stud[i].
                order);
        i++;
    }
    printf("* * * * * * * * * * * * * * * * * * * * * * * * * \n\n");
    }
```

```
    }
```

（5）记录排序文件 sms_sort.c

```
/* sms_sort.c */
#include "sms_struct.h"
void swap(STUDENT *stud1,STUDENT *stud2)                    /* 交换 2 条记录 */
{
    int i;
    char temp1[15];
    float temp2;
    float temp3;
    strcpy(temp1,stud1->no);
    strcpy(stud1->no,stud2->no);
    strcpy(stud2->no,temp1);
    strcpy(temp1,stud1->name);
    strcpy(stud1->name,stud2->name);
    strcpy(stud2->name,temp1);
    for(i=0;i<3;i++)
    {
        temp2=stud1->score[i];
        stud1->score[i]=stud2->score[i];
        stud2->score[i]=temp2;
    }
    temp3=stud1->sum;stud1->sum=stud2->sum;stud2->sum=temp3;
    temp3=stud1->average;stud1->average=stud2->average;stud2->average=
temp3;
}
/* 排序模块,实现根据总分 sum 的值按降序排列 */
void sort_sum(STUDENT *stud,int n)
{
    int i,j;
    int maxPosition;
    for(i=0;i<n-1;i++)
    {
        maxPosition=i;
        for(j=i+1;j<n;j++)
        {
            if(stud[j].sum >stud[maxPosition].sum)
            {
                maxPosition =j;
            }
        }
        if(maxPosition!=i)
        {
```

```
        swap(&stud[i],&stud[maxPosition]);
        }
    }
    i=0;
    while(i<n)
    {
        stud[i].order=i+1;
        i++;
    }
    printf("按总分从高到低排名成功!!! \n");                        /* 排序成功 */
}
/* 排序模块,实现根据学号 no 的值按升序排列 */
void sort_no(STUDENT *stud,int n)
{
    int i,j;
    int minNoPosition;
    for(i=0;i<n-1;i++)
    {
        minNoPosition=i;
        for(j=i+1;j<n;j++)
        {
            if(atoi(stud[j].no)<atoi(stud[minNoPosition].no))
            {
                minNoPosition =j;
            }
        }
        if(minNoPosition!=i)
        {
            swap(&stud[i],&stud[minNoPosition]);
        }
    }
    printf("按学号从低到高排序成功!!! \n");                        /* 排序成功 */
}
void sort(STUDENT *stud,int n)                                  /* 排序总控模块 */
{
    char s[3];
    int c;
    printf("\n     * * * * * * * * * 排序菜单* * * * * * * * * \n");
    printf("           1.按学号排序\n");
    printf("           2.按总分排序\n");
    printf("        * * * * * * * * * * * * * * * * * \n\n");
    do
    {
```

```
        printf(" 请选择操作(1- 2):");
        scanf("%s",s);
        c=atoi(s);
    }while(c<0||c>2);                          /* 选择项不在 0- 2 之间重输 */
    switch(c)
    {
        case 1: sort_no(stud,n);break;         /* 调用按总分排序函数 */
        case 2: sort_sum(stud,n);break;        /* 调用按学号排序函数 */
    }
}
```

（6）查找记录文件 sms_search. c

```
/* sms_search.c */
#include "sms_struct.h"
void search(STUDENT *stud,int n)                          /* 查找记录模块 */
{
    int i=0;
    char s[15];                                    /* 存放姓名的字符数组 */
    printf("请输入您要查找的学生姓名:\n");
    scanf("%s",s);                                            /* 输入姓名 */
    while(i<n && strcmp(stud[i].name,s))
    {
        i++;
    }
    if(i==n)
        printf("\n 您要查找的是%s,很遗憾,查无此人! \n",s);
    else                                          /* 显示找到的记录信息 */
    {
      printf("* * * * * * * * * Found * * * * * * * * * * * \n");
      printf(" 学号   姓名   成绩 1   成绩 2   成绩 3   总分   平均分   名次\n");
      printf("- - - - - - - - - - - - - - - - - - - - - - \n");
      printf ("%-11s%-15s%5.2f%7.2f%7.2f %9.2f %6.2f %3d \n", stud[i].no,stud[i].
            name,stud[i].score[0],stud[i].score[1],stud[i].score[2],stud[i].
            sum,stud[i].average,stud[i].order);
      printf("* * * * * * * * * * * * * * * * * * * * * \n");
    }
}
```

（7）插入记录文件 sms_insert. c

```
/* sms_insert.c */
#include "sms_struct.h"
int insert(STUDENT *stud,int n)                          /* 在指定位置插入记录 */
{
    int i=0,j;
    float s;
```

```
int position;
printf("请输入插入记录的位置:\n");
scanf("%d",&position);                                    /* 输入插入记录的位置 */
while(position<0 || position>n)
{
    printf("输入位置有误,请重新输入插入记录的位置:\n");
    scanf("%d",&position);
}
//将插入位置开始的所有记录向后移动
for(i=n-1;i>=position;i-- )
{
    strcpy(stud[i+1].no,stud[i].no);
    strcpy(stud[i+1].name,stud[i].name);
    stud[i+1].score[0]=stud[i].score[0];
    stud[i+1].score[1]=stud[i].score[1];
    stud[i+1].score[2]=stud[i].score[2];
    stud[i+1].sum=stud[i].sum;
    stud[i+1].average=stud[i].average;
    stud[i+1].order=stud[i].order;
}
//录入记录并插入
i=position;
printf("\n 请按如下提示输入相关信息.\n\n");
printf("输入学号:");
scanf("%s",stud[i].no);                                   /* 输入学号 */
printf("输入姓名:");
scanf("%s",stud[i].name);                                 /* 输入姓名 */
printf("输入%d 个成绩:\n",N);                              /* 输入成绩 */
s=0;                                                      /* 总分 s,初值为 0 */
for(j=0;j<N;j++)                                          /* 输入 N 门成绩,需要循环 N 次 */
{
    do{
        printf("score[%d]:",j);                          /* 提示输入第几门成绩 */
        scanf("%f",&stud[i].score[j]);                   /* 输入成绩 */
        if(stud[i].score[j]>100||stud[i].score[j]<0)
            printf("非法数据,请重新输入! \n");            /* 确保成绩在 0-100 之间 */
    }while(stud[i].score[j]>100||stud[i].score[j]<0);
    s=s+stud[i].score[j];                                /* 累加各门课程成绩 */
}
stud[i].sum=s;                                            /* 将总分保存 */
stud[i].average=(float)s/N;                               /* 求出平均值 */
stud[i].order=0;                                          /* 未排名次前此值为 0 */
printf("\n 已经在位置%d 成功插入新记录! \n",position);
```

```
        return n+1;
}
```

(8) 删除记录文件 sms_Delete.c

```
/* sms_Delete.c */
#include "sms_struct.h"
int Delete(STUDENT *stud,int n)                               /* 删除记录模块 */
{
    int i=0;
    char k[5];                                    /* 定义字符串数组,用来确认删除信息 */
    char s[15];                                                        /* 存放学号 */
    printf("请输入要删除学生的姓名:\n");
    scanf("%s",s);                                        /* 输入要删除记录的姓名 */
    while(i<n && strcmp(stud[i].name,s))
    {
        i++;
    }
    if(i==n)
        printf("\n 您要删除的是%s,很遗憾,查无此人! \n",s);
    else                                                 /* 显示找到的记录信息 */
    {
      printf("* * * * * * * * * Found * * * * * * * * * * * \n");
      printf(" 学号   姓名   成绩1  成绩2  成绩3  总分  平均分  名次\n");
      printf("- - - - - - - - - - - - - - - - - - - - - - - - - - - \n");
      printf ("%-11s%-15s%5.2f%7.2f%7.2f %9.2f %6.2f %3d \n", stud[i].no,stud
            [i].name,stud[i].score[0],stud[i].score[1],stud[i].score[2],
            stud[i].sum,stud[i].average,stud[i].order);
      printf("* * * * * * * * * * * * * * * * * * * * * \n");
      do{
          printf("您确实要删除此记录吗? (y/n):");
          scanf("%s",k);
      }while(k[0]!='y'&&k[0]!='n');
    if(k[0]!='n')                                            /* 删除确认判断 */
    {
        for(;i<n;i++)
        {
            strcpy(stud[i].no,stud[i+1].no);
            strcpy(stud[i].name,stud[i+1].name);
            stud[i].score[0]=stud[i+1].score[0];
            stud[i].score[1]=stud[i+1].score[1];
            stud[i].score[2]=stud[i+1].score[2];
            stud[i].sum=stud[i+1].sum;
            stud[i].average=stud[i+1].average;
            stud[i].order=stud[i+1].order- 1;
```

```
        }
        printf("\n 已经成功删除姓名为 %s 的学生的记录! \n",s);
      }
    }
    return n-1;
}
```

（9）记录存储与导入文件 sms_fileRW.c

```
/* sms_fileRW.c */
#include "sms_struct.h"
void fileWrite(STUDENT *stud,int n)                    /* 保存数据到文件的函数模块 */
{
    FILE *fp;                                          /* 定义指向文件的指针 */
    int i=0;
    char outfile[20];
    printf("请输入导出文件名,例如:G:\\f1\\score.txt:\n");
    scanf("%s",outfile);
    if((fp=fopen(outfile,"wb"))==NULL)   /* 为输出打开一个二进制文件,如没有则建立 */
    {
      printf("Can not open file\n");
      exit(1);
    }
    while(i<n)
    {
      fwrite(&stud[i],sizeof(STUDENT),1,fp);                          /* 写入一条记录 */
      i++;
    }
    fclose(fp);                                                       /* 关闭文件 */
    printf("- - - 所有记录已经成功保存至文件%s 中! - - - \n",outfile);
}
int fileRead(STUDENT *stud)                            /* 从文件导入记录的函数模块 */
{
    int i;
    FILE *fp;                                          /* 定义指向文件的指针 */
    char infile[20];
    printf("请输入导入文件名,例如:G:\\f1\\score.txt:\n");
    scanf("%s",infile);                                                /* 输入文件名 */
    if((fp=fopen(infile,"rb"))==NULL)                  /* 打开一个二进制文件,为读方式 */
    {
        printf("文件打开失败! \n");
        return 0;
    }
    i=0;
    while(!feof(fp))                                   /* 循环读数据直到文件尾结束 */
```

```
    {
        if(1!=fread(&stud[i],sizeof(STUDENT),1,fp))
            break;                              /* 如果没读到数据,跳出循环 */
        i++;
    }
    fclose(fp);
    printf("已经成功从文件%s导入数据!!! \n",infile);
    return i;
}
```

习　　题

一、常用算法设计题

1. 迷宫问题。在指定的迷宫中找出从入口到出口的所有可通路径。

2. 砝码问题。一位商人有 4 块砝码,各砝码重量不同且都是整磅数,而用这 4 块砝码可以在天平上称 1~40 磅之间的任意重量(砝码可以放在天平的任一端),请问这 4 块砝码各重多少?

3. 抓贼问题。警察审问四名窃贼嫌疑犯。已知,这四人当中仅有一名是窃贼,还知道这四个人中每人要么是诚实的,要么总是说谎。他们给警察的回答是:

甲说:"乙没有偷,是丁偷的。"

乙说:"我没有偷,是丙偷的。"

丙说:"甲没有偷,是乙偷的。"

丁说:"我没有偷。"

请根据这四个人的回答判断谁是窃贼。

4. 子串定位问题。子串定位运算的功能是返回子串 t 在主串 s 中首次出现的位置,如果 s 中未出现 t,则返回-1。函数名为 index(s,t)。例如,主串为"abcdefbc",子串为"bc",则子串在主串中首次出现的位置为 2。

5. 约瑟夫问题。设有 n 个人围坐在一个圆桌周围(从 1 到 n 依次编号),现从第 s 个人开始报数,数到第 m 的人出列,然后从出列的下一个人重新开始报数,数到第 m 的人又出列 …如此重复直到所有的人全部出列为止。对于任意给定的 n,s 和 m,求出这 n 个人员的出列次序。设 n=8,s=1,m=4,则其出列顺序为:4→8→5→2→1→3→7→6。

6. n 皇后问题。在 n×n 的方阵棋盘上,试放 n 个皇后,每放一个皇后,必须满足该皇后与其他皇后互不攻击(即不在同一行、同一列、同一对角线上),求出所有可能解。

7. 背包问题。有一个背包,能装入的物品总重量为 S,设有 N 件物品,其重量分别为 W1,W2,…,WN。希望从 N 件物品中选择若干件物品,所选物品的重量之和恰能放入该背包,即所选物品的重量之和等于 S。试编程求解。

8. 过桥问题。有 N(N≥2)个人在晚上需要从 X 地到达 Y 地,中间要过一座桥,过桥需要手电筒(而他们只有 1 个手电筒),每次最多两个人一起过桥(否则桥会垮)。N 个人的过桥时间按从小到大的顺序依次存入数组 t[N]中,分别为:t[0], t[1], …, t[N-1]。过桥的速度以慢的人为准!注意:手电筒不能丢过桥!问题是:编程求这 N 个人过桥所花的最短时间。

二、模块化程序设计题

1. 用链表结构存储记录，编写一个小型学生成绩管理系统，可参照例 9-15 进行模块化程序设计。

2. 编写一个重要数据管理系统，具体要求如下。

① 现在每个人在不同网站都有用户名和密码等信息，还有银行卡卡号及密码信息，众多的信息经常忘记，因此我们可以编写一个重要数据管理系统，将自己需要保护的数据加密存储在指定的文件中。

② 程序执行时，首先要进行密码检测，以不让非法用户使用本程序。标准密码预先在程序中设定，也可预先加密存储在专门的文件中。程序运行时，若用户的输入密码和标准密码相同，则显示"口令正确！"并转去执行后续程序；若不相等，重新输入，3 次都不相等则显示"您是非法用户！"并终止程序的执行。

③ 管理系统的日常管理功能可参照例 9-15 进行模块化程序设计。需要保护的数据包括编号，账号位置，账号描述，账号名及密码等信息。

④ 对重要数据进行日常管理（包括查询、添加、删除、修改等）时是要求明文显示的，而存入文件是要求加密存储的。

附录 1　常用字符与 ASCII 值对照表

附表 1-1　　　　　　　　　　　　　　　常用字符与 ASCII 值对照表

ASCII 值	字符[控制字符]		ASCII 值	字符	ASCII 值	字符	ASCII 值	字符
000	(blank)	[NUL]	032	(space)	064	@	096	`
001	☺	[SOH]	033	!	065	A	097	a
002	☻	[STX]	034	"	066	B	098	b
003	♥	[ETX]	035	#	067	C	099	c
004	♦	[EOT]	036	$	068	D	100	d
005	♣	[END]	037	%	069	E	101	e
006	♠	[ACK]	038	&.	070	F	102	f
007	(beep)	[BEL]	039	'	071	G	103	g
008	◘	[BS]	040	(	072	H	104	h
009	(tab)	[HY]	041	)	073	I	105	i
010	(line feed)	[LF]	042	*	074	J	106	j
011	♂	[VT]	043	+	075	K	107	k
012	♀	[FF]	044	,	076	L	108	l
013	(carrige return)	[CR]	045	—	077	M	109	m
014	♫	[SO]	046	.	078	N	110	n
015	☼	[SI]	047	/	079	O	111	o
016	▶	[DLE]	048	0	080	P	112	p
017	◀	[DC1]	049	1	081	Q	113	q
018	↕	[DC2]	050	2	082	R	114	r
019	‼	[DC3]	051	3	083	S	115	s
020	¶	[DC4]	052	4	084	T	116	t
021	§	[NAK]	053	5	085	U	117	u
022	—	[SYN]	054	6	086	V	118	v
023	↨	[ETB]	055	7	087	W	119	w
024	↑	[CAN]	056	8	088	X	120	x
025	↓	[EM]	057	9	089	Y	121	y
026	→	[SUB]	058	:	090	Z	122	z
027	←	[ESC]	059	;	091	[	123	{
028	∟	[FS]	060	<	092	\	124		

ASCII 值	字符[控制字符]		ASCII 值	字符	ASCII 值	字符	ASCII 值	字符
029	↔	[GS]	061	=	093	]	125	}
030	▲	[RS]	062	>	094	ˆ	126	~
031	▼	[US]	063	?	095	_	127	⌂

"控制字符"用方括号"[ ]"列出了它所代表的符号,通常用于控制或通信。

附录 2 C 语言保留字一览表

附表 2-1 C 语言保留字一览表

auto	break	case	char	const	continue	default	do
double	else	enum	extern	float	for	goto	if
int	long	register	return	short	signed	sizeof	static
struct	switch	typedef	union	unsigned	void	volatile	while

附录 3　运算符的优先级及其结合性

附表 3-1　　　　　　　　　　　运算符的优先级及其结合性

优 先 级	运　算　符	名　称	结 合 方 向
1	( )	圆括号	自左至右
	[ ]	下标运算符	
	->	指向结构成员运算符	
	.	结构成员运算符	
2	!	逻辑非运算符	自右至左
	~	按位取反运算符	
	++	增 1 运算符	
	- -	减 1 运算符	
	—	负号运算符	
	（类型）	类型转换运算符	
	*	间接访问运算符	
	&	取地址运算符	
	sizeof	长度运算符	
3	*	乘法运算符	自左至右
	/	除法运算符	
	%	取模运算符	
4	+	加法运算符	自左至右
	—	减法运算符	
5	<<	左移运算符	自左至右
	>>	右移运算符	
6	< <= > >=	关系运算符	自左至右
7	==	等于运算符	自左至右
	!=	不等于运算符	
8	&	按位与运算符	自左至右
9	^	按位异或运算符	自左至右
10	|	按位或运算符	自左至右
11	&&	逻辑与运算符	自左至右
12	||	逻辑或运算符	自左至右
13	? :	条件运算符	自右至左

优 先 级	运 算 符	名称	结 合 方 向
14	= += -= *= /= %= <<= >>= &= ^= |=	赋值运算符	自右至左
15	,	逗号运算符	自左至右

附录 4　常用 C 库函数

一、数学函数

凡是使用数学函数的程序,都要包含头文件"math.h",如附表 4-1 所示。

附表 4-1　　　　　　　　　　　　　数学函数

函数原型	功能	返回值
int abs(int x)	求整数 x 的绝对值	计算结果
double acos(double x)	计算 $\cos^{-1}(x)$ 的值 $-1 \leqslant x \leqslant 1$	计算结果
double asin(double x)	计算 $\sin^{-1}(x)$ 的值 $-1 \leqslant x \leqslant 1$	计算结果
double atan(double x)	计算 $\tan^{-1}(x)$ 的值	计算结果
double atan2(double y, double x)	计算 $\tan^{-1}(x/y)$ 的值	计算结果
double ceil(double x)	求不小于 x 的最小整数	该整数的双精度浮点数
double cos(double x)	计算 $\cos(x)$ 的值	计算结果
double cosh(double x)	计算 x 的双曲余弦函数 $\cosh(x)$ 的值	计算结果
double exp(double x)	计算 e^x 的值	计算结果
double fabs(double x)	计算浮点数 x 的绝对值	计算结果
double floor(double x)	求不大于 x 的最大整数	该整数的双精度浮点数
double frexp(double val, int * eptr)	把双精度数 val 分解为数字部分(尾数)x 和以 2 为底的指数 n,即 $val = x * 2^n$,n 存放到 eptr 指向的变量中	返回数字部分 x,$0.5 \leqslant x < 1$
long labs(long x)	计算长整型数 x 的绝对值	计算结果
double log(double x)	计算 x 的自然对数 $\log_e x$,即 lnx	计算结果
double $\log_{10}$(double x)	计算 x 的常用对数 $\log_{10} x$	计算结果
double modf(double val, double *iptr)	把双精度数 val 分解为整数部分和小数部分,把整数部分存到 iptr 指向的单元	val 的小数部分
double pow(double x, double y)	计算 x^y 的值	计算结果
double pow10(int p)	计算 10 的 p 次方	计算结果
double sin(double x)	计算 $\sin(x)$ 的值	计算结果
double sinh(double x)	计算 x 的双曲正弦函数 $\sinh(x)$ 的值	计算结果
double sqrt(double x)	计算 x 的平方根,$x \geqslant 0$	计算结果
double tan(double x)	计算 $\tan(x)$ 的值	计算结果
double tanh(double x)	计算 x 的双曲正切函数 $\tanh(x)$ 的值	计算结果

二、输入输出函数

凡用以下的输入输出函数,应该使用 ♯include ＜stdio.h＞把 stdio.h 头文件包含到源程序文件中,如附表 4-2 所示。

附表 4-2　　　　　　　　　　　　　　输入输出函数

函 数 原 型	功　能	返　回　值
void clearerr(FILE *fp)	清除 fp 指向的文件的错误标志,同时清除文件结束指示器	无
int close(int fd)	关闭文件	关闭成功,返回 0,否则返回−1
int creat(char *filename,int mode)	以 mode 所指定的方式建立文件,文件名为 filename	成功则返回正值,否则返回−1
int eof(int fd)	判断是否处于文件结束	遇到文件结束返回 1,否则返回 0 值
int fclose(FILE *fp)	关闭 fp 所指的文件,释放文件缓冲区	关闭成功返回 0,否则返回非 0 值
int feof(FILE *fp)	检查文件是否结束	遇文件结束符返回非 0 值,否则返回 0
int ferror(FILE *fp)	测试 fp 所指向的文件是否有错	无错返回 0,有错返回非 0 值
int fgetc(FILE *fp)	从 fp 所指向的文件中读取下一个字符	返回所得到的字符,若读入出错返回 EOF
char *fgets(char *s, int n, FILE *fp)	从 fp 指向的文件读取一个长度为 (n−1)的字符串,存入起始地址为 s 的空间	成功,返回指针 s,若遇文件结束或出错,返回 NULL
FILE *fopen(char *filename, char *mode)	以 mode 指定的方式打开名为 filename 的文件	成功,返回一个文件指针(文件信息区的起始地址),否则返回 0
int fprintf(FILE *fp, char *format [, args,…])	把 args 的值以 format 指定的格式输出到 fp 所指定的文件中	实际输出的字符数
int fputc(int c, FILE *fp)	把字符 ch 输出到 fp 指向的文件中	成功,则返回该字符,否则返回 EOF
int fputs(char *str, FILE *fp)	将 str 指向的字符串输出到 fp 所指定的文件中	成功,返回 0,若出错返回 FOF
int fread(void *ptr,unsigned size, unsigned n, FILE *fp)	从 fp 所指定的文件中读取长度为 size 的 n 个数据项,存到 ptr 所指的存储区	返回所读的数据项个数,如遇文件结束或出错返回 0
int fscanf(FILE *fp, char *format, args,…))	从 fp 指定的文件中按 format 给定的格式将输入数据送到 args 所指向的内存单元(args 是指针)	已输入的数据个数
int fseek(FILE *fp, long offset, int base)	将 fp 所指向的文件的位置指针移到以 base 所指出的位置为基准,以 offset 为位移量的位置	成功,返回 0,否则,返回−1

附录 4　常用 C 库函数

续附表 4-2

函 数 原 型	功　能	返 回 值
long ftell(FILE *fp)	返回 fp 所指向的文件中的读写位置	返回 fp 所指文件中的读写位置
int fwrite(char *ptr,unsigned size, unsigned n, FILE *fp)	把 ptr 所指向的 n*size 个字节输出到 fp 所指向的文件中	写到 fp 文件中的数据项的个数
int getc(FILE *fp)	从 fp 所指向的文件中读入一个字符	返回所读的字符,若文件结束或出错,返回 EOF
int getchar(void)	从标准输入输出设备读取下一个字符	返回所读字符,若文件结束或出错,则返回-1
char *gets(char *str)	从标准输入设备读取字符串并把它们放入由 str 指向的字符	成功,返回 str,否则返回 NULL
int getw(FILE *fp)	从 fp 所指向的文件读取下一个整数	返回输入的整数如文件结束或出错,返回-1
int open(char *filename,int mode)	以 mode 指出的方式,打开已存在的,名为 filename 的文件	成功,返回文件号(正数),否则返回-1
int printf(char *format[, args,…])	按 format 指向的格式字符串所规定的格式,将输出表列 args 的值输出到标准输出设备	输出字符的个数,若出错,返回负数
int putc(int ch, FILE *fp)	把一个字符 ch 输出到 fp 所指的文件	输出的字符 ch,若出错,返回 EOF
int putchar(int ch)	把字符 ch 输出到标准输出设备	输出的字符 ch,若出错,返回 EOF
int puts(char *str)	把 str 指向的字符串输出到标准输出设备,将'\0'转换为回车换行	成功,返回换行符,若失败,返回 EOF
int putw(int w, FILE *fp)	将一个整数 w(即一个字)写到 fp 指向的文件中	返回输出的整数,若出错,返回 EOF
int rename(char *oldname, char *newname)	把由 oldname 所指的文件名,改为由 newname 所指的文件名	成功返回 0,出错返回-1
void rewind(FILE *fp)	将 fp 指示的文件中的位置指针置于文件开头位置,并清除文件结束标志和错误标志	无
int scanf(char *format [,args,…])	从标准输入设备按 format 指向的格式字符串所规定的格式,输入数据给 args 所指向的单元(args 为指针)	读入并赋给 args 的数据个数遇文件结束返回 EOF,出错返回 0
int write(int fd, char *buf, unsigned count)	从 buf 指示的缓冲区输出 count 个字符到 fd 所标志的文件中	返回实际输出的字节数,如出错,返回-1

三、字符函数

任何使用字符函数的程序均应包含头文件"ctype.h",如附表 4-3 所示。

· 275 ·

附表 4-3   **字 符 函 数**

函数原型	功　能	返　回　值
int isalnum(int ch)	检查 ch 是否是字母或数字	是字母或数字返回 1；否则返回 0
int isalpha(int ch)	检查 ch 是否是字母	是字母返回 1；否则返回 0
int iscntrl(int ch)	检查 ch 是否是控制字符(其 ASCII 码在 0 和 0xlF 之间)	是控制字符返回非零值；否则返回 0
int isdigit(int ch)	检查 ch 是否是数字(0～9)	是数字返回 1；否则，返回 0
int isgraph(int ch)	检查 ch 是否是可打印字符(其 ASCII 码是 0x21～0x7E 之间)，不包括空格	是小写字母返回 1；否则返回 0
int islower(int ch)	检查 ch 是否小写字母(a～z)	是小写字母返回 1；否则返回 0
int isprint(int ch)	检查 ch 是否可打印字符(不包括空格)，其 ASCII 码在 0x20～0x7E 之间	是，返回 1；不是，返回 0
int ispunct(int ch)	检查 ch 是否为标点字符(不包括空格)，即除字母数字和空格以外的所有可打印字符	是，返回 1；否则，返回 0
int isspace(int ch)	检查 ch 是否为空格、跳格符(制表符)或换行符	是，返回 1；否则，返回 0
int isupper(int ch)	检查 ch 是否是大写字母(A～Z)	是，返回 1；否则，返回 0
int isxdigit(int ch)	检查 ch 是否是一个十六进制数字(即 0～9，或 A～F，或 a～f)	是，返回 1；否则，返回 0
int tolower(int ch)	将 ch 字符转换为小写字母	返回 ch 所代表的字符的小写字母
int toupper(int ch)	将 ch 字符转换为大写字母	返回 ch 所代表的字符的大写字母

四、字符串函数

任何使用字符串函数的程序均应包含头文件"string. h"，如附表 4-4 所示。

附表 4-4   **字符串函数**

函数原型	功　能	返　回　值
void ＊ memchr (void ＊buf, int ch, unsigned int count)	在 buf 的头 count 个字符里搜索 ch 的第一次出现的位置	返回指向 buf 中 ch 第一次出现的位置的指针；如果没有发现 ch，返回 NULL
int memcmp (void ＊buf1, void ＊ buf2, unsigned int count)	按字典顺序比较由 buf1 和 buf2 指向的数组的头 count 个字符	buf1 小于 buf2，返回小于 0 的整数；buf1 等于 buf2，返回 0；buf1 大于 buf2，返回大于 0 的整数
void ＊memcpy(void ＊ to, void ＊ from, unsigned int count)	把 from 指向的数组中的 count 个字符拷贝到 to 指向的数组中	返回指向 to 的指针

函 数 原 型	功　能	返 回 值
void *memmove(void * to, void * from, unsigned int count)	从 from 指向的数组中把 count 个字符移动到由 to 指向的数组中	返回指向 to 的指针
void *memset(void *buf, int ch, unsigned int count)	把 ch 的低字节拷贝到 buf 所指向的数组的最先 count 个字符中	返回 buf
char *strcat(char *str1, char *str2)	把字符串 str2 接到 str1 后面，str1 最后面的 '\0'被覆盖	返回 str1
char *strchr(char *str, int ch)	找出 str 指向的字符串中第一次出现字符 ch 的位置	返回指向该位置的指针，若找不到，则返回 NULL
int strcmp(char *str1, char *str2)	比较两个字符串 str1,str2	str1＞str2,返回正数；str1＝＝str2,返回 0；str1＜str2,返回负数
char *strcpy(char *str1, char *str2)	把 str2 指向的字符串拷贝到 str1 中去	返回 str1
unsigned int strlen (char *str)	统计字符串 str 中字符的个数(不包括终止符'\0')	返回字符个数
unsigned int strspn (char *str1, char *str2)	确定 str1 中出现属于 str2 的第一个字符下标	返回下标值
char strncat(char * str1, char * str2, unsigned int count)	把 str2 指向的字符串中最多 count 个字符连到 str1 后面并用'\0'结尾	返回 str1
int *strncmp(char * str1, char * str2, unsigned int count)	比较两个字符串 str1,str2 中最多 count 个字符	str1＞str2,返回正数；str1＝str2,返回 0；str1＜str2,返回负数
char *strncpy(char * str1, char * str2, unsigned int count)	把 str2 中最多 count 个字符拷贝到 str1 中去	返回 str1
char *strpbrk(char *str1, char *str2)	确定 str1 中第一个与 str2 中任何一个字符相匹配的字符的指针位置	返回 str1 中第一个与 str2 中任何一个字符相匹配的字符的指针。如果不存在匹配,返回 NULL
size_t strspn(char *str1, char *str2)	确定 str1 中出现的属于 str2 的第一个字符的下标	返回 str1 中出现的属于 str2 的第一个字符的下标
char *strstr(char *str1, char *str2)	寻找 str2 指向的字符串在 str1 指向的字符串 1 首次出现的位置	子串首次出现的地址,如果在 str1 指向的字符串中不存在该子串,则返回空指针 NULL

五、动态存储分配函数

ANSI C 标准中规定动态存储分配系统所需的头文件是"stdlib.h",不过目前很多 C 编译器都把这些信息放在"malloc.h"头文件中,如附表 4-5 所示。

附表 4-5　　　　　　　　　　　　动态存储分配函数

函 数 原 型	功 能	返 回 值
void *calloc(unsigned n, unsigned size)	为数组分配内存空间, 内存量为n * size	返回分配内存的首地址, 如不成功,则返回 NULL
void free(void *p)	释放 p 所指的内存空间	无
void *malloc (unsigned size)	分配 size 字节的存储区	返回分配内存的首地址, 如不成功,则返回 NULL
void *realloc(void *p, unsigned size)	将 p 所指出的已分配内存区的 大小改为 size, size 可以比原来 分配的空间大或小	返回指向该内存区的指针

六、时间函数

当需要使用系统的时间和日期的函数时,需要头文件"time.h",如附表 4-6 所示。其中定义了 3 个类型:类型 clock_t 和 time_t 用来表示系统的时间和日期,结构类型 tm 把日期和时间分解成为它的成员。tm 结构的定义如下。

```
struct tm
{
    int tm_sec;
    int tm_min;
    int tm_hour;
    int tm_mday;
    int tm_mon;
    int tm_year;
    int tm_wday;
    int tm_yday;
    int tm_isdst;
};
```

附表 4-6　　　　　　　　　　　　时 间 函 数

函 数 原 型	功 能	返 回 值
char *asctime(struct tm *p);	将日期和时间转换成 ASCII 字符串	返回一个指向字符串的指针
clock_t clock(void);	确定程序运行到现在所花费的时间	返回程序开始到函数被调用 所花费的时间;失败则返回 -1
char *ctime(time_t *time);	把日期和时间转换为对应的字符串	返回指向该字符串的指针
double difftime (time_t time2, time_t time1);	计算两个时刻之间的时间差	返回所差的秒数

续附表 4-6

函 数 原 型	功　能	返　回　值
struct tm *gmtime(time_t *timer);	把日期和时间转换为 格林威治标准时间	返回指向结构体 tm 的指针
time_t time(time_t *timer);	取时间	返回系统的当前时间

七、其他函数

这里列出的函数都是标准库函数,使用这些函数要包含头文件"stdlib. h",如附表 4-7 所示。

附表 4-7　　　　　　　　　　其 他 函 数

函 数 原 型	功　能	返　回　值
void abort()	立刻结束程序运行,不清理任何文件缓冲区	无
double atof(char *str)	把 str 指向的字符串 转换成一个 double 值	转换结果
int atoi(char *str)	把 str 指向的字符串转换成 int 型数	转换结果
long atol(char *str)	把 str 指向的字符串转换成 long 型数	转换结果
char * itoa (int num, char *str, int radix)	把 int 型数转换成对应的字符串,并把结果放在 str 指向的字符串中,数字的进制数由 radix 确定	返回指向 str 的指针
char *ltoa(long num, char *str, int radix)	把 long 型数转换成对应的字符串,并把结果放在 str 指向的字符串中,数字的进制数由 radix 确定	返回指向 str 的指针
long int strtol(char * start, char * * end, int radix)	把字符串转换成对应的 long int 型数,直到串中出现不能转换的字符为止,剩余的字符串赋给指针 end,数字的进制数由 radix 确定	返回转换结果。若未进行转换,返回 0,若发生转换错误,则返回 LONG_MAX 或 LONG_MIN,表示上溢出或下溢出
unsigned long int strtoul (char * start, char **end, int radix)	把字符串转换成对应的 unsigned long int 型数,直到串中出现不能转换的字符为止,剩余的字符串赋给指针 end,数字的进制数由 radix 确定	返回转换结果。若未进行转换,返回 0,若发生转换错误,则返回 LONG_MAX 或 LONG_MIN,表示上溢出或下溢出
double strtod (char *start, char **end)	把存储在 start 指向的数字字符串转换成 double,直到出现不能转换成浮点数的字符为止,剩余的字符串赋给指针 end。	返回转换结果。若未进行转换,返回 0,若发生转换错误,则返回 HUGE_VAL 或 −HUGE_VAL,表示上溢出或下溢出
void exit(int status)	使程序立刻正常地终止。status 的值传给调用过程	无
void srand (unsigned int seed)	初始化随机数发生器	无
int rand()	产生一系列伪随机数	返回 0 到 RAND_MAX 之间的整数。RAND_MAX 是返回的最大可能值,在头文件中定义
int system(char *str)	把 str 指向的字符串作为一个命令传送到操作系统的命令处理器中	依赖于不同的编译版本。通常,命令被成功地执行,返回 0;否则返回一个非零值

参 考 文 献

[1] 谭浩强.C 程序设计[M].第三版.北京:清华大学出版社,2014.

[2] 刘汝佳.算法竞赛入门经典[M].第二版.北京:清华大学出版社,2014.

[3] 蒋清明.C 语言程序设计[M].湘潭:湘潭大学出版社,2013.

[4] 蒋清明.C 语言程序设计实验教程[M].湘潭:湘潭大学出版社,2013.

[5] 何光明.C 语言实用培训教程[M].北京:人民邮电出版社,2002.

[6] 教育部考试中心.全国计算机等级考试大纲[M].2013 版.北京:高等教育出版社,2013.

[7] 詹可军.全国计算机等级考试上机考试试题库——二级 C[M].成都:电子科技大学出版社,2013.

[8] KING K N.C 语言程序设计现代方法[M].吕秀锋,黄倩,译.北京:人民邮电出版社,2010.

[9] BRIAN W KERNIGHAN.C 语言程序设计[M].英文版.北京:机械工业出版社,2006.

[10] BRIAN W KERNIGHAN.C 程序设计语言[M].2 版.北京:机械工业出版社,2011.

[11] 李春葆.C 语言与习题解答[M].北京:清华大学出版社,2002.

[12] 李丽娟.C 语言程序设计教程[M].2 版.北京:人民邮电出版社,2009.

[13] 李丽娟.C 语言程序设计教程习题解答与实验指导[M].2 版.北京:人民邮电出版社,2009.

[14] 李芸.基础知识和 C 语言程序设计[M].天津:南开大学出版社,2002.

[15] 刘德恒,李盘林,张晓燕.C 语言程序设计题典(二级)[M].北京:机械工业出版社,2001.

[16] 刘振安.C 语言程序设计[M].北京:机械工业出版社,2007.

[17] 龙瀛等.C 语言课程辅导与习题解析[M].北京:人民邮电出版社,2002.

[18] 王建芳.C 语言程序设计:零基础 ACM/ICPC 竞赛实战指南[M].北京:清华大学出版社,2015.